中华人民共和国科学技术部

中国科学技术发展报告（区域专题报告2009）

CHINA SCIENCE AND TECHNOLOGY DEVELOPMENT REPORT (REGIONAL REPORT 2009)

科学技术文献出版社

编委会

编写组

组　长　王晓方　王　元

副组长　叶玉江　刘　敏　郭铁成

成　员　（按姓氏笔画排序）

王书华　王瑞军　巨文忠　包献华　龙开元　刘冬梅　刘树梅
吕　静　毕亮亮　张九庆　张洪刚　张新民　李　津　李　强
陈　成　陈诗波　柯千红　赵红光　赵慧君　徐　芃　秦卫东
郭晓林　高志前　高昌林　常玉峰　曹煜中　傅晋华（科技部）
侯国光　徐传奇（北京市）　祖延辉　张雪颖（天津市）
李海瑞　彭英杰（河北省）　王存俊　李　蕾（山西省）
巴根那　史广旭（内蒙古自治区）　沈长青　王连新（辽宁省）
董宏宇　（吉林省）　王建超　孙景波（黑龙江省）
骆大进　段晓阳（上海市）　赵建国　朱　燕（江苏省）
吴正光　施冬材（浙江省）　方太升　刘赞扬（安徽省）
林伯德　郭守尧（福建省）　贺志胜　沈　卫（江西省）
李储林　冯清华（山东省）　徐　彬　李铁成（河南省）
方国强　周云峰（湖北省）　任树言　单祖华（湖南省）
钟自然　陈宇山（广东省）　黄焰经　钟振清（广西壮族自治区）
邓海闻　何瑞梓（海南省）　黄　昕　刘　伟（重庆市）
张　雄　陈百平（四川省）　赵仕方　陈财慧（贵州省）
张　伟　（云南省）　高志勇　达　娃（西藏自治区）
王云岗　陈红亚（陕西省）　徐　前　杜　英（甘肃省）
张海满　赵长建（青海省）　陈国顺　赵功强（宁夏回族自治区）
刘智敏　董新刚（新疆维吾尔自治区）
王维基　袁淑革（新疆生产建设兵团）

序 言

区域科技工作是我国科技工作的重要组成部分。“十一五”以来，按照《国家中长期科学和技术发展规划纲要（2006—2020年）》对区域与地方科技工作的总体部署，我国把加强区域创新体系建设作为推动创新型国家建设的重要内容。按照综合协调、分类指导、注重特色、发挥优势的基本原则，紧密结合国家区域发展战略，针对区域和地方经济与社会发展的重大科技需求，通过深化体制机制创新、加快实施重大科技专项、加强创新基地建设、推进基层科技工作等多途径、多方式，构建并探索完善了各具特色、优势互补的区域科技创新体系，大幅度提高了区域整体的科技创新能力，有力支撑和引领了区域地方经济社会的全面发展。

“十一五”以来，国家重大区域发展战略不断展开，区域发展格局逐步形成，珠三角、长三角、天津滨海新区、海峡西岸经济区、辽宁沿海经济带、重庆两江新区、关中-天水经济区等一系列区域成为带动我国国民经济快速发展的重要增长极。为了有效配合国家区域发展战略实施，全国科技界献计献策，积极发挥科技创新在区域发展中的支撑引领作用。2006年以来，持续推动部省会商工作机制的深化，支持有条件的地方组织实施国家重大科技项目，推动地方科技力量融入国家战略任务，进一步统筹了中央与地方科技力量，形成中央与地方科技联动、各区域科技协调发展的良好局面。在地区重大科技行动方面，大力实施了科技支疆、科技援藏、科技奥运、科技世博、三峡科技行动等若干重大区域科技专项，有力支撑和保障了国家重点地区的经济社会发展的重大科技需求。

“十一五”以来，高新区持续快速发展成为我国区域科技发展中的一大亮点。国家高新区坚持以科学发展观为指导，以“营造创新创业环境，集聚科技创新资源，提升自主创新能力，培育自主创新产业，辐射带动区域发展”为根本宗旨，通过体制创新、技术创新、创新平台建设，科技园区的创新创业环境得到进一步优化，综合竞争能力得到进一步提升。截至目前，我国国家高新技术产业开发区总数已达83个，积极推进了中关村、东湖和张江国家高新区自主创新示范园区建设。随着高新区建设的快速发展，我国高新技术产业规模进一步扩大，对发展战略性新兴产业、促进产业结构调整、加快经济增长方式转变做出重大贡献。

“十一五”以来，在国家创新体系建设框架下，我国区域创新体系发展成效显著。国家出台了一系列支持区域创新体系建设的政策和举措，各地在创新体系建设方面进行了诸多探索。创新型城市建设取得重要进展，一批城市（区）作为国家创新型试点城市（区）正积极推进。基层科技创新能力建设逐步增强，通过县（市）科技进步考核和科技进步示范县（市）建设，科技在县域经济社会发展中的作用越来越明显，我国基层创新能力进一步增强。截止目前，全国共有2 212个县（市）通过科技进步考核，840个县（市）获得科技进步先进称号，全国在建的国家科技进步示范县（市）已经达到140个。

“十一五”以来，我国各个省（市、区）在国家自主创新战略的宏观指导下，结合各省实际，创造性地形成了各具特色的区域创新发展之路。科技投入大幅增加，科研成果迅速增长，高新技术产业和特色产业集群快速发展，产学研结合日趋紧密，科技服务体系逐步完善，科学技术在推动地方经济社会发展中的支撑引领作用愈发凸显，各级政府越来越重视科技工作，广大人民群众的科技意识也越来越强，全社会正在形成崇尚自主创新的良好氛围。

《中国科学技术发展报告（区域专题报告2009）》作为《中国科学技术发展报告2009》的姊妹篇，重点反映“十一五”以来我国区域和地方科技发展的总体进展、基本思路、重大部署、主要成就等内容，同时对我国区域科技发展的相关重大问题也进行了一些有意义的探讨，对于社会公众及广大科技工作者全面了解我国区域和地方科技事业发展具有重要的参考价值。

当前，我国经济发展正面临着转变增长方式、实现可持续发展的重大挑战，科技创新在经济发展方式转变中的作用将越来越显著。作为一个发展中大国，中国要实现经济社会的可持续发展，就必须在科学发展观的指导下，坚持走自主创新之路，建设创新型国家。实现这一目标，需要中央和地方的共同努力，需要全国科技工作者，包括各个省（市、区）地方科技工作者在内的共同努力。为此，我们必须高度重视区域和地方科技工作，加快区域创新体系建设，让科技在地方经济建设中发挥出更大作用，为全面促进我国国民经济平稳较快发展做出切实贡献。

科学技术部部长 

二〇一一年一月二十四日

2009
中国科学技术发展报告（区域专题报告2009）
CHINA SCIENCE AND TECHNOLOGY DEVELOPMENT REPORT (REGIONAL REPORT 2009)

前言

《中国科学技术发展报告（区域专题报告2009）》是《中国科学技术发展报告》的第一个专题报告。区域专题报告的出版，主要是为了在《中国科学技术发展报告》区域篇的基础上，进一步全面、系统地反映国家区域科技战略部署和地方科技工作的总体进展，集中展示和宣传各省市科技工作的主要成就与经验，促进全国区域科技工作的统筹协调。

该书分为上、下两篇。上篇旨在反映国家对区域科技工作的总体思路、整体部署，以及全国各大区域科技工作的总体进展情况，包括区域科技工作的整体部署和进展、国家科技资源区域分布、高新区与产业集群、区域创新体系建设以及区域科技综合能力等五个部分；下篇是以全国七大经济区为坐标，各区单独成章，章下按节分省阐述，分别描述各个省（市、自治区）“十一五”以来科技工作的重大进展、重大举措和成就、典型案例和基本经验、国家高新区进展等内容。

我们希望，《区域专题报告2009》作为全面反映地方科技工作专题报告的首卷，能够推动各地科技工作经验的相互借鉴，打造地方科技工作展示和交流的平台。今后《区域专题报告》将以两年为出版周期，及时反映地方科技工作的最新进展。

本书的编写工作，是由科技部组织相关力量，与地方科技部门合作完成的。在此书的编写过程中，我们得到了各级政府的大力协助和支持，在此一并表示衷心的感谢。

编写组

二〇一〇年十月

目录

上篇

第一章 区域科技工作的整体部署和进展

第二章 国家科技资源的空间分布

第三章 高新区与产业集群

中国科学技术发展报告(区域专题报告2009)
CHINA SCIENCE AND TECHNOLOGY DEVELOPMENT REPORT (REGIONAL REPORT 2009)

上篇

中国科学技术发展报告（区域专题报告2009）

CHINA SCIENCE AND TECHNOLOGY DEVELOPMENT REPORT (REGIONAL REPORT 2009)

第一章

区域科技工作的整体部署和进展

按照《国家中长期科学和技术发展规划纲要（2006—2020年）》（以下简称《规划纲要》）对区域与地方科技工作的总体部署，“十一五”期间国家始终把加强区域创新体系建设作为推动区域发展的重要内容。针对区域和地方经济社会发展的重大科技需求，创新体制机制，实施若干地区科技专项，建设创新基地，加强基层科技工作，加快我国地区间创新要素的流动和共享，促进了都市圈、经济带、高新区、创新型城市的健康发展。

第一节 国家区域科技工作整体进展

进入“十一五”以来，国家重大区域发展战略整体部署渐次展开，区域发展战略格局初步形成，珠三角、长三角、海峡西岸经济区、东北老工业基地、辽宁沿海经济带、关中—天水经济带等一系列区域发展规划和指导意见相继出台。国家区域科技工作紧密配合国家重大区域发展战略的实施，而深入推进构建长三角具有国际竞争力的区域创新体系，推动重庆成为长江上游的科技创新中心和科研成果产业化基地，加强海峡西岸区域创新体系建设，建设长吉图成为全国重要的创新型区域等区域科技创新的若干重大战略任务。

在体制机制创新方面，积极探索区域科技合作的新机制，试点推动了区域大型科学仪器设备共享服务平台建设；持续推动部省会商工作机制深化，支持有条件的地方组织实施国家重大科技项目，推动地方科技力量融入国家战略任务，进一步统筹中央与地方科技力量，形成了中央与地方科技联动、各区域科技协调发展的良好局面。在地区重大科技行动方面，大力实施了科技支疆、科技援藏、科技奥运、科技世博、三峡科技行动等若干重大区域科技专项，有效支撑和保障了国家重点地区的经济社会发展。在创新基地建设方面，2006年科技部启动了建设国际一流高科技园区的试点工作，积极推进中关村、东湖国家自主创新示范园区建设，推动全国的各级高新区和235

个特色产业基地的创新升级，建立90多个国际科技合作基地，促进了高新技术产业集聚，完善区域创新环境，加强了地区科技基础能力和创新型人才队伍建设等。在创新型城市建设方面，启动了合肥、南京等一批创新型城市试点，推进了成渝地区、关中—天水等区域科技综合配套改革。在促进县域科技创新方面，深入实施科技富民强县行动、科技兴县（市）专项工作等，提高了县（市）科技综合服务平台建设，促进科技成果转化和产业化，加强了全国县（市）基层科技工作。

近年来，各地区自主创新能力显著提高，经济社会发展的科技支撑引领作用进一步加强。东部地区加强高技术的研发和基地建设，大力推动我国自主创新能力和产业技术的提升与跨越，形成具有国际竞争优势的产业体系；中部地区充分发挥区域综合优势，重点提升了农业、能源、装备制造等优势产业和特色产业的技术创新水平；西部地区综合应用多种科学技术手段，保护和治理生态环境，合理开发特色优势资源，发展和壮大区域特色产业，科技创新的基础能力建设得到加强；东北地区加强高新技术改造传统产业，积极开拓新兴产业，促进辽宁沿海、长吉图等东北老工业基地的振兴。

一、率先提升东部地区创新能力

“十一五”期间，国家继续加强东部地区高新技术研发和创新基地建设，积极推动长三角、珠三角、京津冀等区域科技合作和创新体系建设，充分利用部省（市）会商工作机制，支持有条件的地方牵头组织实施国家重大科技项目，大幅增强科技对提高外向型经济水平、增强国际竞争力方面的支撑能力。

加强高新技术产业化环境建设。推进了长三角、京津冀等重点区域科技发展规划的研究制定工作，通过多种措施积极鼓励东部地区率先提高自主创新能力。2009年3月13日，国务院批复建设中关村国家自主创新示范区，要求把中关村建设成为具有全球影响力的科技创新中心，掀开了中关村发展新的篇章；系统推进了天津滨海新区创新工作，启动了滨海新区“国家生物医药国际创新园”和“国际生物医药网络研究院”的建设工作，于2007年在开发区设立天津滨海天使创业投资基金，推动了民营创业投资基金发展。

积极推动地区间科技合作，形成了稳定的地区间科技合作机制。“十一五”期间，重点推进京津冀、长三角区域科技合作机制，优化了科技资源布局，加强这些地区在国家创新体系中的战略地位。2008年，上海、江苏、浙江三地联合编制了《长三角科技合作三年行动计划（2008—2010年）》（征求意见稿），签订了《沪苏浙共同推进长三角创新体系建设协议书》，形成了联席会议制度，开展了水资源、海洋生态等重大项目的联合攻关，推动了科技资质互认制度，启动了长三角

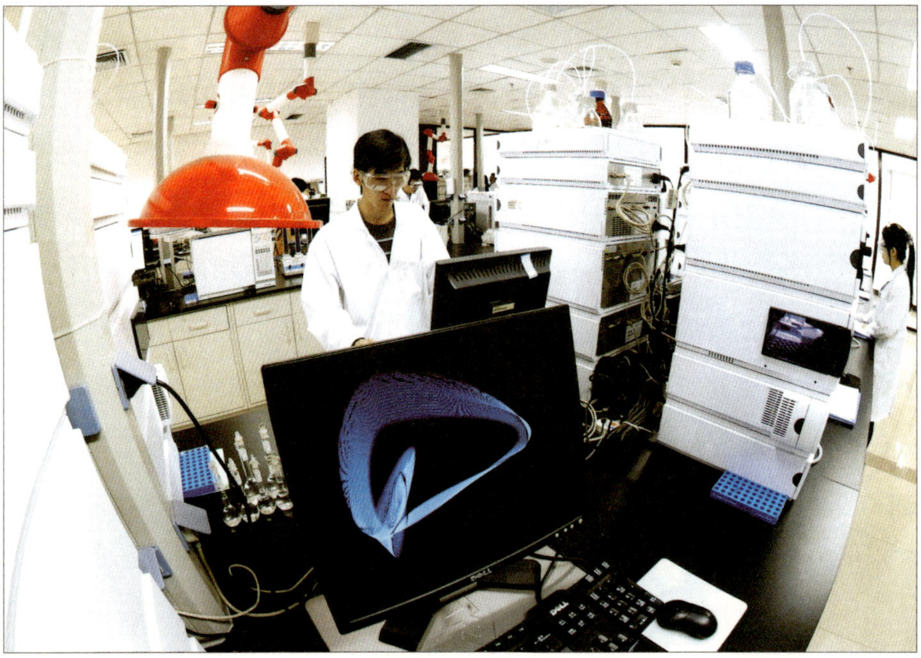

图 1-1 天津滨海新区加快发展现代生物医药产业，重点规划了 10 平方公里的京津冀生物医药产业化示范区，预计在 5 年内形成 500 亿元的产业规模

科技公共服务平台建设，开通了“长三角大型科学仪器设备协作共用网”。建立了泛珠三角区域科技项目联合招标工作机制及合作、资源共享机制；环渤海地区各省市相互合作、加快发展的势头日益强劲；泛珠三角地区、京津之间的科技合作长效机制正在形成，东部地区间的科技合作取得很大进展。

持续组织实施科技援藏、科技支疆等地区科技专题，全力保障国家区域发展中的重大科技需求。针对“十一五”期间东部地区若干重大科技需求，在推进 2008 年北京奥运、2010 年上海世博等方面，联合地方省市部门相继启动和组织实施了重大科技专项行动计划。

二、依靠科技促进中部地区崛起

国家以科技计划及相关工作为载体，在项目、人才、基地等方面进行了一系列的部署和安排。近年来，科技部围绕建立创新型国家和实施中部崛起战略目标，通过积极整合资源、完善机制、优化环境，促进了中部区域创新体系建设。

围绕中部地区支柱产业和特色产业发展的科技需求，采取政策推动、项目支持、互动合作等方式，在农业节能减排、新农村建设、农林特产、装备制造业等领域组织实施重大项目，将能源资源、矿产资源、先进制造、中药现代化等领域的关键技术研究和国家特色产业基地建设纳入国家相关科技计划给予大力支持。

积极推进以企业为主体、产学研相结合的区域技术创新体系建设，加强企业等区域科研条件和创新基地建设；综合运用科技计划立项、融资服务、人才支持等多种方式，开展创新型企业建设工作，全力提升企业的自主创新能力和产业竞争力。

促进中部地区高新区的"二次创业"。2006年，科技部组织中部六省的9个国家高新区共同主办了中部国家高新区创新联盟首届峰会和自主创新论坛，成立了中部国家高新区创新联盟；批准设立武汉东湖国家高新区为国家自主创新示范园区，国务院赋予东湖国家自主创新示范区股权激励试点、科技金融改革创新试点等改革创新、先行先试的政策，更好地带动了区域创新体系建设。

三、培育西部科技创新基础能力

西部大开发科技工作继续遵循科技能力建设与支撑引领经济社会发展并重、科技创新与制度创新并举的战略思路，进一步加强了科技基础设施建设，切实加大了全国各地区对西部省市区科技创新的支持力度；深化东引西联、东中西合作，扩大西部地区与周边邻国等科技合作交流。

安排启动一批重要的科技支撑项目。围绕新农村建设、生态环境恢复与重建、优势特色产业发展和加强公共服务能力建设等，在农业、能源资源、装备制造业、生态环境、健康与安全、现代服务业等领域安排了一批科技项目。

进一步加强了西部地区的科研基础设施建设。积极推进西部科技能力建设和科技资源共享，结

图1-2 新疆达坂城风区的风力发电机群

合特色优势领域，在西部地区推动建立了多个省级和部门重点实验室、工程技术研究中心。同时西部省份自身也加大了用于支持文献、数据、种质等资源采集、仪器设备购置和基本建设等科技基础条件资源建设的经费投入力度，大部分省份已经完成了对本省科研基础设施条件的资源清查，四川、重庆、陕西、甘肃、广西等地已经初步建立了大型仪器服务平台、科技图书文献资源共享平台等。

持续加强欠发达地区科技能力培育。以民族和边疆地区为重点，贯彻落实《民族区域自治法》，加强对少数民族等欠发达地区基础科技能力的培育和促进工作，大力推广先进适用技术，深入开展科技人员培训、科技扶贫和科学普及工作，不断提高民族地区人民群众的科学文化素质和增收致富能力，加强西部科技人才队伍建设，促进东西部地区间创新型人才交流。同时，积极组织全国科技界的力量，开展对西藏、新疆等少数民族地区的科技对口支援，充分发挥科技对民族地区经济社会发展的重要作用。

四、推进东北老工业基地振兴和产业创新

“十一五”以来，国家加快发展辽宁沿海经济带、长吉图经济区，东北老工业基地科技工作按照“创新支撑、集群发展、轴心辐射、区域联动”的发展思路，体现国家目标，突出区域特色，加强高新技术改造传统产业，积极开拓东北地区的新兴产业。

围绕优势产业，实施重大项目和重点支持。振兴东北老工业基地以东北高新技术发展、高新技术改造传统产业和国家高新区二次创业为重点，根据东北地区装备制造业、能源原材料等优势产业，选择重大高新技术产业化和国家高新区公共技术创新服务平台建设项目给予重点支持。

继续推进科技部与东北地区各省的部省会商工作机制，引导和带动黑龙江等省份与地市建立了“厅市（地）会商”机制，使地方科技工作焕发了新的生机，推进了东北区域创新体系建设。

广泛开展国际科技合作。国家科技合作计划对东北地区与日本、俄罗斯、韩国及欧洲国家的联系与科技合作给予重点支持。继续加强东北亚区域国际科技合作，积极促进东北各省与周边国家间的双边和多边科技合作。科技部与东北三省共同举办的“东北亚高技术及产品博览会”，成为国内外科技成果在东北地区扩散和转化的平台；与德国签署了振兴东北工业科技合作备忘录。

第二节 部省合作主要进展

围绕国家和地区经济社会发展中的重大科技需求，开展部省科技合作，统筹国家和地方科技资源，是“十一五”期间国家科技工作的一项重要内容。部省会商工作机制和若干地区科技专项等科技工作都取得了新的进展。

一、部省会商

自2002年10月科技部与辽宁省人民政府首次签订了“部省会商制度议定书”起，截至2009年底，科技部先后与27个省（自治区、直辖市）建立了部省会商工作机制。目前，部省会商已成为加强地方科技工作的有效手段和工作平台，使地方科技工作从一个部门的工作上升到地方政府的工作层面，会商工作得到了地方党委、政府的高度重视和积极推动，成为引导地方融入国家战略任务的重要工作平台，在推进国家与地方互动等方面取得了重要成效。

部省会商工作逐渐走向规范和完善。为有序、持续推进部省会商工作的全面、深入开展，2007年2月科技部印发了《科技部部省会商工作暂行管理办法》，对部省会商的内涵和思路、重点、入门条件、工作程序等方面做了统一认识和要求。2008年和2009年又相继全面系统总结了开展部省会商工作以来取得的成效和经验，研究起草了向国务院汇报的《关于以部省会商为载体推动区域科技和经济社会发展的报告》。

继续开展部省会商相关工作。“十一五”期间先后与27个省（自治区、直辖市）开展了部省会商。其中2009年与海南、西藏、内蒙古、贵州签订了会商制度议定书并举行了第一次工作会商，建立了部省会商机制，与安徽、湖北、山东、辽宁、甘肃、云南、上海、浙江、江苏、湖南召开了例行部省工作会商会议。

二、重点地区科技专项

◎ 奥运科技行动专项

科技与奥运的结合已成为现代奥运会的时代特征。“十一五”以来，针对奥运筹备建设和举办阶段面临的重大科技需求，围绕现代奥运的特点和北京筹办人文奥运、绿色奥运的科技需求，国家设立了“奥运科技行动专项”。其中2006年国家科技支撑计划“奥运科技专项”共支持22个课题研究。重点安排了关键技术攻关和应用示范项目、奥运建设业主（企业或赞助商）牵头的产学研结合项目、多部门共同推进成果应用项目等三类科技项目。2007年启动实施了“支撑绿色奥运科技专项行动”，并积极开展科技奥运国际合作，保障了奥运城市服务与安全，以高科技全方位落实了“科技奥运”、“绿色奥运”、“人文奥运”的现代理念。

◎ 科技世博行动计划

世博科技专项是科技部联合国家9部委与上海市共同组织的科技专项。自2005年制定《世博科技行动计划》以来，科技部、上海市紧紧围绕“城市，让生活更美好”的主题，加紧科技攻关和最新科技成果的示范应用。主要围绕园区规划、场馆建设、新能源利用、节能环保、交通营运、安全健康及展示技术等领域的需求，安排科研开发课题180多项，共投入资金9亿多元。包括世博园与世博场馆规划设计导则研究、世博园区地下空间的综合利用和开发技术、异构环境下的系统与数据整合核心技术研究、2010年世博会规划建设全过程的控制管理等项目攻关，积极推动一批重大科技项目的实施，项目成果已经在上海世博会得到实际应用。支持重点已逐步向以企业为主体的产学研联合攻关倾斜。如高性能宽带信息示范网完成了覆盖2.8万用户的网络体系，实现了包括上海、南京、杭州在内的长三角地区网络的全网贯通。

图1-3 上海世博会主题馆，屋顶采用了光伏发电与建筑一体化科技成果

开展世博科技行动的宣传与展示。2007年5月在上海科技节期间，举办了“科技，让世博更精彩”专题展示活动，通过世博科技150年历史回顾展、新媒体及光电互动展、创意休闲展、儿童科普展等4大功能展示，向公众宣传了150年以来历届世博会的科技成果及科普知识。2009年11月以在上海举行的第十一届中国国际工业博览会为契机，启动了时间跨度近一年的世博科技宣

传推广活动。该届工博会“世博科技展”首次展出了世博科技专项行动的科技成果，为2010年上海世博会的顺利召开营造了良好的氛围。

◎ 科技援藏

科技援藏工作始于1996年，先后组织召开三次全国科技援藏工作座谈会和一次全国科技援藏工作经验交流会。10多年来，全国科技系统紧紧围绕西藏经济社会发展中的科技需求，不断创新科技援藏形式，深化科技援藏内容，从人才、技术、资金、设备等各方面支援西藏科技发展，制定出台了一系列科技援藏工作政策措施，充分发挥科技进步和自主创新的重要作用。据初步统计，“十一五”四年来，科技部围绕西藏经济社会发展的热点问题和重大科技需求，共安排各类科技项目222个，安排经费1.77亿元。

2009年科技部与西藏自治区召开了第一次部区会商工作会议。部区会商机制正式建立，并重点就牧业特色产业科技攻关、加大特色生物资源研发力度、加强太阳能研究示范、强化新能源利用与改善民生等内容进行会商和重点支持。

◎ 科技支疆

2007年，科技部和新疆共同组织了“全国科技支疆行动”，印发了《关于推进科技支疆工作的意见》，动员全国的科技力量与新疆积极开展科技合作，建立了科技部和新疆的高层会商机制，已经建立了包括28个省区市的科技支疆工作协作网络，一批省市在新疆建立了科技合作基地，集成国家和地方的科技资源更好地服务新疆经济社会发展的重大科技需求。

2009年，科技部和新疆维吾尔自治区都分别设立专项经费，支持科技支疆合作的重点项目实施，进一步加大了推进科技支疆工作各项措施的落实力度；同时，第五届中国科学院—新疆科技合作洽谈会顺利举行，合作项目涉及到化工轻工、新材料、电子信息、制造、新能源与节能技术、生态环境、现代农业、生物技术、医药等领域。

第三节 “十二五”区域科技工作的整体思路

为深入落实国家区域发展，推动区域振兴和经济发展方式的加快转变，“十二五”期间，国家将在继续加强创新驱动、内生增长的战略方向下，对接当前和未来国家区域统筹协调发展的战略部署，从当前国家区域经济、社会、安全、环境等整体形势出发，继续依靠科技创新加强我国东部、中部、西部和东北等老工业基地的产业升级和区域振兴，依靠科学技术改造提升传统产业、发展战略性新兴产业、加快发展方式转变，继续发挥科技对区域创新工作的支撑作用。

◎ 注重整体布局

围绕国家区域发展的战略部署，从当前国家经济、社会、安全、环境等整体形势出发，加强国家科技宏观管理，切实推进国家对若干区域的重点科技部署，推进区域优势产业技术创新中心或创新基地的整体布局，发挥科技对地区产业和社会发展的强大支撑和引领作用，形成我国东、中、西以及东北协同互动的区域科技发展总体格局。

◎ 注重优化配置

以提高全国科技资源的配置效率为目标，推进体制机制创新，统筹协调科技计划，整合区域科技资源，构建以企业为主体、开放、协调、共赢的跨区域合作机制和区域性产业技术创新战略联盟的建设。加快推进企业技术创新工程的实施，进一步突出产业技术创新战略联盟、技术创新服务平台和创新型企业三大载体，着力在创新主体、创新要素、创新机制和创新服务四个方面下功夫，鼓励有条件的省区市积极开展技术创新工程试点工作，以提高企业自主创新能力和产业共性技术供给能力为核心，支持和引导创新要素向区域内的企业集聚，支撑区域重点产业调整振兴，加快推进国家和区域创新体系建设，大力强化企业主体地位。推进国家科技创新资源的高效流动，促进发达地区对欠发达地区的科技创新示范和创新带动。

◎ 注重重点支撑

进一步加强国家科技宏观管理，支撑对长三角、珠三角、北部湾、京津冀、辽宁沿海经济带、江苏沿海经济带、海西经济区、成渝地区、关中—天水经济带等重点地区的发展，以推进和完善各具特色的区域创新体系建设为核心目标，继续推进体制机制创新，优化国家科技创新资源的整合和优化布局，协调相关国家科技计划对区域重大、关键共性科技问题的解决，按照突出特色、分类指导的基本方针，发挥科技对不同类型地区特色优势产业和社会发展的强大支撑引领作用，全面落实国家的区域振兴和发展战略。

◎ 注重加强基层

高度重视地方科技工作，加强财政对地方科技的投入力度，强化地方科技管理部门的职责，集成中央和地方的科技资源，形成中央和地方联动的机制，支持有条件的地方组织实施国家重大科技项目，支撑和引领地方特色优势产业的创新发展和经济发展方式的加快转变。以加强和完善部省会商机制、跨区域科技合作机制等为手段，推进科技宏观管理的体制机制创新和衔接。

第二章

国家科技资源的空间分布

“十一五”以来，国家与地方高度重视科技资源优化配置，科技投入高速增长，科技人力资源迅速增加，科技基础设施日益丰富，有效支撑我国自主创新战略和创新型国家建设。

第一节 科技投入与人力资源区域布局

一、全国科技投入与人力资源的基本状况

国家科技投入高速增长。2008 年，全社会科技活动经费支出比 2007 年增长 19.9%，达到 8 510.6 亿元；R&D 经费总支出增长 24.4%，达到 4 616 亿元，R&D 经费占 GDP 的比例达到 1.54%，R&D 经费总额居世界第 4 位；2008，年全国财政科技拨款总额达到了 2 581.8 亿元，比 2007 年增加 468.3 亿元，增长 22.2%，继续保持 2000 年以来的高增长态势，财政科技拨款占国家财政支出的比重为 4.12%。

地方科技投入的积极性高涨，日渐成为科技资源建设的主力军。地方财政科技拨款总额从 2007 年开始已经超过中央财政科技拨款。2008 年，在国家财政科技拨款总额中，中央财政科技拨款为 1 285.2 亿元；地方财政科技拨款为 1 296.6 亿元，地方财政科技拨款总额超过中央财政科技拨款 10 亿元。其中 2008 年有 15 个省（市、区）的地方财政科技支出超过 20 亿元，上海、广东、北京超过 100 亿元。其中，有 8 个省 R&D 消费占 GDP 的比重超过 2%，北京、上海、浙江、广东、天津超过 3%，北京最高达 5.31%。

图 2-1 1998—2008 年全国财政科技拨款及地方财政科技拨款所占比重

科技人力资源总量迅速增加，R&D 活动人员数量稳步提高。2000 年科技活动人员数突破 300 万人，2006 年超过 400 万人，2008 年达到 496.7 万人，比 2007 年增加 42.3 万人，增长 9.3%。其中科学家工程师总数达到 343.5 万人，比 2007 年增加 30.6 万人，增长 9.8%。科学家工程师占科技活动人员的比重达到 69.2%。

表 2-1 我国科技投入与科技人才的增长情况

	2001 年	2002 年	2003 年	2004 年	2005 年	2006 年	2007 年	2008 年
科技经费支出额（亿元）	2 312.5	2 671.5	3 121.6	4 004.4	4 836.2	5 757.3	7 098.9	8 510.6
国家财政科技拨款（亿元）	703.3	816.2	944.6	1 095.3	1 334.9	1 688.5	2 113.5	2 581.8
占国家财政总支出的比重（%）	3.72	3.70	3.83	3.84	3.93	4.18	4.25	4.12
R&D 经费（亿元）	1 042.5	1 287.6	1 5 139.6	1 966.3	2 450.0	3 003.1	3 710.2	4 616
与国内生产总值之比（%）	0.95	1.07	1.13	1.23	1.34	1.42	1.49	1.54
从事科技活动人员（万人）	314.1	322.2	328.4	348.1	381.5	413.2	454.4	496.7
科学家工程师（万人）	207.2	217.2	225.5	225.2	256.1	279.8	312.9	343.5
R&D 人员（万人年）	95.7	103.5	109.5	115.3	136.5	150.3	173.6	196.5
科学家工程师（万人年）	74.3	81.1	86.2	92.6	111.9	122.4	142.3	159.2

数据来源：科技部发展计划司，《中国科技统计年度报告 2009》。

二、科技投入与人力资源的梯度分布

科技投入与人力资源在空间分布上基本上形成了东中西三个梯度，科技活动人员数、科技经费筹集总额等都呈现从东向西依次减少的特征，北京、上海的科技资源高度集聚，科技发展水平最高，成为我国科技发展最为发达的地区。

在科技人力资源方面，近几年东部、中部、西部科技人力资源的比例大体保持在4∶1.3∶1的水平。2008年东部地区从事科技活动人员占全国的61.66%，科学家和工程师占全国的62.57%，研究与试验发展人员占全国的64.66%；而中部地区三者的比重分别为22.37%、21.88%和20.28%；西部地区三者的比重分别为15.97%、15.54%和15.05%。

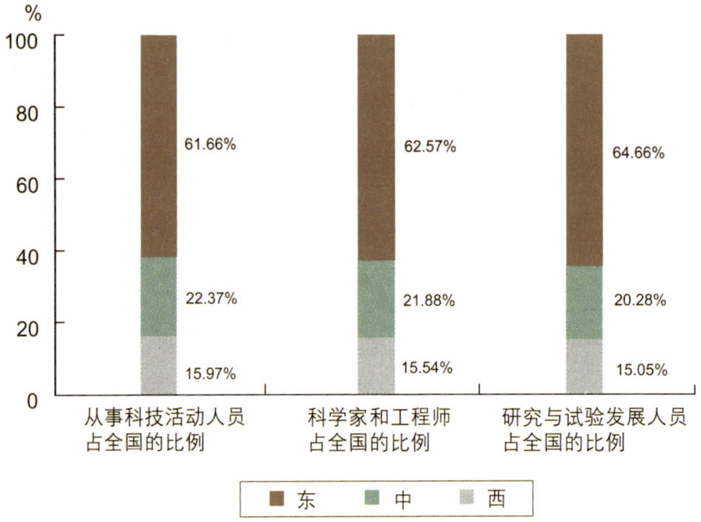

图2-2 2008年各地区科技人力资源占全国比例示意图

科技经费投入方面，东部、中部、西部的科技经费内部支出的比例大致为5∶1.5∶1。2008年东部地区科技经费内部支出占全国科技经费总额的68.79%，中部地区占全国的17.68%，而西部地区仅占全国的13.53%。

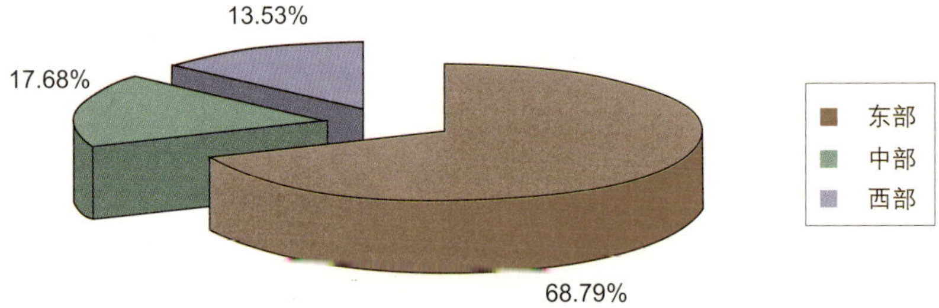

图2-3 2008年各地区科技经费内部支出占全国科技经费总额的比例

三、科技投入与人力资源的空间集聚

随着我国区域经济和科技的发展，我国相继形成了一批不同规模的城市群、都市圈，其经济和科技高度密集，成为我国最具代表性的创新区域。目前，我国已经在东部沿海地区形成了以京津冀、长三角、珠三角三大都市圈为核心的创新高地，在西部地区也形成了以关中、成渝等为核心的若干科技密集区。

珠三角（粤）、长三角（沪苏浙）、环渤海（京津辽鲁）、关中和成渝五个地区的科技人员占全国的60%左右，科技投入占全国科技总投入的70%以上（其中，长三角、珠三角、京津冀三大都市圈R&D投入占全国的一半以上），珠三角、长三角、京津冀、关中、成渝地区的专利授权量和科技论文数、技术市场成交额分别占全国的70%、80%和60%，科技资源与创新能力明显高于其他地区，成为我国具有较强创新能力的"创新高地"。北京是我国智力密集度最高的地区，大学、研发机构与研发人员高度集中，科研成果在全国遥遥领先，是我国最大的科技创新极。长三角地区科技力量、研发投入、研发机构和专利申请量、授权量等都占全国的1/4强，电子信息制造业等高新技术产业发展速度全国领先，成为我国创新能力最强的区域之一。

第二节 科技基础设施与平台建设的空间布局

一、全国科技基础设施建设状况

"十一五"期间，我国重点围绕大型科技设施与仪器设备、科技文献与科学数据、技术标准、自然科学资源、网络科技环境等领域，加强科技基础设施建设。目前，我国科技基础设施与平台建设已经初见成效，全国科技基础设施与平台日渐丰富和完善，共享水平迅速提高。

截至2008年，我国国家重点实验室达220个，国家工程技术研究中心199个，国家大型科学仪器共建共享中心13个，并通过全国大型科学仪器设备协作共用网向全社会开放，实现了"全国、区域、省市区"三级共享；积累、抢救和保护了25万份人类遗传资源、4.6万份濒危珍稀植物种质资源、4万份濒危畜禽细胞，建立了自然科技资源共享平台，对外开放共享；科学数据共享平台整合集成了气象、海洋、地震、医药卫生等科学数据共计35.5 TB以上，建成各类资源数据集（库）1 000余个，已成为具有权威性、系统性的共享数据库系统；依托科技文献共享平台建设，2家综合性文献中心、7家行业性文献中心联合组建了国家科技图书文献中心（NSTL）；以

国家科技成果信息服务平台建设覆盖35个地方、部门的成果网为基础，建成了国内成果转化创新服务体系。

二、国家科技基础设施与平台建设的空间分布

国家科技基础设施主要集中在东部地区，国家重点实验室、国家工程中心、国家大型科学仪器共建共享中心主要集中在北京、上海等少数城市。

截至2008年底，我国共有国家重点实验室220个（其中8个实验室参与筹建国家实验室），分布在全国22个省、市、自治区和直辖市，东部地区145个，中部地区32个，西部地区35个，分别占全国的68.4%、15.1%、16.5%，其中北京63个、上海29个、江苏16个，湖北14个、陕西11个。

截至2008年底，科技部共建设国家工程中心199个，包含分中心在内共计212个，分布在29个省、市、自治区。其中东部地区133个，中部地区38个，西部地区41个，分别占工程中心总数的62.74%、17.92%和19.34%。在北京市的国家工程中心达51个，占全国总量的24%；拥有国家工程中心超过10个的省份主要有山东省、江苏省、湖北省、四川省、广东省。

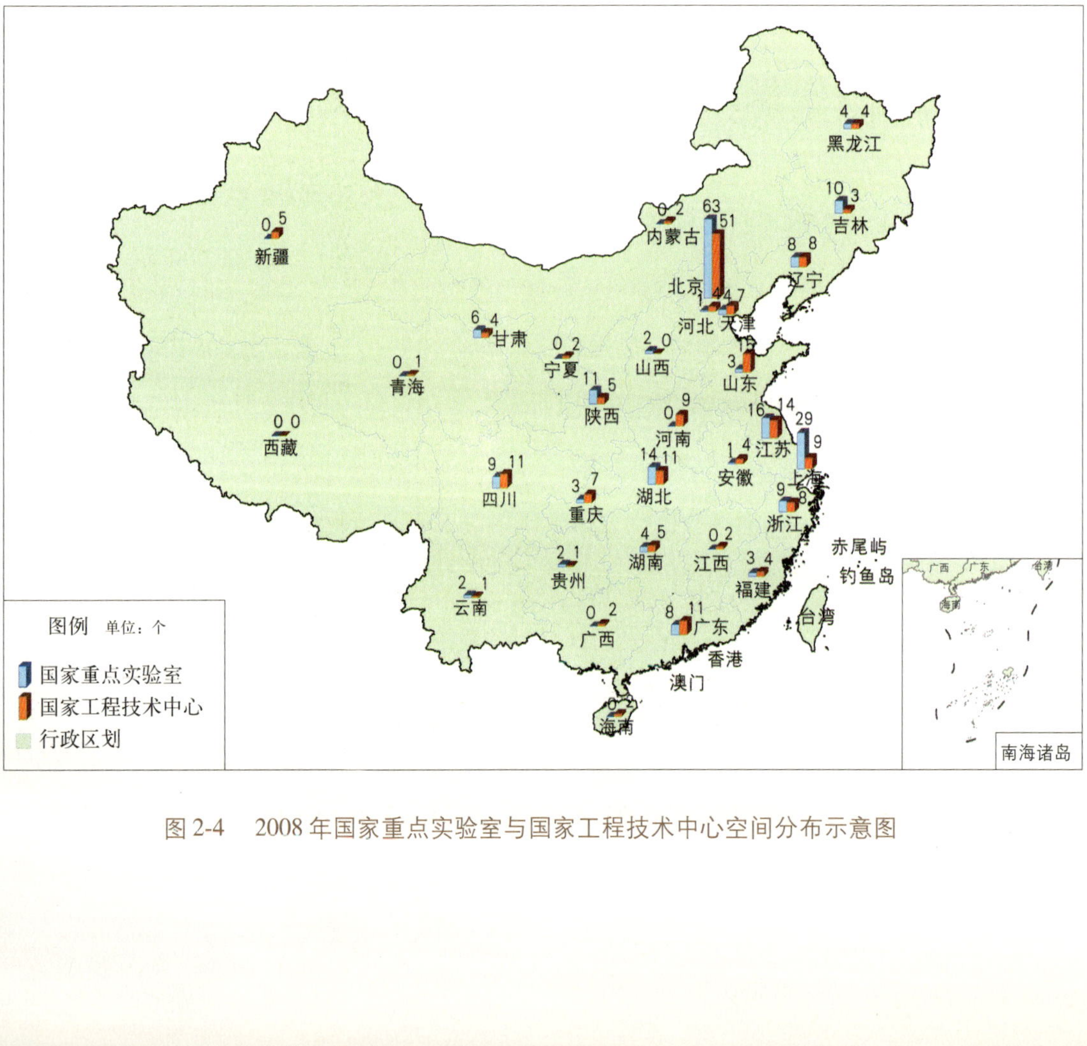

图2-4 2008年国家重点实验室与国家工程技术中心空间分布示意图

我国已经形成了13个国家大型科学仪器共建共享中心：北京质谱中心、北京核磁共振仪器中心、上海质谱中心、北京二次离子探针中心、广州质谱中心、北京磁共振脑成像中心、北京电子能谱中心、长春质谱中心、西安加速器质谱中心、北京质谱开放平台、北京电镜中心、中子散射谱仪中心、武汉磁共振中心。其中北京占8个，另外上海、广州、长春、西安、武汉各1个。

截至2008年底，科技部批准建立的国家级分析测试中心包括国家钢铁材料测试中心、国家有色金属及电子材料测试中心、国家建筑材料测试中心、国家化学建筑材料测试中心（建工测试部）、国家化学建筑材料测试中心（材料测试部）、国家药物及代谢产物分析研究中心、国家兴奋剂及运动营养测试研究中心、国家生物医学分析中心、国家环境分析测试中心、国家地质实验测试中心、国家色谱研究分析中心、国家电化学和光谱研究分析中心、中国上海测试中心、中国广州分析测试中心14家，主要分布在北京、上海等地。

另外，7个自然科技资源平台（自然科技资源（信息化）虚拟博物馆、微生物菌种资源平台、植物种质资源共享平台、动物种质资源共享平台、标本资源的标准化整理、整合与共享平台、实

图2-5　中国数字科技馆已建成90余个网站专题

验材料和标准物质资源）、科技图书文献（科技图书文献信息保障系统、标准文献共享服务网络）、科学数据（气象科学数据共享中心、农业科学数据共享中心、海洋科学数据共享中心、林业科学数据共享中心、地球系统科学数据共享网、医药卫生科学数据共享网）、网络科技环境（国家网络计算环境平台、重点实验室网上协作研究平台、科技信息资源共享服务平台及网络技术支撑环境、国家科技基础条件平台应用服务支撑系统、中国数字科技馆）、成果转化平台（科技成果信息服务体系）的共享面向全国，但建设具体承担单位或牵头单位大部分都在北京，形成了以北京为中心、辐射全国的自然科技资源平台网络。

三、地方科技基础设施与平台迅速增加

在国家科技基础条件平台建设的带动下，各地方结合自身科技资源优势和产业发展需求，以整合共享为主线，以服务创新为目标，搭建了一批各具特色、富有活力的科技创新平台，有效地促进了区域科技资源的共建共享，提升了科技对地方经济的支撑服务能力。据不完全统计，截至2007年有18个省（自治区、直辖市）制定了地方科技平台建设发展纲要，21个省（自治区、直辖市）设立了平台建设专项资金，10个省（自治区、直辖市）平台建设经费占其全部科技投入的比例超过20%。例如北京市设立科技条件平台服务首都建设主题计划，2005—2007年累计投入1.2亿元；江苏省设立科技基础设施计划专项资金，财政投入从2001年的2 000万元增加到2007年的1.5亿元。

第三节
科技产出的地区分布

一、全国科技产出基本状况

国内科技论文数量继续增长，国际论文检索总量稳居世界前列。2008年，我国国内科技论文数达47.2万篇，较2007年增长8 868篇，增长了1.9 %。SCI收录中国论文11.67万篇，占世界份额的8.12%，居世界第2位。EI收录中国论文8.94万篇（包括香港和澳门特区），比2007年增长了18.2%，占世界总数的比例为22.53%，排名居世界第1位。我国科技人员在主要国际会议上发表论文6.48万篇（包括香港和澳门特区），较2007年增长了50.3%，排名居世界第2位。

2008年，我国的专利申请总量为82.8万件，我国的专利授权总量为35.2万件。2001年至2008

年，我国专利申请总量和发明专利申请量连续 8 年平均增长率均超过 20%。

2007 年，全国高技术产业增加值达到 11 621 亿元，占 GDP 的比重由 2001 年的 2.82% 上升到 2007 年的 4.66%；2008 年高技术产品出口额占商品出口总额比重由 2001 年的 17.5% 上升到 2008 年的 29.1%。

表 2-2 我国科技产出基本情况

	2001 年	2002 年	2003 年	2004 年	2005 年	2006 年	2007 年	2008 年
专利申请量（万件）	20.4	25.3	30.8	35.4	47.6	57.3	69.4	82.8
发明专利申请量（万件）	6.3	8.0	10.5	13.0	17.3	21.0	24.5	29.0
专利授权量（万件）	11.4	13.2	18.2	19.0	21.4	26.8	35.2	41.2
发明专利授权量（万件）	1.6	2.1	3.7	4.9	5.3	5.8	6.8	9.4
SCI、EI、ISTP 系统收录的我国科技论文数（万篇）	6.5	7.7	9.3	11.1	15.3	17.2	20.8	27.1
国内科技论文数（万篇）	20.3	23.9	27.5	31.2	35.5	40.5	46.3	47.2
高技术产业增加值（亿元）*	3 095	3 769	5 034	6 341	8 128	10 056	1 1621	
占 GDP 的比重（%）	2.82	3.13	3.71	3.97	4.44	4.75	4.66	
高技术产品出口额（亿美元）	464.5	678.6	1 103.2	1 653.6	2 182.5	2 814.5	3 478.2	4 156.1
占商品出口总额比重（%）	17.5	20.8	25.2	27.9	28.6	29.0	28.6	29.1
技术市场签订技术合同（万项）	23.0	23.7	26.8	26.5	26.5	20.6	22.1	22.6
技术合同成交金额（亿元）	782.7	884.2	1 084.7	1 334.4	1 551.4	1 818.2	2 226.5	2 665.2

资料来源：国家统计局、科学技术部编.《中国科技统计年鉴 2009》。

二、科技产出的地区分布

相对于中西部地区的科技人力资源投入和经费投入而言，中西部地区的科技成果产出偏低，而东部地区的科技产出较高。2008 年东部地区的国内专利申请数、国内专利申请授权数、技术市场成交合同金额的比重分别为 75.40%、73.65%、77.23%，而西部地区的国内专利申请数、国内专利申请授权数、技术市场成交合同金额占全国的比重分别为 8.95%、9.46%、8.05%。京津冀地区成为全国技术交易的中心，2008 年其技术市场成交合同金额占全国的比重达到 42.41%。

表 2-3　2008 年我国科技资源投入与科技产出空间分布的比较

地　区	科技经费内部支出总额比重	研究与试验发展经费内部支出比重	从事科技活动人员比重	科学家和工程师比重	研究与试验发展人员全时当量比重	科学家和工程师比重	国内专利申请数比重	国内专利申请授权数比重	各地区技术市场成交合同金额比重
全国	100%	100%	100%	100%	100%	100%	100%	100%	100%
东部地区	68.8%	72.1%	61.7%	62.6%	64.7%	64.6%	75.4%	73.7%	77.2%
中部地区	17.7%	16.2%	22.4%	21.9%	20.3%	20.6%	12.2%	11.4%	9.4%
西部地区	13.5%	11.7%	16.0%	15.5%	15.1%	14.7%	9.0%	9.5%	8.1%
京津冀地区	16.4%	17.7%	13.8%	15.1%	14.5%	15.2%	9.9%	8.5%	42.4%
长三角地区	27.3%	27.8%	23.1%	21.8%	22.9%	20.7%	37.8%	34.6%	20.2%
珠三角地区	9.9%	10.9%	10.6%	11.2%	12.1%	13.1%	14.5%	17.6%	7.6%
三大区合计	53.6%	56.3%	47.6%	48.1%	49.5%	49.1%	62.1%	60.7%	70.2%

资料来源：国家统计局、科学技术部编，《中国科技统计年鉴 2009》。

第三章

高新区与产业集群

第一节 高新区主要进展

一、"十一五"期间的总体进展

二、国家高新区的创新活动

三、国家高新区经济发展

第二节 高新技术产业集群发展

一、国家自主创新示范区

二、特色产业基地

“十一五”期间，高新区进入了一个崭新的发展阶段。国家自主创新示范区建设启动实施，火炬计划特色产业基地等产业集群规模持续扩大、层次不断提高，有力支撑了地方经济社会发展，有效提升了区域创新能力，对提高地方产业竞争力、促进区域经济结构转型升级起到了重要作用。

第一节 高新区主要进展

“十一五”期间，国家高新区坚持以科学发展观为指导，以“营造创新创业环境，集聚科技创新资源，提升自主创新能力，培育自主创新产业，辐射带动区域发展”为根本宗旨，通过体制创新、技术创新、创新平台建设，科技园区的创新创业环境得到进一步优化，综合竞争能力得到进一步提升。国家高新区不断加强对中小企业技术创新的激励，培养产业创新集群，深入实施“二次创业”发展战略，大力提升自主创新能力，建设国家自主创新示范区，启动省级高新区升级为国家高新区的工作，使国家高新区成为实施自主创新战略的核心基地、区域科技创新的辐射中心、落实科学发展观的示范区。

一、“十一五”期间的总体进展

“十一五”期间，国家高新区的建设加快实现从注重要素投入向注重创新驱动的发展模式转变，从主要依靠优惠政策、注重招商引资向更加注重优化创新创业环境、培育内生动力的发展模式转变；从产业发展由大而全、小而全向集中优势发展特色产业转变；从注重硬环境建设向注重优化配置科技资源和提供优质服务的软环境建设转变；从注重引进来、面向国内市场向注重引进来与走出去相结合、大力拓展国际市场转变。

按照“坚持原则、积极审慎，以升促建、加强指导，择优选择、区域平衡，完善指标、科学评估”的工作原则，2009 年启动了省级高新区升级为国家高新区的工作。2009 年，湘潭高新区、泰州高新区升级获国务院批准，国家级高新区增至 56 个。国家级高新区主要分布于东部沿海，尤其是集中在广东、山东和江苏 3 省，共有 16 个国家级高新区，占全国高新区总数的28.6%。此外，国务院还批准在中关村科技园区、东湖高新区建设国家自主创新示范区。

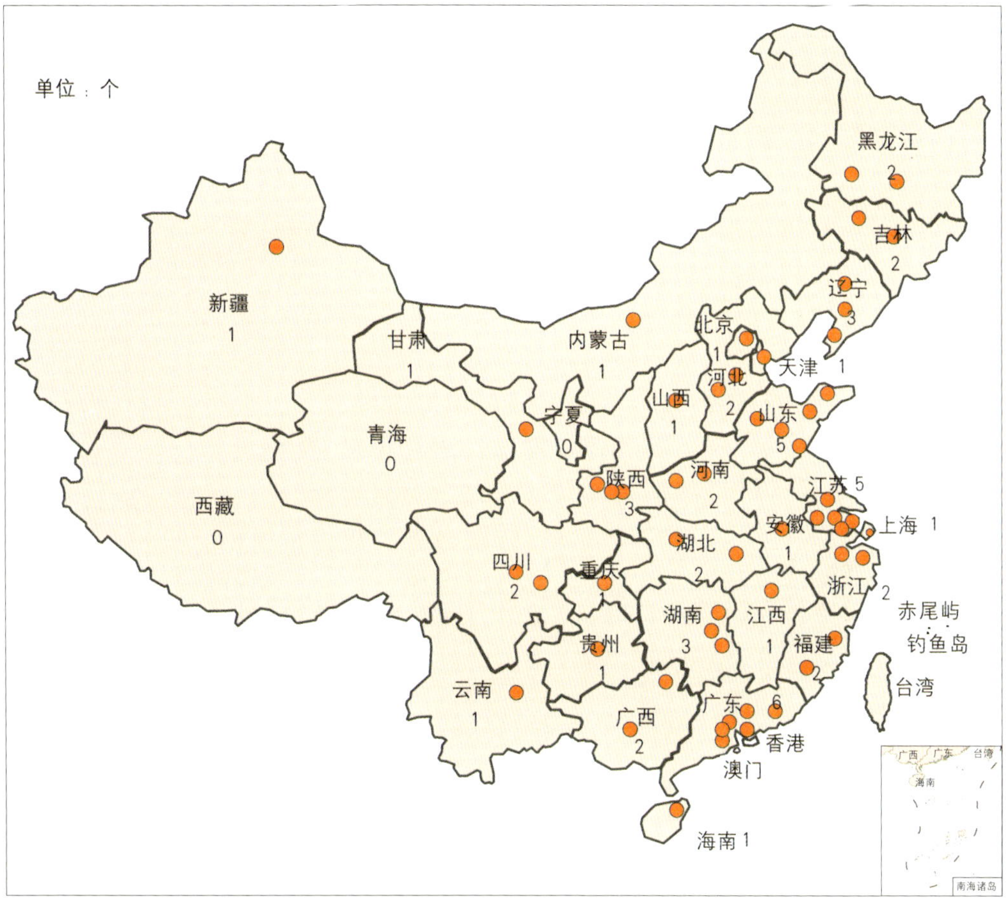

图 3-1 国家级高新区空间分布示意图

“十一五”期间，各地区不断加强地方高新技术产业发展，推动省级高新区建设工作，截至2009年，省级高新区共有 106 家。省级高新区主要分布在东部沿海地区，其中江苏、浙江、山东和广东 4 个省就达 45 个，占全部省级高新区的 42.5%，西部地区 11 个省（市）、自治区有 14 个省级高新区，占全部省级高新区的 17.8%，西藏、新疆、云南、海南、吉林没有开展建设省级高新区工作。

表 3-1 省级高新区

	省级高新区	数量（个）
北京		0
天津		0
河北	唐山、廊坊燕郊、承德	3
山西	长治	1
内蒙古	呼和浩特、赤峰红山区、蒙西、牙克石凤凰山、金山	5
辽宁	锦州、营口、辽阳、葫芦岛、阜新	5
吉林		0
黑龙江	齐齐哈尔、佳木斯	2
上海		0
江苏	南通、连云港、武进、扬州、镇江、徐州、盐城、江阴、昆山、海安	10
浙江	嘉兴、余杭、绍兴、台州、上虞、金华、温州、萧山、新昌、湖州、衢州	11
安徽	芜湖、蚌埠、马鞍山、铜陵、池州	5
福建	泉州、南靖、莆田、三明	4
江西	景德镇、新余、赣南、星火（永修县）	4
山东	烟台、济宁、枣庄、临沂、泰安、莱芜、东营、禹城、即墨、菏泽、滨州、聊城、嘉祥、日照	14
河南	安阳、南阳、新乡、平顶山、焦作、漯河、濮阳、驻马店、开封	9
湖北	宜昌、黄石、黄冈、孝感、葛店、仙桃、咸宁、荆门、十堰、荆州、石首、武穴	12
湖南	衡阳、益阳	2
广东	东莞松山湖、肇庆、江门、汕头、河源、揭阳、清远、梅州、佛山、顺德	10
广西	柳州、北海	2
海南		0
重庆		0
四川	德阳、乐山、自贡	3
贵州	黎阳	1
云南	玉溪	1
西藏		0
陕西	咸阳、渭南	2
宁夏	银川	1
甘肃	白银	1
青海	青海生物（西宁）	1
新疆		0

图3-2 2009年5月29日，中国首家医药专业国家级高新区在江苏泰州揭牌

二、国家高新区的创新活动

国家高新区积极培育企业技术创新能力，形成了高度集聚的优秀人才队伍、不断涌现出具有国内外先进水平的科技创新成果。

◎ 科技活动经费

国家高新区企业的科技投入近几年大幅增长。2009年企业用于科技活动筹集到的资金总额已达到3 066.6亿元，高出2006年1 301.2亿元，增长了73.7%。其中，企业筹集资金达到2 601.3亿元，来自金融机构的贷款90.4亿元，来自各级政府部门的资金230.2亿元，来自各事业单位的资金6.1亿元，来自国外的资金81.9亿元，来自于其他方面的资金56.7亿元。

在吸引各类资金方面，国家高新区较上年又有了较大增长。用于对科技型中小企业创新基金配套的资金已达到37.0亿元，比上年增加15.9亿元；用于扶持创业投资机构的资金已达到189.2亿元，比上年增加111.9亿元；用于扶持担保机构的资金已达到116.3亿元，比上年增加89.3亿元，以上三种资金共计达到342.5亿元，资金总量高出上年171.3亿元。

◎ 科技活动人员

创新人力资源近几年迅猛增长。2009年国家高新区企业就业人员815.3万人，是国家高新区建区初期（1992年）的24倍，高出2006年就业人数241.8万人，增长了42.2%。大专学历以上人员达到383万人，高出2006年151.2万人，占到从业人员总数47%。按学位分类：硕士学位毕业生31.6万人、博士学位毕业生3.8万人，并且吸引了近3.6万名留学归国人员回国创业。从业人员构成中，具有中高级职称的人员达到107.5万人，占到从业人员总量的13.2%。

◎ 科技活动产出

国家高新区成立至今，区内企业创新成果的市场转化率一直处于比较高的水平，创新成果不断涌现，区内企业拥有专利的水平和每年新申请专利的数量都高于全国平均水平。2009年，国家高新区的新产品产值达到18 437.1亿元，新产品销售收入为19 070.1亿元，占产品全部销售收入的比重为30.4%，达到这一比重的高新区有21个。2009年，国家高新区企业已拥有有效发明专利数为53 895件，其中国有企业6 885件，外资及港澳台企业14 626件，股份公司23 991件。高新区每万人拥有的发明专利数量为68.7件。按当年申请专利情况看，国家高新区2009年申请专利数量达到100 389件，其中申请的发明专利有50 069件，占高新区拥有发明专利总量92.9%。按当年专利授权情况看，国家高新区2009年专利授权数达到46 530件，其中发明专利授权16 020件，欧美日专利授权969件，欧美日发明专利授权343件。按其他知识产权情况看，国家高新区53 692家企业2009年共获得软件著作版权38 019项，获得集成电路布图2393项，获得植物新品种282项，获得各种国家奖项1 757次。

三、国家高新区经济发展

"十一五"以来，国家高新区努力克服金融危机带来的不利因素影响，积极促进产业结构调整升级，巩固经济回升基础，经济发展平稳，多项指标领先全国平均水平。

工业增长速度领先全国。2009年，56个高新区企业全年营业总收入达78 707亿元，比上年增加12 721.3亿元，年增长19.3%。其中，49个高新区营业总收入呈增长态势，增长率超过20%的有22家。56个高新区实现工业增加值15 416.7亿元，比上年同期增加2 909.7亿元，年增长23.3%。高出同期全国第二产业增加值9.5%，增幅13.8个百分点，占全国第二产业增加值的9.8%。工业增加值增长率超过20%的有51家。其中，长三角地区南京、常州、上海，工业增加值增长率分别达到20%、24.6%和18.9%。

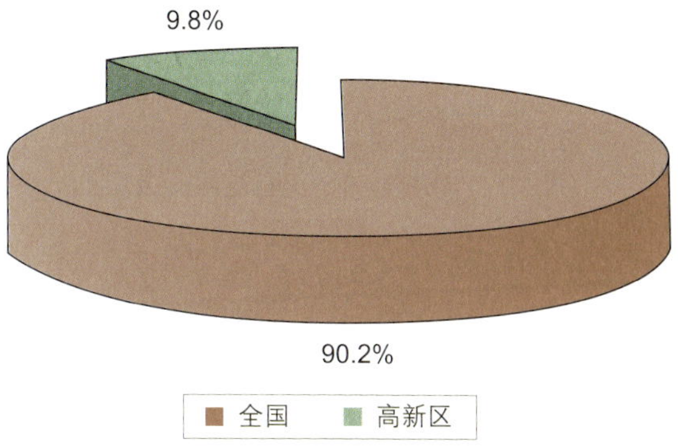

图 3-3 高新区工业增加值占全国比例

高新区出口持续增长。2009 年，56 个高新区企业出口创汇 2 007.2 亿美元，年增长 − 0.4%，高出全国外贸出口 − 16%增幅 16.4 个百分点。占全国外贸出口总额 12 017 亿美元的 16.6%，比上年度占全国外贸出口占比高出 1.9 个百分点。2009 年出口额超亿美元以上企业有 312 家，比 2008 年增加 33 家，出口额达 1 459.3 亿美元。

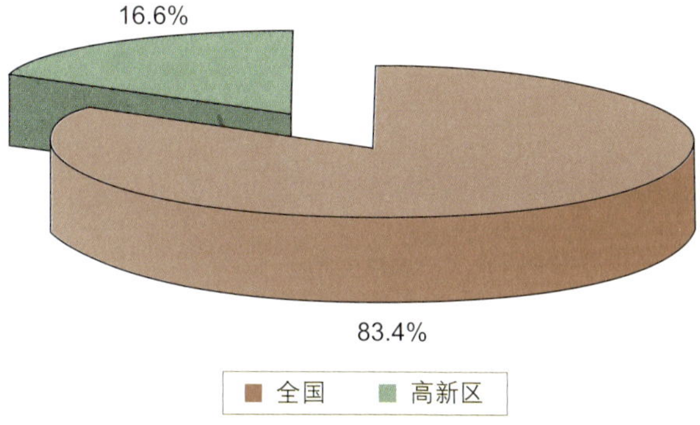

图 3-4 高新区出口额占全国比例

高新区净利润增幅高于全国水平。2009 年，高新区企业净利润达到 4 465.4 亿元，比上年增加 1 078 亿元，年增长 31.8%，大大高于 2009 年上半年 − 2.8%和 2008 年 4.5%的增幅，而全国规模以上工业企业 1～11 月份利润增幅为 7.8%。

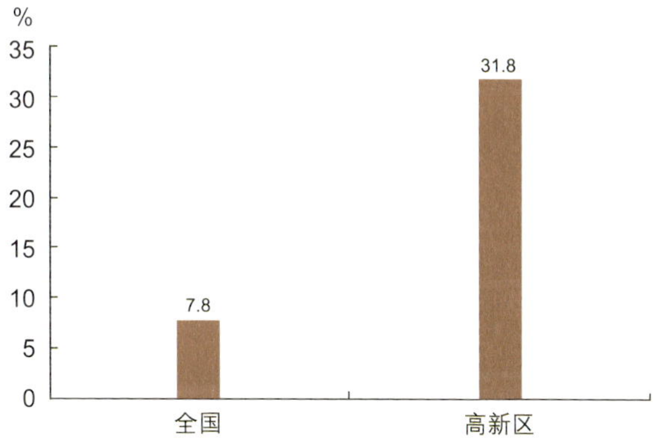

图 3-5 高新区与全国工业企业净利润增长率比较

国家高新区促进了产业结构调整和经济增长方式转变。“十一五”以来，国家高新区积极创造局部优化的环境，大力培育有竞争优势和发展前景的产业集群，同时注重发展高新技术产业与改造传统产业相结合，逐步形成了一批对国民经济增长有重大带动作用的优势特色产业，成为优化产业结构、促进经济增长方式转变的重要力量。

◎ 对所在城市经济贡献逐步凸显

国家高新区在其所在城市经济发展中的贡献度越来越重要，其中很大作用体现在国家高新区的经济效益上。国家高新区工业增加值在其所在城市中所占份额逐步凸显，其中工业增加值占所在城市比重达到30%以上的有23个，比上年增加4个。北京中关村高新技术产业增加值占全市的70%。

◎ 推动地区产业结构升级

国家高新区的产业结构不断优化，初步形成了特色化、规模化和集群化的产业发展态势。金融危机后，国家高新区加快了产业升级步伐，在转变经济增长方式方面发挥了积极的引领和示范作用。北京中关村高新区的信息产业、上海的微电子、深圳的通讯技术、长春的光电子和汽车及零部件、西安的通讯及软件、成都的生物医药、杭州的通讯设备、武汉的光电子、天津的绿色能源等产业集群已经形成，推动了区域经济的产业升级，在实施长三角、京津冀、珠三角、成渝经济区、武汉城市群等区域经济发展战略中发挥了重要的支撑作用。

◎ 高新技术产品居主导地位，出口额持续提高

在各高新技术产业领域中，国家高新区企业在电子信息领域继续领先。2009年，产品销售收入达到13 883.4亿元，远远高于其他领域，比上年增加1 052.7亿元，占全部产品销售收入的30.4%；光机电一体化发展也较快，达到6 809.2亿元，比上年增加797.4亿元，占到14.9%；新材料领域达到5 880.8亿元，占到12.9%；生物技术领域为3 789.8亿元，占到8.3%。其他领域产品销售收入总量排序依次是新能源及高效节能技术3 595.1亿元，占到7.9%；环境保护技术524.4亿元，占到1.1%；航空航天技术247.7亿元，占到0.5%；核应用技术31.6亿元，占到0.07%；地球、空间、海洋工程152.4亿元，占到0.3%。

高新技术产品成为高新区出口的重要力量。2009年，国家高新区出口的产品品种达59 703种，比上年增加3 730种。实现产品出口1 382.8亿美元，年增长5.0%，占高新区全部出口总额的68.9%。2009年，国家高新区企业产品出口领域最多的是电子与信息领域，达893.1亿美元，比上年增加63.4亿美元，占产品出口总量64.6%；跃居第二位的是光机电一体化领域，达到132.2亿美元，占产品出口总量9.6%；排在第三位的是新能源及高效节能领域达到121.8亿美元，占产品出

口总量 8.8%；新材料技术领域达到 60.7 亿美元，占产品出口总量 4.4%。

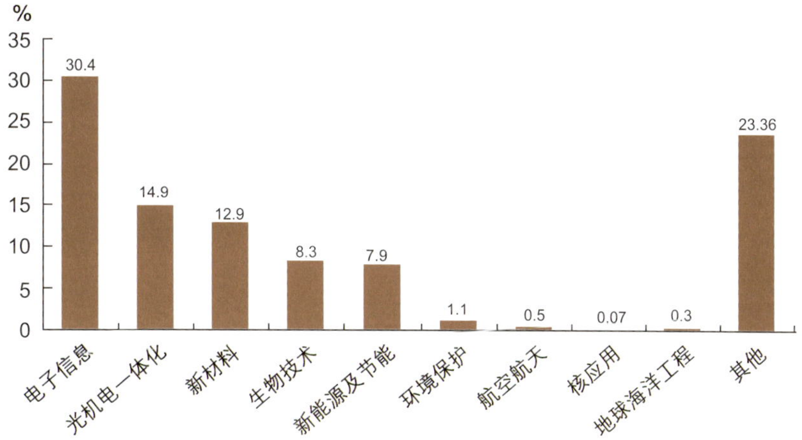

图 3-6 高新区高新技术各领域销售收入比较

专栏 3-1 本溪生物医药

本溪市多年来把科技创新作为东北老工业基地振兴的主战略。为加快生物医药产业集聚和高新技术产业发展，积极探索科技与产业紧密结合振兴东北老工业基地的新路子，科技部批准建立“国家辽宁（本溪）生物医药科技产业基地”。本溪生物医药将加快培育和发展生物医药这一国家战略性新兴产业，加快建设国际一流的研发基地和产业化基地，加速人才、技术、资金、政策等要素向产业聚集，建设以本溪为核心的东北地区医药产业聚集区。

第二节 高新技术产业集群发展

高新技术产业集群的发展近年来取得了可喜成绩，集群内企业的技术创新能力明显提高，区域和产业创新活动明显活跃。以示范区、基地为代表的高新技术产业集群正在成为地方政府依靠科技支撑加速区域经济社会发展的重要载体和阵地，成为地方科技部门直接服务当地经济社会发展、发挥科技支撑作用的重要平台。截至 2009 年底，中国共认定火炬计划特色产业基地 235 家、火炬软件产业基地 35 家、国家自主创新示范区 2 家。

一、国家自主创新示范区

为了推动我国自主创新战略，在自主创新方面先行先试的区域，为我国自主创新和高技术产业发展探索经验和做出示范，国家在2009年先后批准建设中关村和东湖两个国家自主创新示范区。

◎ 中关村国家自主创新示范区

2009年3月13日，国务院批复建设中关村国家自主创新示范区，要求把中关村建设成为具有全球影响力的科技创新中心。示范区定位有5个方面：中国高科技自主创新的发源地、中国高科技创业和投资的热土、中国经济科技教育体制改革的先行实验区、中国培养和聚集高素质人才的基地、中国战略性新兴产业的策源地。其战略目标是成为具有全球影响力的科技创新中心、培养和聚集一批优秀创新人才特别是产业领军人才，研发和转化一批国际领先的科技成果，做强做大一批具有全球影响力的创新型企业，培育一批国际知名品牌。未来中关村的发展将主要呈现出高端聚集、持续引领、辐射带动和国际化发展的特点。将立足北京，吸纳全球的高端技术、人才、资本和信息资源，然后辐射全国。在广泛开展国际合作、参与国际市场竞争的同时，向全球产业价值链的中高端挺进。国家自主创新示范区不仅提升中关村的创新地位，也将提升首都北京的创新实力，支撑“科技北京”发展战略，从而提升整个国家在国际上的创新地位。

图3-7　中关村科技园区一角

中关村国家自主创新示范区将中小科技企业融资、研发人员股权激励等当前困扰我国高科技产业发展的制度瓶颈作为突破口，鼓励制度创新，大胆尝试，鼓舞广大科技工作者创新创业的热情。开展中关村地区众多高校院所、产业技术联盟、中介机构等进行组织创新，鼓励企业探索商业模式创新，促进中关村的创业文化创新发展，形成一个促进企业发挥创新活力的独特氛围。

◎ 东湖国家自主创新示范区

2009年12月，国务院批复建设东湖国家自主创新示范区。东湖高新区将充分发挥特有的科教优势、品牌优势、产业优势、创新优势和环境优势，利用先行先试的机遇，在产学研合作、成果转化、企业孵化、产业集群、企业发展、投融资创新、科技服务企业等方面大胆改革，为共性难题探索出解决方案。进一步促进我国高新技术产业优化布局和协调发展，成为中部六省科技创新的一个重要平台，也为促进中部地区崛起提供科技支撑。东湖高新区建设国家自主创新示范区的总体目标：力争用10年左右时间，培养集聚一批优秀创新人才特别是产业领军人才，研发和转化一批国际领先的科技成果，做强做大一批具有全球影响力的创新型企业，培育一批国际知名品牌，全面提高东湖高新区自主创新和辐射带动能力，使之成为国内一流国际知名的科技发展试验区、先进产业聚集区、自主创新示范区、改革开放先行区，成为国家重要的综合性高技术产业基地，成为人与自然和谐发展、创新创业环境一流的现代新区，成为推动资源节约和环境友好型社会建设、依靠创新驱动发展的典范。

湖北省已成立建设国家自主创新示范区领导小组，将集全省之力统筹推进示范区建设。东湖高新区建设国家自主创新示范区即将开展的6项试点工作包括：开展股权激励试点；深化科技金融改革创新试点；支持新型产业组织参与国家重点科技项目；政府采购试点；加快、完善高层次人才引进和培养工作；财政部、国家税务总局研究支持东湖高新区的税收政策。东湖高新区还将加快科技创新，围绕光电子信息、生物、新能源、环保、新一代消费类电子等五大产业发展，带动一批关系湖北科技发展的关键技术实现重点突破，加快科技成果产业化。

专栏3-2 中关村成立首个国家自主创新示范区

2009年3月13日，国务院批复同意建设中关村国家自主创新示范区，掀开了中关村发展新的篇章。20世纪80年代，在世界第三次科技浪潮中崛起的一批中关村民营科技企业，以打破制度禁区、大胆创业而闻名全国。中关村一直是我国科技、教育、经济体制综合配套改革的试验区，是不断探索改革开放具体模式和途径的一个重要载体。作为全国创新中心，中关村对全国的自主创新事业具有无可比拟的影响力。当前，中央支持中关村深化改革、先行先试，主动担当起引领国家自主创新和高技术产业发展方向的责任，为全国探索经验、作出示范，是国家赋予中关村的使命，也是国务院批准建设中关村国家自主创新示范区的目的所在。

二、特色产业基地

◎ 总体进展

20世纪90年代中期以来，以建设基地的形式，有选择地在一些产业集聚区内培育和提升技术创新能力，引领产业集聚尽快向集群和创新型集群转化，就推动区域和产业创新活动，开展了多种有意义的尝试和探索。“十一五”以来，基地数量和经济总量快速增长。截止2009年底，全国共认定火炬计划特色产业基地235个。分布在全国25个省、自治区、直辖市，覆盖主要高新技术产业领域和具有支柱性的传统产业领域，从业人员600多万人，实现营业收入3万亿元，工业增加值近7 000亿元，上缴税额接近1 700亿元。共有高新技术企业6 000多家，占基地内60 000多家企业总数的10%左右。已建国家工程技术中心126家。基地作为国家高新区之外，以提升区域支柱产业发展水平为主要目的的另一块重要阵地，已经成为区域经济增长的重要组成部分和推动力量。

◎ 区域分布

近70%的特色产业基地分布在县（市）一级，主要是在县域经济区及设有国家高新区的地区。2009年，235个特色产业基地分布在全国25个省市，拥有基地数超过10个以上的省有6个，分别是江苏、浙江、山东、广东、湖北、黑龙江。从地区分布来看，特色产业基地主要集中在沿海经济发展水平较高、区域特色产业集群起步较早的地区，尤其以江苏、浙江、山东、广东四省居多。其中江苏省56个，占总量的23.8%；浙江省34个，占总量的14.5%；山东省27个，占总量的11.5%；广东省26个，占总量的11.1%。以上4个省的特色产业基地之和占到总量的60.9%

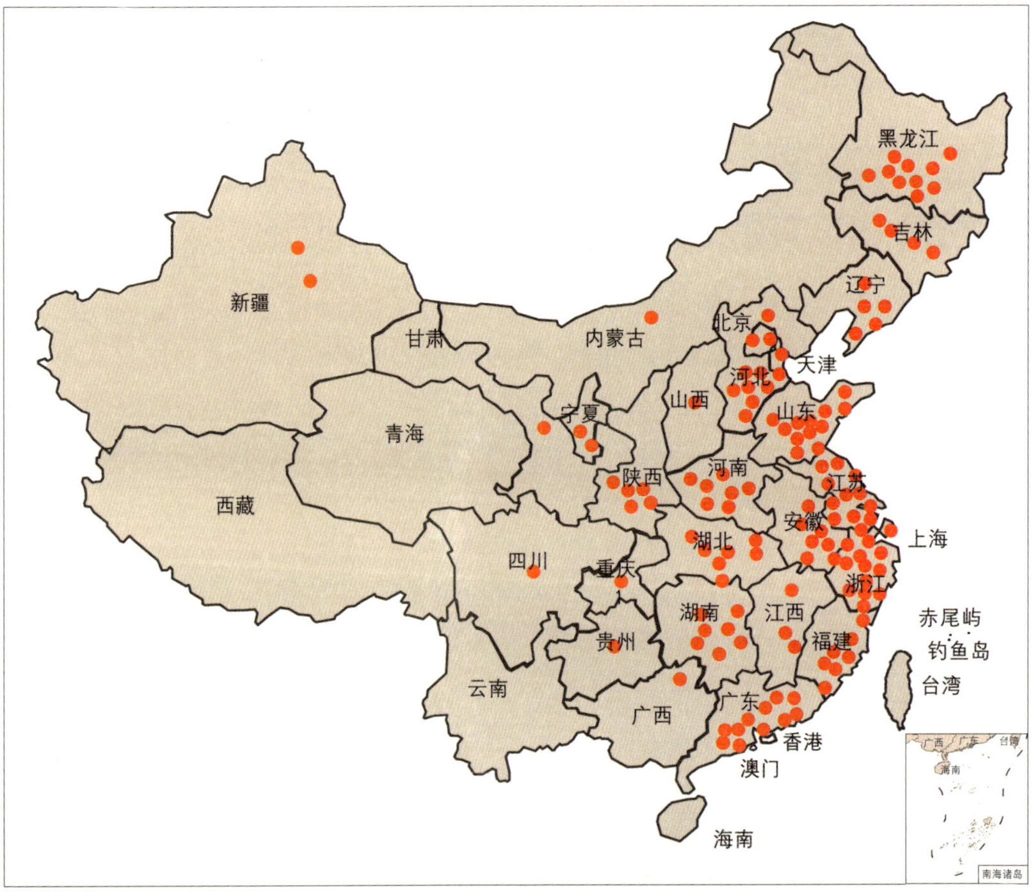

图 3-8 火炬计划特色产业基地区域分布示意图

◎ 产业领域分布

按技术领域来分，235个特色产业基地的主要产业集中在光机电类和化工新材料类，仅这两类特色基地就有159个，占到特色基地总量的37.7%。所有基地按照5大技术领域大致分布如下：光机电类基地81个，占总量的34.5%，其中属于汽车零部件的特色基地19个，占到光机电类的23.5%；属于化工及新材料类的基地78个，占总量的33.2%；生物医药类基地30个，占总量的12.8%；属于电子信息类的特色基地29个，占总量的12.3%；新能源类特色基地14个，占总量的6.0%。

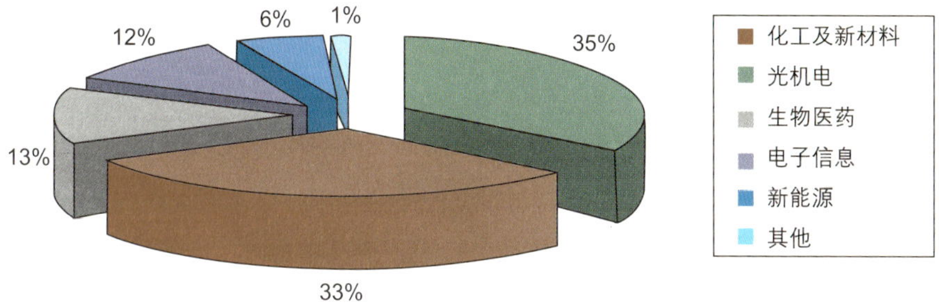

图3-9 特色产业基地的领域分布

◎ 创新体系建设

企业创新发展。特色产业基地内高新技术企业和科技产出水平需要进一步提高。2009，在年特色产业基地内66 513家企业中，经过认定的高新技术企业3 885家，占总量的5.84%；重点高新技术企业915家，占总量的1.38%；骨干企业3 413家，占总量的5.13%，平均每个基地有骨干企业15家；上市企业227家，占总量的0.34%；营业总收入超亿元企业3 473家，占总量的5.22%。223个特色基地中企业数量超过1 000家以上的有16个。2009年，基地内的企业共承担各类国家级和地方项目6 674项。2009年，特色产业基地内企业共申请国内专利78 187件，其中申请发明专利12 256件，实用新型专利28 088件；企业获得专利授权40 746件，其中发明专利3 382件。申请国外专利429件；企业申请软件著作权登记数1 518件。

企业科技活动人员。企业科技活动人员增长较快，但仍存在一定差距。2009年，特色产业基地内企业共有从业人员583.33万人，其中大专学历以上人员157.22万人，比上年增加25.57万人，占到从业人员总量的26.95%。在这部分人员中，有博士学位人员6 834人，比上年增加476人；硕士学位人员31 866人，比上年增加2 293人。参与研究与发展的人员有14 608人，占总量的0.25%。

研发与服务机构。特色产业基地内的企业研发机构和科技服务机构总量还较少。2009年，235个特色产业基地中企业设立的各类研究机构3 763个，其中国家工程技术中心124家，占总量的3.3%；省级企业技术中心1 044家，占总量的27.7%；市级企业技术中心2 023家，占总量的53.8%；企业博士后工作站306家，占总量的8.1%；各类科技企业孵化器266家，占总量的7.1%。各类服务机构有1 902家，其中担保机构467家，占总量的24.6%；科技服务机构992家，占总量的52.2%；行业组织数量443家，占总量的23.3%。企业拥有品牌数量3 131个。

中国科学技术发展报告（区域专题报告2009）
CHINA SCIENCE AND TECHNOLOGY DEVELOPMENT REPORT (REGIONAL REPORT 2009)

第四章

区域创新体系建设进展

区域创新体系是国家创新体系的重要组成部分，建设完善的区域创新体系，将为国家创新体系的建设奠定坚实的基础。“十一五”期间，国家出台了一系列支持区域创新体系建设的政策和举措，各地在创新体系建设方面也进行了诸多探索，创新型城市建设取得了重要进展，基层科技创新能力正逐步增强，科技对区域经济社会发展的支撑引领作用日益凸显。

第一节 区域创新体系建设的基本状况

建设区域创新体系不仅是国家创新体系建设的重要组成部分，也是区域经济和社会发展的重要基础。“十一五”以来，国家相继颁布了若干具有战略意义的区域发展规划和意见。中央及地方围绕区域创新体系建设，也出台了一系列政策法规和扶持举措。加强科技服务体系建设，构建完善的区域创新体系，已成为各区域发展的共识。

一、各具特色的区域创新体系正在不断形成

“十一五”以来，随着我国重大区域发展战略的推进和区域经济、科技发展的日渐融合，科技创新在促进发展方式转变，提升区域核心竞争力中的作用越来越重要。

依据经济发展的差异性、所处地理位置、资源条件以及产业发展格局，全国各地相继形成了若干具有战略意义的区域创新体系。一些地区因地理位置相邻、经济结构趋同，在科研实力、创新环境、创新绩效等领域均达到较高标准，形成了一批创新高地，并切实带动了本地和周边地区的发展，如京津冀、长三角、珠三角和成渝等区域。另一些地区由于多分布在产业集聚地区，产业基础雄厚、企业规模较大，其创新活动重点放在推动科技成果产业化和提高企业自主创新能力方面，并由此形成一些以产业集聚创新为特色的区域，如以改造传统产业发展模式为重点的辽宁沿

海、长吉图和哈大齐等东北老工业创新型区域；以承接国际国内产业转移为重要目标的皖江城市带；以发展先进制造业和统筹科技资源改革示范为特色的关中—天水经济区；以促进生态和经济协调发展为导向的环鄱阳湖生态经济区和黄河三角洲地区等。同时，进入“十一五”以来，国家相继在各地设立了主题不同的综合配套改革试验区，包括如海西创新型区域、北部湾创新型区域，上海浦东新区、天津滨海新区、绵阳科技城，以及成渝、武汉、长株潭和深圳等综合配套改革实验区。这些新设立的综合配套改革试验区围绕重点突破与整体创新，率先在创新体制方面进行了积极探索，为全国其他地区起到了很好的示范作用。

此外，除上述若干个创新型区域以外，随着城市之间在经济、信息、人员方面交流的日益频繁，我国已逐步形成若干个以城市为轴心的创新极和创新带，如北京、上海、广州、武汉、重庆、西安，以及京津塘创新带、宁沪杭甬创新带、广深创新带等。这些各具特色区域创新体系的建立，一方面促进了地区经济的快速发展和产业竞争力提高，吸引着全球越来越多的创新资源向这些地区集聚；另一方面也促进了创新主体的跨区交流不断深化、科技资源的区际流动日益频繁，区域间的科技合作也更加密切。

图 4-1　京津沪渝四大直辖市领跑中国区域经济，图为长江边上的城市重庆一角

二、促进区域创新的政策体系日趋完善

近年来，围绕提升区域科技合作水平，增强区域创新能力，中央和地方积极开展区域规划研究和制定，陆续出台了一系列推进区域自主创新的政策和举措。

在中央层面，围绕重点地区的创新发展，国务院相继批准实施了一些区域规划和区域性的政策性文件。如《关于进一步推进长江三角洲地区改革开放和经济社会发展的指导意见》、《珠江三角洲地区改革发展规划纲要（2008—2020年）》、《关中—天水经济区发展规划》、《横琴发展总体规划》、《江苏沿海地区发展规划》、《促进中部地区崛起规划》、《辽宁沿海经济带的发展规划》、《黄河三角洲高效生态经济区规划》、《广西北部湾经济区发展规划(2006—2020)》、《图们江区域合作规划纲要》、《江西鄱阳湖生态经济区规划》，以及《国务院关于支持福建省加快建设海峡西岸经济区的若干意见》、《关于推进重庆市统筹城乡改革和发展的若干意见》、《国务院关于进一步促进广西经济社会发展的若干意见》、《关于进一步促进新疆经济社会发展的若干意见》、《关于进一步促进宁夏经济社会发展的若干意见》、《关于支持青海等省藏区经济社会发展的若干意见》等。这些规划和政策性文件的相继颁布和实施，标志着国家区域创新发展总体战略正在各个方面得到逐步落实。

与此同时，各地也围绕区域科技资源布局、科技发展战略的实施以及重大产业创新等，相继颁布了一系列的指导政策和相关文件。如2003年在科技部的指导和协调下，沪、苏、浙三地签订《关于沪苏浙共同推进长三角创新体系建设协议书》，建立了由两省一市主管领导组成的长三角区域创新体系建设联席会议制度；广东省人民政府、科技部、教育部联合制定了《广东省自主创新规划纲要》、《广东省建设创新型广东行动纲要》和《关于加快吸引培养高层次人才的意见》等政策性文件。2006年，陕西省委、省政府出台了《关于增强自主创新能力，提高经济竞争力的决定》等一系列政策文件，并且启动了“13115”科技创新工程。2008年，湖北省出台了《关于深化改革创新机制加速全省高新技术产业发展的意见》。2009年，重庆市启动实施了《重庆市统筹城乡科技改革与创新行动纲要》；福建省出台了《福建省贯彻落实〈国务院关于支持福建省加快建设海峡西岸经济区的若干意见〉的实施意见》、《关于加强科技型企业上市培育服务工作的若干意见》和《福建省省级创业投资资金投资目录》等政策文件。各地创新政策体系的构建和完善，从战略层面进一步提升了科技引领支撑经济社会发展的能力。

三、区域创新投融资体系不断健全

为了完善区域创新投融资体系，各级政府采取了一系列积极措施，通过金融手段帮助中小企业解决融资难的问题。

一是建立了科技银行，向中小科技型企业进行投资和提供贷款。2009年，北京、上海、成都、广州、深圳、武汉等地都围绕高新技术开发区建立了科技银行或银行科技支行，如杭州银行设立了科技支行，成都银行设立了高新支行、武汉银行设立了光谷支行等。

二是设立政府创业投资引导基金。近年来，国家和各地市纷纷设立了创业投资引导基金，并取得了阶段性成果。2006年3月由国家开发银行与中新创投共同组建了苏州工业园区创业投资引导基金，总规模10亿元。2009年10月，发改委、财政部与北京、上海、深圳、重庆、安徽、湖南、吉林七省市人民政府联合设立创业投资基金，推出首批20支创投基金进行试点，总募集资金量90亿元。

三是设立科技型中小企业创新基金。为促进中小企业健康发展，中央财政综合运用资金、税收、财务制度等多项政策工具，进一步加大了对中小企业的扶持力度。在资金政策方面，中央财政先后设立了科技型中小企业技术创新基金、中小企业发展专项资金、中小企业国际市场开拓资金等8个专项资金。在中央财政的带动下，全国37个省级单位均设立了创新基金，总规模达36亿元。科技型中小企业群体由十年前的2万家发展壮大到目前的15万家。

四是设立风险投资基金。2006年10月，全国首个由地方政府设立的政策性扶持资金——上海浦东新区创业风险投资引导基金启动，资金规模10亿元，通过其引导作用，浦东新区“十一五”期间集聚了规模达200亿元的创业风险投资基金。2009年3月，安徽省也成立了创业（风险）投资引导基金，总规模预计达10亿元以上，基金除了直接向社会公开招募创投基金外，还与合肥、芜湖、蚌埠三市合作，让其自行招募社会资金，将发挥1∶6甚至更高放大倍数的作用。

五是培育上市公司。为进一步解决中小企业融资难的问题，2009年3月，证监会出台了《首次公开发行股票并在创业板上市管理暂行办法》，并于5月1日起实施。深圳市也于2009年1月审议并原则通过了《关于扶持深圳市中小企业改制上市的若干措施》。南宁市对上市公司在投资高新技术项目、重点技术改造项目以及市政公用基础设施建设项目时，优先推荐享受国家及地方贴息债券、贷款和科技扶持资金。对市场前景好和高成长性的中小企业引入风险投资入股，择机改制上市；并充分利用国内证券市场上市主渠道，支持鼓励有条件的企业境外上市。

四、区域产学研合作机制日渐成熟

“十一五”以来，国家和各级地方政府以重大科技计划、相应的税收激励，以及强化产学研合作等举措来积极引导企业增加研究开发，鼓励企业通过科技创新和管理创新等来提高竞争力。

一是建立以企业为主体的产学研合作模式。如重庆市通过推动行业企业与国家级研发机构建立产学研合作关系，以及实施科技型中小企业成长路线图扶持计划，提升了企业资源配置能力，成功培育35家产值超5 000万元和5家产值超1亿元的中小企业。

二是充分发挥高新区作为自主创新基地的作用，引导传统产业向集群化的方式发展。如浙江省许多地区通过建立“一镇一业”，都走向了集群化的发展道路，出现了如温州的皮革、绍兴的纺织、义乌的小商品、永康的五金等特色产业群。

三是推动校企合作，实现科研成果与企业需求的有效对接。如江苏派出3 400多个学科团队实施科技服务社会“校企联盟”行动，其中1 961个团队与3 400多家省内企业对接，建立1 961个“校企联盟”。浙江发起“科技帮扶促调活动”，组织高校院所上万名技术人员深入上万家企业等。

图4-2　2009年9月20日，中国江苏第二届产学研合作成果展示洽谈会开幕

五、跨行政区域科技合作得到有效拓展

随着区域经济一体化程度的加深，我国跨行政区科技合作与交流的领域也日渐拓展和深化。在长三角地区，围绕区域重要产业基地和产业集群发展，以企业技术创新和产业技术提升需求为目标，通过整合资源、创新机制，编制了《长三角科技合作三年行动计划（2008—2010年）》，提出了“共同创建长三角科技创新中心区”、联合建设长三角“科技资源共享区”、携手打造长三角“生态和谐宜居区”、协同构筑长三角“科技产业创造区”四大基本任务；实施了“高新技术产业技术跨越行动、传统产业提升行动、民生保障科技行动、资源环境技术攻关行动、科技资源共享行动”

五大科技行动，促进了基地、平台、人才、项目一体化发展，提高了长三角科技资源的效能。在珠三角地区，建立了“泛珠三角”区域科技合作联席会议制度，并成立了专门工作组推进此项工作。已编制完成了《泛珠三角2005—2010年区域科技合作规划》和《泛珠三角区域科技创新合作“十一五”专项规划》，建立了“泛珠三角”区域科技合作信息网络，提出了培育科技合作的环境与机制、共同培育产业集群、共同研发科技成果等五大任务，以及实施科技资源共享、合作组建科技组群、联合创新、科技人才培养等四大行动；并设立了年度“泛珠三角”科技合作专项，在“9+2”科技合作框架下，鼓励和支持各省（行政区）之间的合作以及企业间的合作。京津冀地区围绕经济社会发展、主导产业优化升级，科技创新力建设等方面建立了区域内科技基础条件平台共享机制和重点领域联合攻关机制，在加强技术转移，活跃技术市场，建立互认制度和加强共同产业科技创新体系建设等方面，实现了互动、共建和共享。

图 4-3 2009 年 6 月 10 日，第五届泛珠三角区域合作与发展高层论坛在南宁举行

六、区域科技资源共享服务平台建设取得重大进展

科技资源共享平台建设是推进区域创新体系建设的重要载体。中央和地方各级政府有关部门通过从政策保障、项目拉动、资金扶持等方面帮助各区域优化科技资源配置，加快构建区域科技资源共享平台网络，为区域创新体系建设提供了坚实的物质保障。在长三角地区，通过整合资源、创新机制，建立了长三角科技基础条件共建共享服务平台、大型科学仪器设备协作共用平台、技术转移信息及交易共享平台、科技文献和科学数据共享平台、科技创业与投融资协作服务平台、科

技人才交流与合作平台等，推动了区域创新资源的流动和共享，加速了区域科技资源的集聚、流动、辐射与共享。京津冀地区围绕科技资源共享、积极利用科技创新资源，实现科技文献信息资源共享等方面开展具体合作，建立了区域科技合作服务平台，实现了区域资源共用、共享。福建省目前已基本建成技术研发协作、科技成果转化、科技中介服务、科技资源共享等4大科技创新平台，以高新区为代表的各类开发区成为海西区域创新平台建设的重要载体。2008年，福建省87个开发区实现工业产值2 452.84亿元，占全省GDP的22.66%。在珠三角地区，开展了泛珠三角区域科技资源联合调查，为实现区域科技资源合作共享奠定了良好的基础。

七、创新型企业试点工作在各地区全面展开

建设创新型企业是建设创新型国家的需要，也是转变经济发展方式的关键。企业是产业结构调整和结构升级的主要力量，而创新型企业作为国家最具创新能力的企业群体，是国家技术创新工程的重要载体。2006年，科技部、国资委、全国总工会联合印发《关于开展创新型企业试点工作的通知》，颁布了《创新型企业试点工作实施方案》，明确了试点工作的目标、原则和试点企业

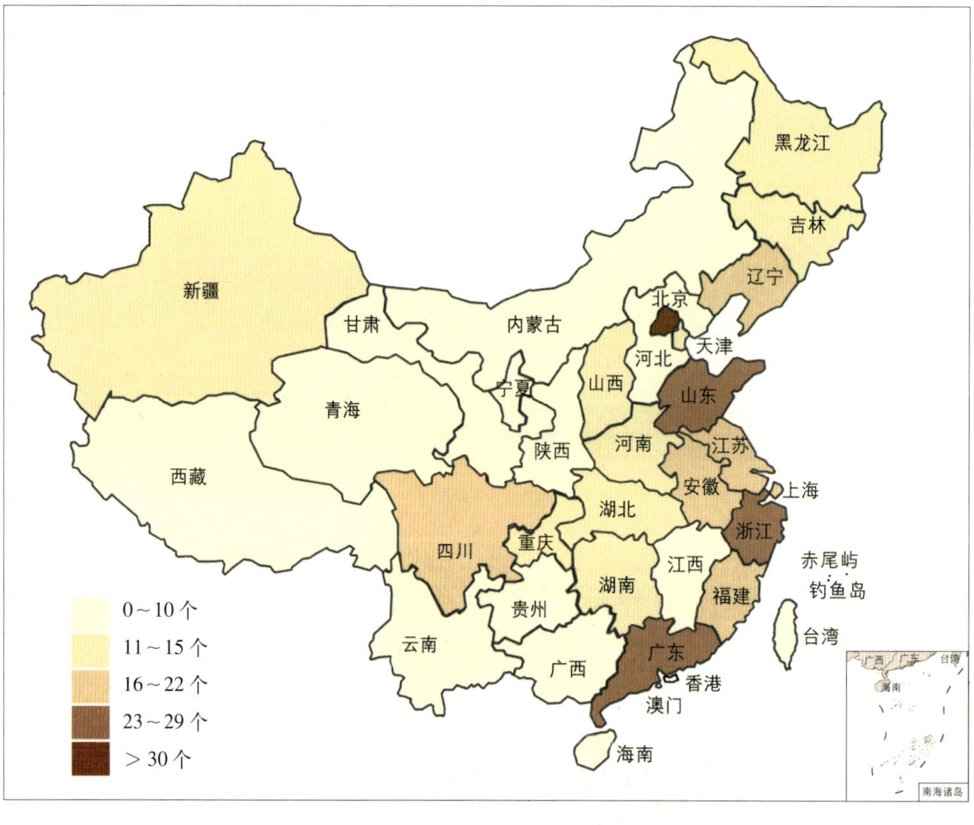

图4-4　中国创新型试点企业省（区、市）分布图

选择条件和选择范围，正式组织开展试点工作。随着2009年国家技术创新工程的启动实施，创新型企业建设步入了一个新的发展阶段。截至2009年底，先后在国家层面上确定了三批469家创新型试点企业，这些试点企业在地区分布上高度集聚在经济发达的地区。其中，北京（66家）、浙江（28家）、广东（27家）、山东（26家）、福建（22家）、辽宁（20家）等省市共计189家，占全国创新型试点企业总数的40.6%。

第二节 创新型城市建设

创新型城市是指自主创新能力强、科技支撑引领作用突出、经济社会可持续发展水平高、区域辐射带动作用显著的城市。加快推进创新型城市建设，对于增强自主创新能力、加快经济发展方式转变、促进区域经济社会又好又快发展和建设创新型国家意义重大。“十一五”期间，科技部会同有关部门和地方开展了创新型城市建设试点，推动创新型城市试点工作取得重要进展。

一、积极开展创新型城市试点工作

推进创新型城市建设需要试点先行、积累经验、逐步推开。近年来科技部会同有关部门积极推动创新型城市试点，重点开展了以下工作：

◎ 分批推进创新型城市试点工作

2005年，经国务院批准，成立了以科技部为组长单位，由国家发改委、财政部、教育部、中科院组成的合肥市科技创新试点工作部际协调小组，共同推进合肥市科技创新试点工作。2009年，科技部会同教育部、中科院、江苏省共同开展了南京市科技体制综合改革试点，以加强科技资源统筹、充分释放科技资源优势为重点，加快创新型城市建设；同年，科技部还与有关部门共同推动了绵阳科技城、景德镇陶瓷科技城建设等试点工作。2010年，科技部在总结前期开展创新型城市试点工作经验的基础上，分两批选择了合肥市、北京海淀区等38个城市（区）作为国家创新型试点城市（区）。

◎ 加强对试点工作的指导

为加强对创新型城市试点工作的指导，推动试点工作取得切实的成效，科技部与试点城市所在省（区、市）把推进创新型城市试点作为部省会商优先议题，将试点城市符合条件的重大科研任务、重点技术创新战略联盟、重点创新基地和创新服务平台、高层次创新人才培养和引进等，纳入国家科技计划和相关渠道优先支持。并建立创新型试点城市间定期交流研讨制度，加大对试点城市典型经验的宣传和推广，发挥试点城市的示范作用，带动更多城市走上创新发展的道路。2010年4月6日，科技部印发了《关于进一步推进创新型城市试点工作的指导意见》的通知，要求试点城市重点围绕确立城市创新发展战略、加快经济发展方式转变、增强企业自主创新能力、推进体制改革和管理创新等八个方面进行探索，力求取得突破，发挥辐射带动作用。与此同时，试点启动以来，试点城市都成立了由主要领导担任组长的试点工作领导小组，研究形成了试点实施方案，确定试点任务，明确保障措施，建立考核机制，扎实推动试点工作。

◎ 加强评价监测

围绕创新型城市建设，科技部研究制订了《创新型城市建设监测评价指标（试行）》，包括创新投入、企业创新、成果转化、高新技术产业、科技惠民、创新环境6个一级指标和25个具体监测指标。并由试点城市科技管理部门会同有关部门具体组织实施，建立试点工作实施的考核评价机制。通过开展创新型城市建设进程监测评价，引导和推动创新型城市建设。今后将逐步扩大监测评价范围，不断完善监测评价指标和相关工作，为城市创新发展提供决策参考和咨询意见。

二、创新型城市试点工作取得了初步成效

开展创新型城市建设试点以来，各试点城市积极探索、扎实推进，合肥市、南京市、上海杨浦区等城市（区）试点工作已经取得了初步成效。

◎ 高新技术产业发展迅猛

创新型城市试点工作开展以来，各试点城市针对企业技术需求，采取多项措施，实施高新技术产业化项目，破解企业技术难题，加强创新平台建设，积极组织企业申报国家和省级高新技术企业，落实新认定高新技术企业所得税减免政策，指导企业有针对性地开展技术创新活动，有效地推动了城市高新技术产业的发展。如安徽省通过加大科技投入，改革投融资和财政管理体制，加强科技创新公共服务平台建设，积极推进合肥市创新型城市试点和合芜蚌自主创新综合试验区建设，在重大技术攻关、科技成果转化和提升产业综合竞争力等方面取得了一批重要成果。合芜蚌区域高新技术产业发展迅猛，2009年高新技术产业实现产值2 157亿元，比上年增长34.8%，实现增加值597亿元，比上年增长32.4%，为中部地区城市依靠科技进步实现崛起发挥了积极的示范作用。

◎ 知识产权工作取得重大进展

近年来，随着创新型城市试点工作的不断深入，各地以转变政府职能、强化知识产权服务为切入点，大力实施知识产权战略，创新知识产权工作体制机制，着力推进重点企业、科技园区、优势产业、重点区域知识产权工作，为区域自主创新成果的大量涌现、创新创业环境的不断优化做出了积极贡献。南京市以深化科技体制改革为重点推进创新型城市建设，制定加大知识产权发展战略，创新技术转移机制和科技金融结合的新模式，营造有利于知识产权创造、保护和运用的良好环境，为城市经济发展提供了强有力的支撑。2009 年，全市专利申请量达 1.31 万件，其中发明专利申请量占到 45.5%，发明专利申请量、授权发明专利数量均居全国同类城市第三位。通过实施“中国软件名城建设”、“中国南京无线谷”等五大科技创新工程，2009 年全市软件业务收入达 630 亿元以上，同比增长 33.5%。

◎ 产学研合作取得积极进展

创新型城市试点工作开展以来，科技部和地方政府十分重视推进产学研合作工作。在科技部的指导下，各地加快建立以企业为主体、市场为导向、产学研相结合的技术创新体系，并把这项工作作为建立创新型城市的突破口，在提高企业的技术创新能力和经济效益，提升高等院校、科研院所的原始科技创新能力和学术水平，加速创新成果的转化和技术创新体系的建设等方面，开

图 4-5 “天堂硅谷”崛起于钱塘江畔

展了富有成效的探索与实践。杭州市把以“两港五区”（即信息港、新药港和国家高新技术产业开发区、经济技术开发区、文教园区）为重点的“天堂硅谷”建设作为“一号工程”加快推进。上海市杨浦区通过推动杨浦区产学研科技进步促进会实体化运作，在上海市东北片高等院校与杨浦区域内的科研院所、各类企业及其主管部门之间架设桥梁，促进企业与高校的合作与“联姻”，为企业的技术创新创造更好的外部环境，实现从“工业杨浦”向“知识杨浦”的成功转型。浙江省嘉兴市通过举办“嘉兴市企业—嘉兴科技城产学研合作交流活动”，推进嘉兴市企业和嘉兴科技城内大院名校的合作交流，帮助企业在金融危机中破解技术难题、突破技术瓶颈，提升产业核心竞争力。常州把“聚集科教创新资源，打造先进装备制造基地”作为战略目标，围绕重点产业、重点企业和社会发展重大需求，采取机制创新、环境营造、政策支持“三位一体”组合方式，以建设常州科教城为城市品牌，通过建立科技处长圆桌会议、启动实施“科技长征”、科技人员互派双挂等机制，全面推进与中科院等著名高校院所的产学研合作，努力开创经科教联动的“常州模式”。

◎ 科技体制改革在部分城市和区域取得突破性进展

各创新型城市大力突破体制障碍，以体制创新带动科技创新，以科技创新推动科学发展，为城市科技改革与创新积累了经验。南京市自2009年启动科技体制综合改革试点工作以来，通过创新科技政策、体制、服务、组织机构和管理，建立政产学研金联席会议制度和科技创新统筹协调机制，充分发挥企业创新主体作用，促进政府部门、高等院校、科研院所、金融机构和企业之间沟通和全面合作，从而充分激发了城市科技创新能力，率先在全国探索出了一条科技体制综合改革新路。重庆市通过整合国家和地方科技资源，建立科技资源“计划导向”、“评价激励”和“下乡入园进企”新机制，探索“企业主导”、“校县互动型”和“军地结合”多种模式，深入推进科研院所体制改革，从制度建设促进产学研合作，形成了以科技成果转化促产业结构升级的新模式，为全国统筹城乡科技改革与创新积累了经验。北京市在全面进行科技体制改革的过程中，改革传统计划经济时代对科研机构管得太多、管得太死的状况，按照现代研究院所制度的要求，着手组建新型科研机构，大力推动80%～90%的科技人员以多种形式、多种渠道进入经济建设主战场，为科技进步营造了良好的创新与竞争环境。深圳市在充分调研基础上整合政府投资的各类科技资源，探索政府科技投入新机制，通过建立公共技术平台，加快科技型企业产权制度改革的步伐，鼓励企业加大投入，强化了企业的技术创新主体地位，为产业发展营造了良好的环境。

专栏4-1　合肥创新型城市建设

2004年11月，作为我国第一个科技创新型城市试点的合肥国家科技创新型试点市建设工作全面启动。合肥市专门成立了省、市第一把手为核心的工作领导小组，并编制完成了《合肥国家科技创新型试点市示范区永和、田埠单元控制性详细规划》和示范区基础设施建设规划。通过大力推进投融资、国有企事业、人事和城市管理等领域的体制改革，建立起服务型政府；通过制定出台《合肥科技创新型企业培育计划》、《合肥市进一步推进自主创新若干政策措施的实施细则》等一批具突破性的政策措施，建立起一套支持创新的政策支撑体系。

合肥市积极探索利用种子基金、风险投资、担保资金、上市融资和银行信贷等多种方式，形成以政府资金为主导、社会资本参与的多元化金融支撑体系。目前全市风险投资总注册资本达52.8亿元，风险投资公司10家，科技担保公司10家。为了推动产学研合作，促进科技成果转化，合肥市拿出1亿元作为风险投入资金，鼓励科技人员领衔创办科技型企业；启动汽车自动化装备、锻压装备等13个有核心竞争力、带动性强的产学研战略联盟试点建设。着力推进以“一个中心、三个基地”为核心的科技创新孵化器建设。目前，全市已建设科技企业加速器面积近30万平方米，在建孵化面积30万平方米，在孵企业650多家，转化科技成果1 000余项。

第三节
县域科技创新

加强基层科技工作是完善国家创新体系和提高区域创新能力的重要环节，是转变县域经济发展方式和实现可持续发展的必然需求，也是国家科技工作和地方政府工作的重要组成部分。“十一五”以来，我国基层科技创新取得了显著成效，科技发展环境得到较大改善，基层科技管理部门的统筹协调和资源整合等自身能力建设得到有效提升。

一、推进农业科技创新和现代农业建设

为进一步提升我国农业高技术的自主创新能力与国际竞争力，提高我国农业整体效益和资源利用率，保障国家粮食安全和生态安全，“十一五”期间，围绕着农业资源高效利用、新资源拓展和农业产业链延伸对农业高技术的需求，国家开展了国家星火产业带的认定工作，共认定了“十一五”第一批国家星火产业带15个，进一步优化了农村产业发展的区域布局；进一步加大了对农业科研条件、平台与基地建设的投入，特别是增加了对重点实验室、野外监测基地、工程技术研究的投入，并着重加强了科技基础条件平台建设，大幅度改善了农村科技创新条件。

在“十一五”国家重大科技专项中，设立了转基因专项；在国家工程技术研究中心、科技基础条件平台等计划中，增设了农业领域专项；在“863计划”中设立了现代农业技术领域专项。此外，为强化农村科技工作、促进农业成果转化，科技部与财政部等部门联合启动了农业科技成果转化资金；为有效改善农村生态环境，建设现代农业景观，科技部实施了“农村生态环境整治与监测关键技术研究”，初步形成了一套农村生态环境指标体系，为监测和整治农村生态环境奠定了技术基础。

与此同时，2007年国家启动了现代农业产业技术体系建设，这一体系以农产品为单元，以产业为主线，在不打破管理体制的前提下，实行各级各类科技资源的整合和科技人员的大联合、大协作，围绕重点任务研发、前瞻性研究、基础性工作和应急性任务开展联合攻关。目前已全面开展了水稻、小麦、油菜、棉花、生猪等50个现代农业产业技术体系建设，涉及34个作物产品、11个畜产品和5个水产品，设立了50个产业技术研发中心，聘用了50位首席科学家，并在主产区建立了一批国家产业技术综合试验站。这一系列计划和项目的实施，有效地推进了我国基层农业科技创新体系建设，提升了农业技术研发与自主创新能力，在农业生物技术、信息技术、先进装备和以设施技术为主的农业节约高效生产技术等关键技术与产品研发方面取得了显著成效。

二、强化农村科技创业

“十一五”以来，通过多元化、社会化农村科技服务模式和机制的创新，推进了产学研、农科教的结合，科技人员等以技术承包、技术入股等形式参与利益共同体的组建，对加快科技要素向农村转移，促进农村科技创业走出了坚实的一步。2009年，各地以推动农村科技创业为主线，继续深入实施“百万农民科技培训工程”和星火科技培训“五项工程”，大力支持农村科技服务体系建设，带动了10 000多个各类服务中介机构的发展。据初步统计，各级各地通过各种教学培训方式，培训农民近2 000万人次；50个国家级星火培训基地和629所国家级星火学校的培训能力进一步增强；各级各地新增星火科技培训基地和星火培训学校1 000多个，培育星火专家大院模式1 000多个，已覆盖5 000多个乡镇，专家大院常驻专家人数8 000多人，星火科技“12396”信息服务模式在全国的13个省份试点运行。同时，国家通过实施科技富民强县专项行动，也带动了一大批农民增收致富和转移就业安置。截至2008年底，专项行动两批试点县市通过各种方式和途径，引进推广先进实用技术1 500多项，培训农民300多万人次，覆盖农户600多万户，使试点县农民年人均增收806元，新增就业岗位近100万个，提高了农民科技素质，促进了农民就业和农民增收。科研开发和成果推广为农村科技创业注入了强劲活力。

图4-6　工作人员在江苏灌云县兴云现代生态农业科技示范园区查看生态蔬菜生长情况

三、推动县域支柱特色产业的发展

“十一五”以来，通过星火计划、科技富民专项行动、农业科技成果转化基金等项目的实施，以市场为导向，以科技创新和机制创新为动力，以区域特色优势产业为基础，按照“一县一业、一村一品”的模式，集成实施各类科技计划，在扶持龙头企业、延长产业链和提升产业附加值，推动农村特色和优势产业的发展壮大、带动农民增收致富等方面取得了显著的成绩。截至2009年，我国已建设了145个国家级星火技术密集区和近300个区域性支柱产业，建设了15个国家级星火产业带；星火产业带覆盖面积达100万平方公里，企业10万多个，星火产业带吸收农村劳动力2 000多万人。科技富民强县专项行动计划专项行动共批准398个县（市）进行了试点，通过实施科技富民专项行动，各试点县市的财政情况同时有很大改善，县均财政收入新增1.6亿元，同比增长30.7%；项目扶持特色优势产业平均实现产值8.5亿元，增长29.4%。此外，2009年农业科技成果转化资金共立项554项，中央财政投入转化资金4亿元，带动地方、企业等投入配套资金20.4亿元，有效地提升了科技对地方特色和支柱产业的支撑作用。

四、推进县域民生科技工作

“十一五”期间，科技部参与组织实施民生科技工程，组织专家完成了气候变化节能惠民、环境宜居提高质量、健康生活公共安全三个支柱性框架下的4个农村民生主题的选定，并组织实施了相关任务。认定120个新农村科技示范村（试点）、73个新农村建设科技示范镇（试点），科技部立项支持371个新农村建设科技示范项目，支持经费10 080万元，促进示范（试点）区域科技进步贡献率、资源利用率、农民收入增长率等较大幅度提高。

五、促进基层科技管理自身能力建设

“十一五”期间，科技部通过面上工作的整体推动，强化了基层科技服务和普及能力，提升了基层科技工作水平，促进了县市基层科技部门自身能力建设。制定了《“十一五”国家科技兴县（市）专项工作发展纲要》，修订并形成了新的《科技兴县（市）专项工作管理办法》。完成了五次全国县（市）科技进步考核。全国31个省（市、区）、5个计划单列市以及新疆生产建设兵团全部参与考核，参与的县（市）数达到3 100个，占全国同类地区数的比例达到96.96%。经过各省（市、区）、计划单列市和新疆生产建设兵团科技管理部门的初审和科技部的复审，共有2 212个县（市）通过考核，840个县（市）获得科技进步考核先进称号，16个省（市、区）成为考核优秀组织单位。与此同时，按照科技兴县（市）工作“十一五”规划的要求，到2009年，一共开展了三批国家科技进步示范县（市）的遴选工作。全国在建的国家科技进步示范县（市）已经达到140个，科技进步示范县（市）对全国同类地区发挥的示范和带动作用越来越大。各试点县（市）都成立了由党政一把手牵头的领导小组，整合了地方的资源，由科技部门来协调组织任务的实施；同时，各试点县（市）也都加强了科技部门的力量，明显提升了协调部门共同组织实施试点工作的能力，形成了有效地依靠科技推进县域经济社会发展的新机制和新模式。

第五章

区域科技综合能力

区域科技综合能力是国家科技综合能力的组成要素，地区科技进步水平是反应区域科技综合能力的具体表现，是国家创新体系建设的重要内容。“十一五”以来，我国各地区的科技发展水平都有了很大进展，但地区间仍存在较大差距，从地区主要科技指标来看也呈现出不同特点和发展趋势。

第一节
地区综合科技进步水平评价

地区综合科技进步水平指数由科技进步统计监测体系中5个一级指数的加权计算形成，从总体上反映了当前全国和各地区科技进步水平及其与全面建成小康社会所应达到水平之间存在的差别。

2008年，我国综合科技进步水平显著提高，全国综合科技进步水平指数达到56.99%，比2005年提高了9.88个百分点，表明我国的科技进步水平与实现全面建设小康社会发展目标的要求进一步缩小。在全国综合科技进步水平不断提高的背景下，我国绝大部分地区的综合科技进步水平指数也逐年提高。但由于各地区经济和科技事业发展水平差距较大，地区综合科技进步水平指数存在很大的差异。2008年，总体上可以按照综合科技进步水平指数将全国31个省、直辖市、自治区划分为以下4类地区：综合科技进步水平指数高于60%的地区，包括上海、北京、天津和广东。综合科技进步水平指数低于60%，但高于全国平均水平（56.99%）的地区，包括江苏和辽宁。综合科技进步水平指数低于全国平均水平，但高于40%的地区，包括浙江、陕西、湖北、山东、福建、重庆、黑龙江、吉林、湖南、四川、新疆、河北、宁夏、山西、内蒙古和甘肃。综合科技进步水平指数在40%以下的地区，包括安徽、青海、海南、河南、江西、广西、云南、贵州和西藏。

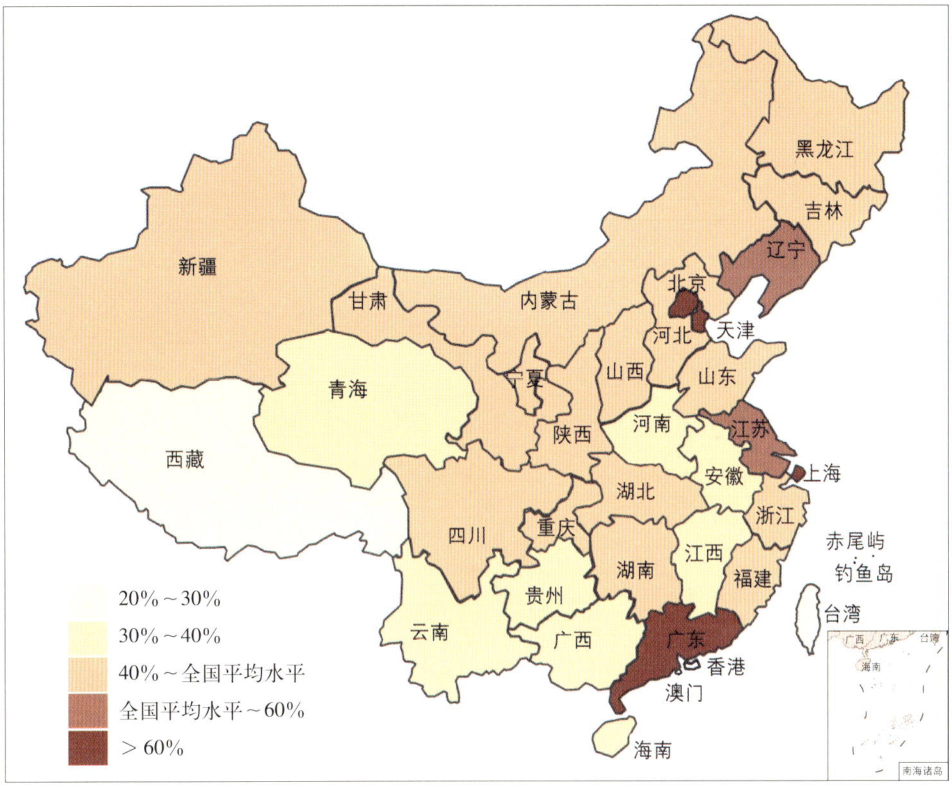

图 5-1　2008 年我国地区综合科技进步水平图

对各地区综合科技进步水平的历史变化进行分析，有助于了解各地区科技事业的发展态势。将2008年各地区综合科技进步水平与2005年指数进行比较，可以发现所有地区的综合科技进步水平指数均高于2005年，指数增幅最高的宁夏达10.39个百分点，紧随其后的广东达10.29个百分点，新疆以增幅9.78个百分点位居全国第三，从全国增幅速度可知中西部地区科技进步水平增长速度比东部地区更为突出。从各地区综合科技进步水平指数的排序看，有8个地区的全国排序比2005年有所提高，宁夏上升了6位，新疆上升了6位，青海上升了4位，安徽上升了3位，湖南上升了2位，河北上升了1位，湖北上升了1位，吉林上升了1位。总体而言，排序上也显示出中西部地区比东部地区的变化幅度更大些。

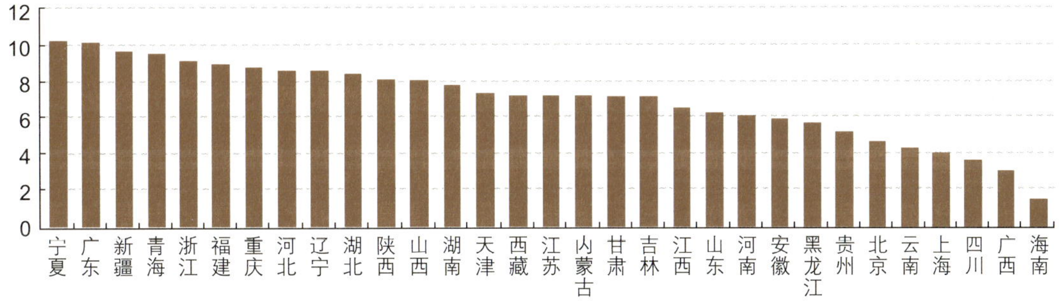

图 5-2　2005—2008 年各地区综合科技进步水平指数提高百分点排序图

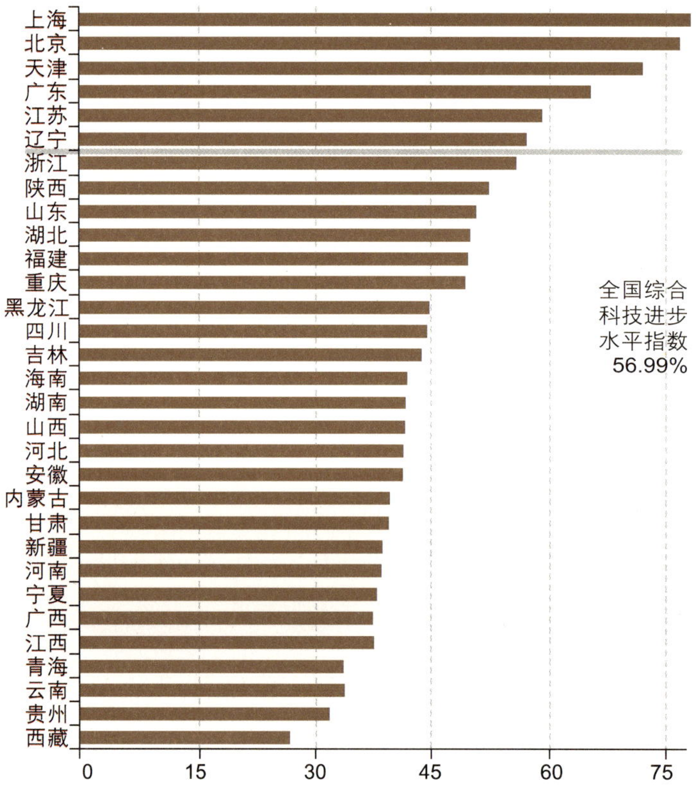

图 5-3 2008 年综合科技进步水平指数

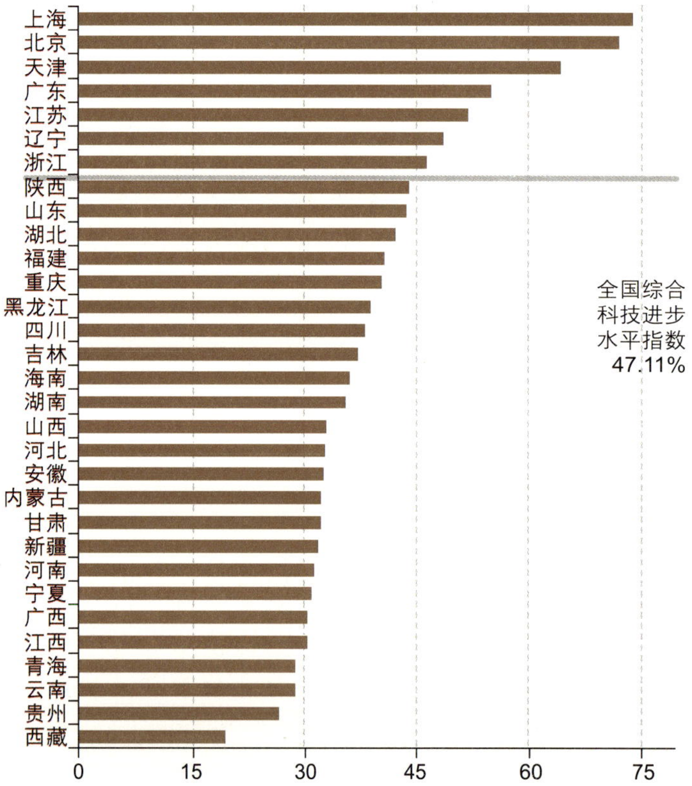

图 5-4 2005 年综合科技进步水平指数

第二节
地区科技进步水平评价

综合科技进步水平指数反映了地区科技进步的总体水平。从2008年的科技进步统计监测的总体结果看，我国大多数地区的科技进步环境、科技活动投入、科技活动产出、高新技术产业化和科技促进经济社会发展等5个一级指数都有所提高。科技进步环境指数高于2005年的地区为22个，科技活动投入指数高于2005年的地区为26个，科技活动产出指数高于2005年的地区为24个，高新技术产业化指数和科技促进经济社会发展指数均高于2005年的水平。

从一级指标的排名变化看，2008年相较2005年指标的位次变动大于10个的有5个地区，分别是湖北、山东、河北、青海和海南；位次变动在5～10个之间的有11个地区，分别是陕西、黑龙江、吉林、四川、新疆、宁夏、甘肃、安徽、广西、贵州和西藏。其中，五个一级指标中增幅最大的省市分别为科技进步环境排名上升最大的地区是湖北（上升了10位），科技活动投入排名上升最大的地区是安徽（上升了7位），科技活动产出排名上升最大的地区是青海（上升了13位），高新技术产业化排名上升最大的地区是云南（上升了8位），科技促进经济社会发展排名上升最大的地区是新疆（上升了8位）。

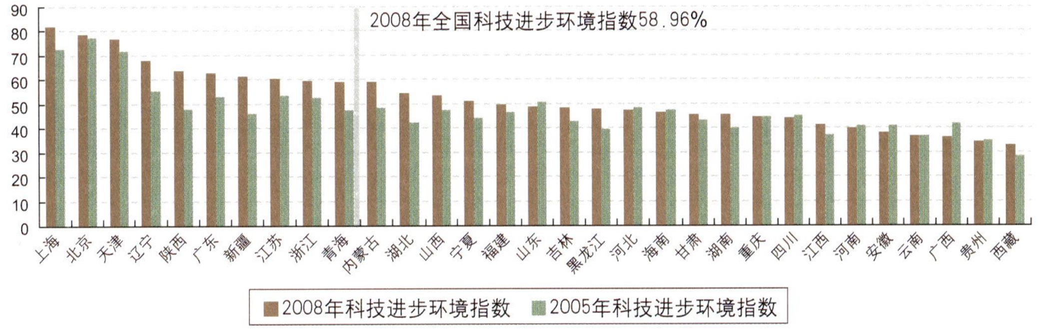

图 5-5　2008 年与 2005 年科技进步环境指数排序情况

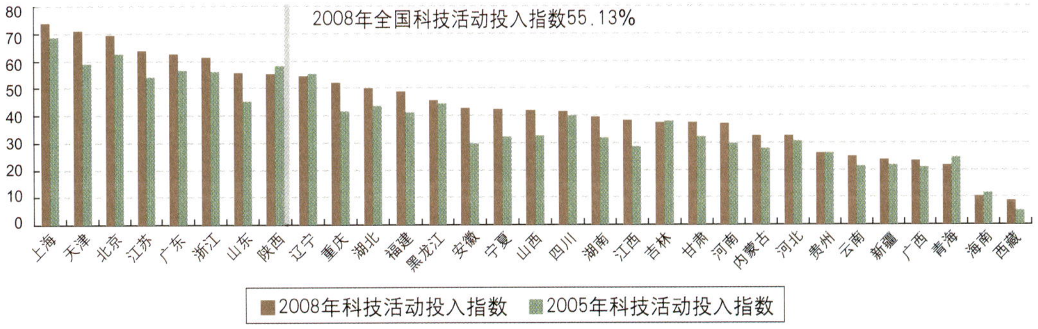

图 5-6　2008 年与 2005 年科技活动投入指数排序情况

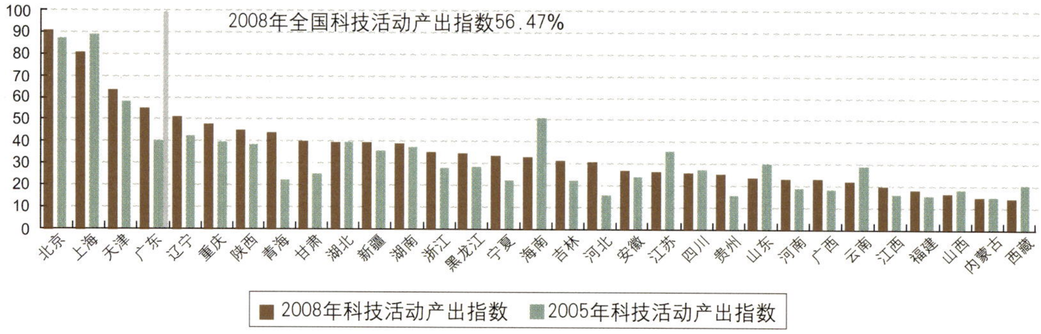

图 5-7　2008 年与 2005 年科技活动产出指数排序情况

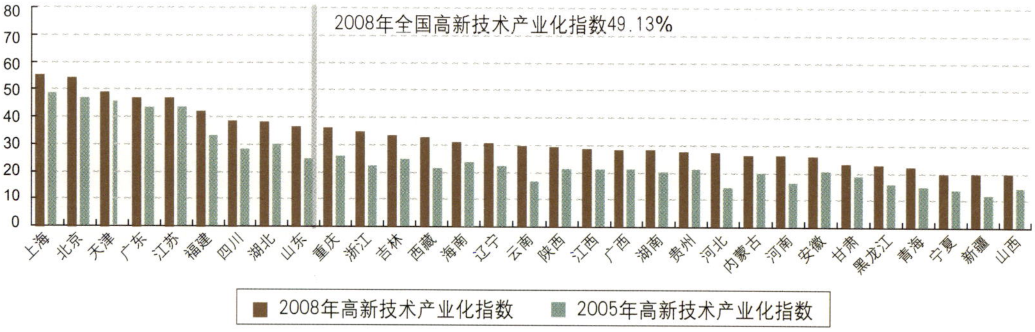

图 5-8　2008 年与 2005 年高新技术产业化指数排序情况

图 5-9　2008 年与 2005 年科技促进经济社会发展指数情况

按照华北、东北、华东、华中、华南、西南、西北 7 个地区，从构成综合指数的一级监测指标进行分析，以发现各地区科技事业发展的具体优势和不足。

华北地区科技发展的总体状况见表5-1和图5-10，北京和天津是我国综合科技进步水平指数高于60%的地区，是我国科技和经济发达的直辖市，其一级指标分值稳定的保持在全国前列。河北、山西和内蒙古的综合科技进步水平指数低于全国平均水平（56.99%）但高于40%，排名在18～21位之间。河北的科技活动产出和高新技术产业化分别上升了10个位次和6个位次，一级指标的排名浮动在华北地区是最大的。山西的科技促进经济社会发展排名上升了4个位次，位列第10位。内蒙古的科技进步环境在全国排11位，较为靠前，科技活动投入和产出略有提高，但尚有很大提升空间。

表 5-1 华北地区综合科技进步水平与一级指标排名比较（2008年与2005年比较）

	省市	综合排名	一级指标排名				
			科技进步环境	科技活动投入	科技活动产出	高新技术产业化	科技促进经济社会发展
华北地区	北京	2	2	3	1（↑1）	2	4
	天津	3	3	2（↑1）	3	3	2
	河北	18（↑1）	19	24	19（↑10）	22（↑6）	14
	山西	20	13	16	29	31	10（↑4）
	内蒙古	21	11	23（↑1）	30（↑1）	23	16

注：（）中标注表示该地区2008年与2005年相比排名变化情况，"↑1"表示上升1位，未标注表示排名与2005年下降或持平，以下类同。数据来源：《全国科技进步统计监测报告2009》、《全国科技进步统计监测报告2006》，以下类同。

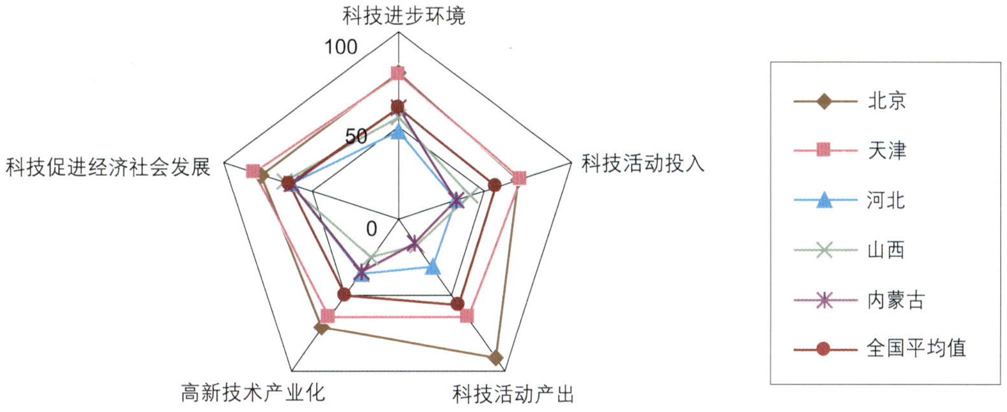

图 5-10 华北地区各省市一级指标与全国平均水平比较（2008年）

东北地区科技发展的总体状况见表5-2和图5-11，辽宁的综合科技进步水平指数低于60%但高于全国平均水平（56.99%），综合排名位次没有变化，科技促进经济社会发展指标上升了1位。吉林和黑龙江的综合科技进步水平指数低于全国平均水平但高于40%，吉林的综合排名上升了1位，一级指标中科技进步环境上升了4位，科技活动产出上升了2位，但相对于吉林的综合排名，科技进步环境、科技活动投入和产出还需大力提高。黑龙江的综合排名没有变化，科技进步环境提升了9位，是东北地区该指标变化最大的地区，高新技术产业化处于第27位，相对其综合排名尚有较大提升空间。

表 5-2 东北地区综合科技进步水平与一级指标排名比较（2008 年与 2005 年比较）

东北地区	省市	综合排名	一级指标排名				
			科技进步环境	科技活动投入	科技活动产出	高新技术产业化	科技促进经济社会发展
	辽宁	6	4	9	5	15	8（↑ 1）
	吉林	14（↑ 1）	17（↑ 4）	20	18（↑ 2）	12	12
	黑龙江	13	18（↑ 9）	13	15	27	13

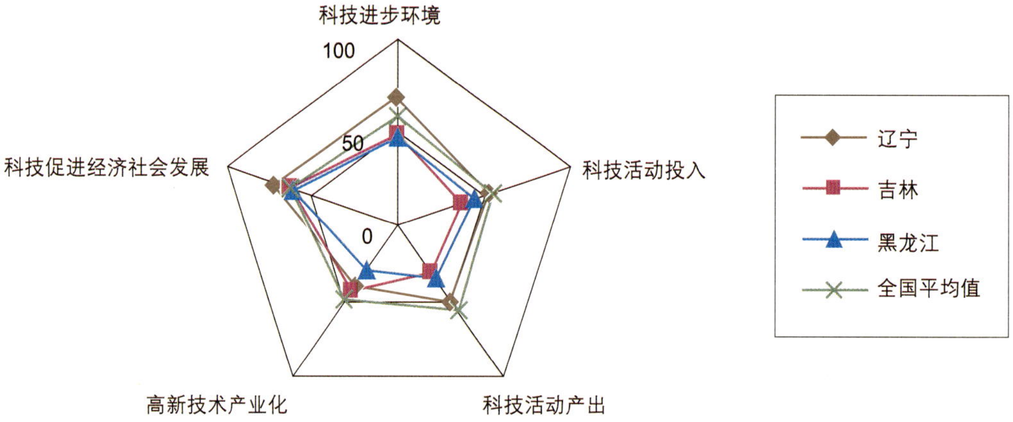

图 5-11 东北地区各省市一级指标与全国平均水平比较（2008 年）

华东地区科技发展的总体状况见表5-3和图5-12，上海的综合科技进步水平指数高于60%，江苏的综合科技进步水平在60%到全国平均水平（56.99%）之间，浙江、福建和山东的综合科技进步水平指数低于全国平均水平但高于40%，安徽和江西的综合科技进步水平指数在40%到30%之间。上海、江苏和浙江的综合排名没有变动，各项一级指标的排名变化幅度不大，江苏的科技活动投入提高了4个位次。安徽的科技活动投入上升了7位，是华东地区该指标变化最大的地区，但科技进步环境、高新技术产业化、科技促进经济社会发展指标的排名处于较靠后的25～27位。福建的科技促进经济社会发展指标上升了3个位次，但科技活动产出指标排28位。江西的科技进步环境和科技活动投入分别上升了3位和4位。山东的科技活动投入指标上升了2位，科技活动产出位列第23位，还有较大提高空间。

表 5-3 华东地区综合科技进步水平与一级指标排名比较（2008年与2005年比较）

	省市	综合排名	一级指标排名				
			科技进步环境	科技活动投入	科技活动产出	高新技术产业化	科技促进经济社会发展
华东地区	上海	1	1（↑1）	1	2	1	1
	江苏	5	8	4（↑4）	13	5	6
	浙江	7	9	6	14（↑2）	11（↑3）	7
	安徽	23	27	14（↑7）	20	25	25
	福建	11	15	12（↑1）	28	6	5（↑3）
	江西	27	25（↑3）	19（↑4）	27	18（↑1）	26
	山东	10	16	7（↑2）	23	9（↑1）	9

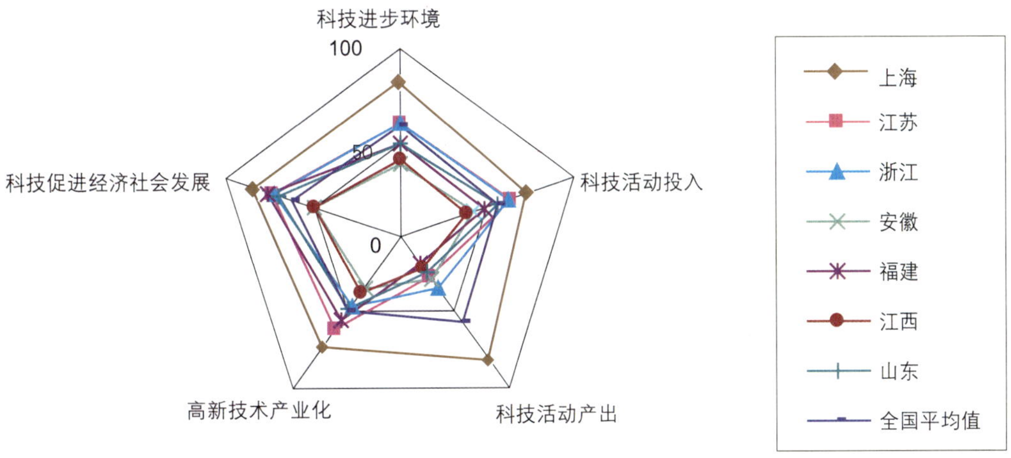

图 5-12 华东地区各省市一级指标与全国平均水平比较（2008年）

华中地区科技发展的总体状况见表5-4和图5-13，河南的综合科技进步水平指数在40%到30%之间，湖北与湖南的综合科技进步水平指数低于全国平均水平（56.99%）但高于40%。河南的各项指标排名变化不大。湖北的综合排名上升了1位，科技进步环境排名上升了10位，是华中地区该指标上升幅度最大的地区，科技促进经济社会发展上升了1位排名第15位。湖南的综合排名上升了2位，科技进步环境和科技促进经济社会发展都上升了4位，但两项指标分别排名22位和19位，高新技术产业化的指标排名为第20位，相较其综合排名尚有提升空间。

表 5-4 华中地区综合科技进步水平与一级指标排名比较（2008 年与 2005 年比较）

华中地区	省市	综合排名	一级指标排名				
			科技进步环境	科技活动投入	科技活动产出	高新技术产业化	科技促进经济社会发展
	河南	26	26	22	24	24（↑1）	21
	湖北	9（↑1）	12（↑10）	11	10	8	15（↑1）
	湖南	15（↑2）	22（↑4）	18（↑1）	12	20（↑1）	19（↑4）

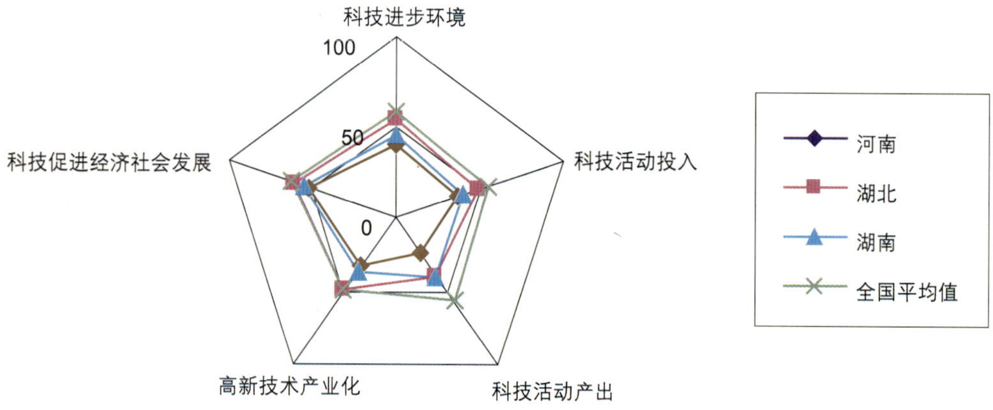

图 5-13 华中地区各省市一级指标与全国平均水平比较（2008 年）

华南地区科技发展的总体状况见表5-5和图5-14，广东的综合科技进步水平指数高于60%，广西和海南的综合科技进步水平指数在40%到30%之间。广东的科技活动产出上升了2位，现为第4位，其他指标排名变化不大。广西的科技活动投入上升了1位，海南的科技促进经济社会发展指标上升了2位，现为第11位，科技活动投入位列第30位，相对于其综合排名较低。

表 5-5 华南地区综合科技进步水平与一级指标排名比较（2008 年与 2005 年比较）

华南地区	省市	综合排名	一级指标排名				
			科技进步环境	科技活动投入	科技活动产出	高新技术产业化	科技促进经济社会发展
	广东	4	6	5	4（↑2）	4	3（↑1）
	广西	28	29	28（↑1）	25	19	23
	海南	25	20	30	17	14	11（↑2）

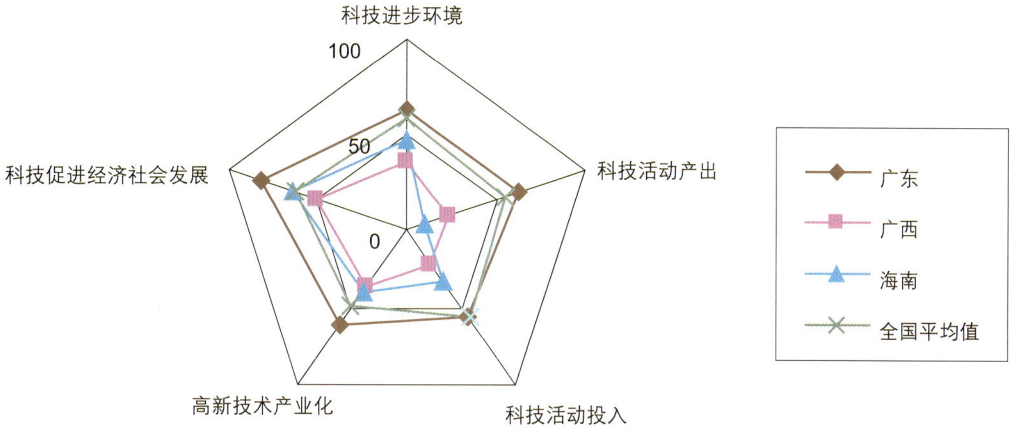

图 5-14　华南地区各省市一级指标与全国平均水平比较（2008 年）

西南地区科技发展的总体状况见表5-6和图5-15，重庆和四川的综合科技进步水平指数低于全国平均水平（56.99%）但高于40%，贵州、云南和西藏的综合科技进步水平指数低于40%。重庆的科技活动投入和产出排名都上升了2位，科技进步环境和科技促进经济社会发展分别排名第23位和第20位，相较其综合排名的位次较低。四川的高新技术产业化排名提高了1个位次，科技进步环境和科技促进经济社会发展指标均位于24位，相比其综合排名较靠后。贵州的科技活动产出上升了8位，是西南地区该指标增幅最大的地区。云南的高新技术产业化上升了8位，是西南地区该指标增幅最大的地区。西藏的高新技术产业化上升了4位排名第13位，相对于综合排名较为靠前。

表 5-6　西南地区综合科技进步水平及一级指标排名比较（2008 年与 2005 年比较）

	省市	综合排名	一级指标排名				
			科技进步环境	科技活动投入	科技活动产出	高新技术产业化	科技促进经济社会发展
西南地区	重庆	12	23	10 (↑ 2)	6 (↑ 2)	10	20
	四川	16	24	17	21	7 (↑ 1)	24
	贵州	30	30	25	22 (↑ 8)	21	31
	云南	29	28 (↑ 1)	27	26	16 (↑ 8)	27 (↑ 1)
	西藏	31	31	31	31	13 (↑ 4)	30

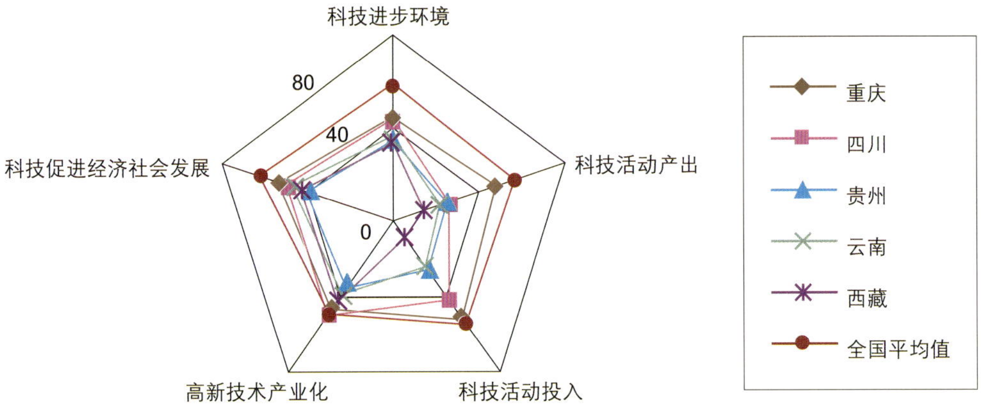

图 5-15 西南地区各省市一级指标与全国平均水平比较（2008 年）

西北地区科技发展的总体状况见表5-7和图5-16，陕西、甘肃、宁夏和新疆的综合科技进步水平指数低于全国平均水平（56.99%）但高于40%，青海的综合科技进步水平在40%到30%之间。陕西的综合排名不变，科技进步环境上升了6位，科技活动产出上升了2位，高新技术产业化和科技促进经济社会发展的排名相比综合排名较为靠后。甘肃的科技活动产出上升了9位，高新技术产业化和科技促进经济社会发展的排名相比综合排名较为靠后。青海的综合排名上升了4位，科技进步环境上升了4位，科技活动产出上升了13位，是西北地区该项指标上升幅度最大的地区，科技活动投入与高新技术产业化的排名尚有一定提高空间。宁夏的综合排名上升了6位，科技进步环境和科技活动产出分别上升了5位和6位，各项指标的排名均有所提高，但高新技术产业化的排名较为靠后。新疆的科技进步环境上升了9位，现为第7位，科技促进经济社会发展上升了8位，这两项指标的增幅均位居西北地区首位，科技活动投入和高新技术产业化分别上升了2位和1位，但位列全国第26位和30位，有待于进一步提升。

表 5-7 西北地区综合科技进步水平与一级指标排名比较（2008 年与 2005 年比较）

	省市	综合排名	一级指标排名				
			科技进步环境	科技活动投入	科技活动产出	高新技术产业化	科技促进经济社会发展
西北地区	陕西	8	5（↑6）	8	7（↑2）	17	18（↑1）
	甘肃	22	21	21	9（↑9）	26	29
	青海	24（↑4）	10（↑4）	29	8（↑13）	28	28（↑1）
	宁夏	19（↑6）	14（↑5）	15（↑3）	16（↑6）	29（↑1）	22（↑4）
	新疆	17（↑6）	7（↑9）	26（↑2）	11	30（↑1）	17（↑8）

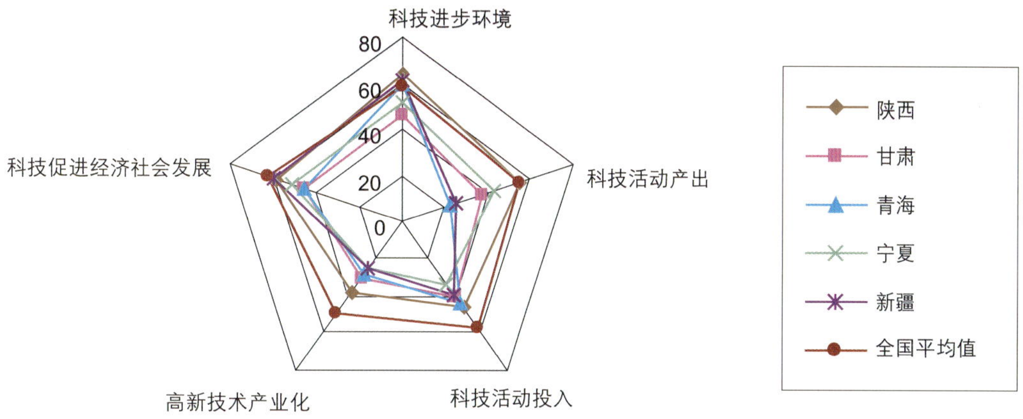

图 5-16　西北地区各省市一级指标与全国平均水平比较（2008 年）

附件 1　全国科技进步统计监测指标体系及监测标准

《全国科技进步统计监测报告》建立了一套科技进步统计监测指标体系，该体系由科技进步环境、科技活动投入、科技活动产出、高新技术产业化和科技促进经济社会发展等5个一级指标、12个二级指标和33个三级指标组成。根据全面建设小康社会的目标，结合我国科技进步的总体水平和先进地区的发展水平，参照发达国家人均国内生产总值达到3 000～4 000美元（1980年美元价格）时科技与经济社会协调发展的状况，经反复测算确定了一套较为系统的“科技进步监测标准”。通过全国及各地区科技进步水平与这一“监测标准”的比较来反映全国和各地区达到标准的程度。采用统计综合评价方法对各级指标进行合成：将各三级指标值除以相应的监测标准，得到三级指标的监测值（三级指数）；由三级指数加权计算得到二级指标监测值（二级指数）；由二级指数加权计算得出一级指标监测值（一级指数）；最后由各一级指数加权计算得到总监测值（综合科技进步水平指数）。

一级指标	二级指标	三级指标	标准
科技进步环境	科技人力资源	万人专业技术人员数（人/万人）	500
		万人大专以上学历人数（人/万人）	1 000
	科研物质条件	每名R&D活动人员新增仪器设备费（万元/人）	8
		科研与综合技术服务业新增固定资产占全社会新增固定资产比重（%）	3
	科技意识	万名就业人员专利申请量（项／万人）	100
		科研与综合技术服务业平均工资与全社会平均工资比例系数（%）	200
		万人吸纳技术成果金额（万元／万人）	200

续表

一级指标	二级指标	三级指标	标准
科技活动投入	科技活动人力投入	万人R&D科学家和工程师数（人/万人）	10
		企业R&D科学家和工程师占全社会R&D科学家和工程师比（%）	70
	科技活动财力投入	R&D经费支出与GDP比例（%）	2.5
		地方财政科技拨款占地方财政支出比重（%）	5
		企业R&D经费支出占产品销售收入比重（%）	6
		企业技术引进和消化吸收经费支出占产品销售收入比重（%）	1
科技活动产出	科技活动产出水平	万名R&D活动人员科技论文数（篇/万人）	5 000
		获国家级科技成果奖系数（项当量/万人）	5
		万名就业人员发明专利拥有量（项/万人）	8
	技术成果市场化	万人技术成果成交额（万元/万人）	200
		万名R&D活动人员向国外转让专利使用费和特许费（万美元/万人）	500
高新技术产业化	高新技术产业化水平	高技术产业增加值占工业增加值比重（%）	30
		知识密集型服务业增加值占生产总值比重（%）	30
		高技术产品出口额占商品出口额比重（%）	40
		新产品销售收入占产品销售收入比重（%）	40
	高新技术产业化效益	高技术产业劳动生产率（万元/人）	15
		高技术产业增加值率（%）	50
		知识密集型服务业劳动生产率（万元/人）	60
科技促进经济社会发展	经济发展方式转变	劳动生产率（万元/人）	8
		资本生产率（万元/万元）	1
		综合能耗产出率（元/千克标准煤）	42
	环境改善	环境质量指数（%）	100
		环境污染治理指数（%）	100
	社会生活信息化	百户居民计算机拥有量（台/百户）	50
		万人国际互联网络用户数（户/万人）	2 500
		百人固定电话和移动电话用户数（户/百人）	67

附件 2 2008 年与 2005 年全国科技进步统计监测主要指标与比较

指标	2008 年	2005 年
万人专业技术人员数（人 / 万人）	254.83	244.81
万人大专以上学历人数（人 / 万人）	670.40	621.89（2006 年）
万人 R&D 科学家和工程师数（人 / 万人）	11.99	8.56
企业 R&D 科学家和工程师占全社会 R&D 科学家和工程师比重（%）	49.63	42.66
R&D 经费支出与 GDP 比例（%）	1.47	1.34
国家财政科技支出占国家财政支出比重（%）	4.12	3.90
地方财政科技支出占地方财政支出比重（%）	2.09	2.08
企业 R&D 经费支出占产品销售收入比重（%）	0.84	0.76
科研与综合技术服务业新增固定资产占全社会新增固定资产比重（%）	0.63	0.49
万名 R&D 活动人员科技论文数（篇 / 万人）	2 401.70	260.67
获国家级科技成果奖项数*（项）	309.00	276.00
万名就业人员专利申请量（项 / 万人）	9.26	6.16（2006 年）
万名就业人员发明专利授权量（项 / 万人）	0.60	0.27
万名就业人员发明专利拥有量（项 / 万人）	1.65	0.95（2006 年）
万人技术成果成交额（万元 / 万人）	200.69	118.65
高技术产业增加值占工业增加值比重**（%）	9.18	11.26
知识密集型服务业增加值占生产总值比重（%）	10.38	9.67（2006 年）
高技术产品出口额占商品出口额比重（%）	29.05	28.60
新产品销售收入占产品销售收入比重（%）	16.02	14.61
高技术产业劳动生产率（万元 / 人）	11.84	12.32
高技术产业增加值率（%）	23.64	23.75
知识密集型服务业劳动生产率（万元 / 人）	17.70	14.59（2006 年）
劳动生产率（万元 / 人）	3.22	2.32
资本生产率（万元 / 万元）	0.38	0.34
综合能耗产出率（元 / 千克标准煤）	9.07	8.20
工业废水排放达标率（%）	92.45	91.20
固体废物综合利用率（%）	64.95	57.27
化学需氧量排放达标率（%）	96.37	89.12（2006 年）
二氧化硫排放达标率（%）	98.84	88.63（2006 年）

续表

指 标	2008 年	2005 年
百户居民计算机拥有量（台 / 百户）	24.81	18.78（2006 年）
百人固定电话和移动电话用户数（户 / 百人）	73.91	56.89
万人国际互联网络用户数（户 / 万人）	2 243.94	848.91

＊包括国家科学技术进步奖和国家技术发明奖。

＊＊高技术产业增加值和工业增加值均为“规模以上工业企业”数据。

附件 3　2008 年与 2005 年一级指标指数情况

省市*	科技进步环境		科技活动投入		科技活动产出		高新技术产业化		科技促进经济社会发展	
	2008 年	2005 年	2008 年	2005 年	2008 年	2005 年	2008 年	2005 年	2008 年	2005 年
全国平均指数	58.96	51.06	55.13	47.74	56.47	42.26	49.37	43.88	62.65	49.94
上海	81.86	72.83	74.04	68.87	81.79	88.61	72.45	62.79	83.15	77.43
北京	78.8	77.47	69.38	62.64	91.45	86.94	70.74	60.32	77.98	76.21
天津	77.12	71.86	70.98	58.86	64.43	58.15	64.13	58.82	82.87	76.44
广东	62.89	53.12	62.44	56.68	55.6	40.13	61.57	55.72	82.53	68.86
江苏	60.53	53.53	63.79	54.33	26.82	35.59	61.3	55.54	73.24	62.00
辽宁	68.28	55.57	54.63	55.47	51.85	42.57	39.81	28.67	70.9	56.98
浙江	59.88	52.65	61.33	56.26	35.5	27.66	45.63	28.64	72.63	61.41
陕西	63.68	48.19	55.21	58.20	46.07	38.76	38.19	27.30	58.53	44.30
湖北	54.68	42.53	49.91	43.67	40.16	39.89	49.9	38.47	61.16	47.54
山东	48.91	51.06	55.87	45.37	24.19	30.20	47.95	32.03	69.32	57.77
福建	49.68	46.81	48.72	41.33	18.23	15.65	54.99	42.84	75.45	57.66
重庆	44.75	44.92	52.3	41.80	48.47	39.49	47.22	33.36	53.72	43.99
黑龙江	47.81	39.53	45.82	44.53	35.13	28.55	29.36	20.36	61.41	55.08
吉林	48.42	42.73	37.76	37.78	31.66	22.49	43.59	31.81	62.57	51.15
湖南	45.58	40.09	39.73	32.11	39.51	37.16	36.82	25.96	56.11	43.76
四川	44.18	45.44	41.65	39.99	26.33	27.64	50.49	36.41	50.38	43.78
新疆	61.63	46.16	25.01	21.25	40.02	35.79	25.49	14.90	59.99	43.63
河北	47.45	48.72	32.64	30.70	31.19	15.58	35.54	18.79	61.23	50.09

续表

省市*	科技进步环境		科技活动投入		科技活动产出		高新技术产业化		科技促进经济社会发展	
	2008年	2005年	2008年	2005年	2008年	2005年	2008年	2005年	2008年	2005年
全国平均指数	58.96	51.06	55.13	47.74	56.47	42.26	49.37	43.88	62.65	49.94
宁夏	51.48	44.24	42.47	32.36	33.98	22.16	25.66	17.90	51.94	38.95
山西	53.84	47.51	42.1	32.78	17	18.34	25.29	18.43	64.57	47.94
内蒙古	59.05	48.71	32.78	27.96	15.31	14.91	34.19	25.41	60.39	47.72
甘肃	45.93	43.58	37.5	32.41	40.66	25.23	30.2	24.30	44.98	38.15
安徽	38.03	40.99	42.74	29.86	27.35	24.00	33.64	26.37	49.78	43.73
青海	59.26	47.44	21.94	24.71	44.6	22.37	28.61	19.07	46.25	35.45
海南	46.44	47.78	10.55	11.61	33.42	50.62	40.35	30.45	64.42	48.49
河南	40.07	40.92	37.19	29.79	23.64	18.91	34.17	21.04	52.16	45.81
江西	41.46	37.50	38.25	28.68	20.15	16.07	37.5	26.91	48.97	43.96
广西	36.23	42.10	23.59	21.12	23.38	18.41	36.9	27.11	51.25	47.36
云南	36.94	36.73	24.01	21.96	22.35	29.19	38.54	21.27	48.14	37.60
贵州	34.48	35.09	26.12	26.09	25.81	15.48	35.9	27.34	40.92	32.76
西藏	33.2	28.47	9.04	5.42	14.59	20.90	42.8	27.22	43.2	24.57

* 按2008年总排名排序。

附件4　2008年与2005年一级指标排名情况

省市	综合排名		科技进步环境		科技活动投入		科技活动产出		高新技术产业化		科技促进经济社会发展	
	2008年	2005年	2008年	2005年	2008年	2005年	2008年	2005年	2008年	2005年	2008年	2005年
上海	1	1	1	2	1	1	2	1	1	1	1	1
北京	2	2	2	1	3	2	1	2	2	2	4	3
天津	3	3	3	3	2	3	3	3	3	3	2	2
广东	4	4	6	6	5	5	4	6	4	4	3	4
江苏	5	5	8	5	4	8	13	12	5	5	6	5
辽宁	6	6	4	4	9	7	5	5	15	13	8	9
浙江	7	7	9	7	6	6	14	16	11	14	7	6

续表

省市	综合排名		科技进步环境		科技活动投入		科技活动产出		高新技术产业化		科技促进经济社会发展	
	2008 年	2005 年	2008 年	2005 年	2008 年	2005 年	2008 年	2005 年	2008 年	2005 年	2008 年	2005 年
陕西	8	8	5	11	8	4	7	9	17	16	18	19
湖北	9	10	12	22	11	11	10	7	8	7	15	16
山东	10	9	16	8	7	9	23	13	9	10	9	7
福建	11	11	15	15	12	13	28	28	6	6	5	8
重庆	12	12	23	18	10	12	6	8	10	9	20	20
黑龙江	13	13	18	27	13	10	15	15	27	26	13	10
吉林	14	15	17	21	20	15	18	20	12	11	12	11
湖南	15	17	22	26	18	19	12	10	20	21	19	23
四川	16	14	24	17	17	14	21	17	7	8	24	22
新疆	17	23	7	16	26	28	11	11	30	31	17	25
河北	18	19	19	9	24	20	19	29	22	28	14	12
宁夏	19	25	14	19	15	18	16	22	29	30	22	26
山西	20	18	13	13	16	16	29	26	31	29	10	14
内蒙古	21	21	11	10	23	24	30	31	23	22	16	15
甘肃	22	22	21	20	21	17	9	18	26	23	29	27
安徽	23	20	27	24	14	21	20	19	25	20	25	24
青海	24	28	10	14	29	26	8	21	28	27	28	29
海南	25	16	20	12	30	30	17	4	14	12	11	13
河南	26	24	26	25	22	22	24	24	24	25	21	18
江西	27	27	25	28	19	23	27	27	18	19	26	21
广西	28	26	29	23	28	29	25	25	19	18	23	17
云南	29	29	28	29	27	27	26	14	16	24	27	28
贵州	30	30	30	30	25	25	22	30	21	15	31	30
西藏	31	31	31	31	31	31	31	23	13	17	30	31

下篇

中国科学技术发展报告(区域专题报告2009)
CHINA SCIENCE AND TECHNOLOGY DEVELOPMENT REPORT (REGIONAL REPORT 2009)

第六章

华北地区科技工作的进展与成就

"十一五"期间，在国家科技工作整体部署和各省、市、区通力协作下，华北地区各省、市、区的科学技术发展整体水平上了一个新台阶。在若干重点领域和重大工程的关键科技问题上取得重大突破，创新型企业建设、创新型城市建设取得明显进展，在应对国际金融危机、保障北京奥运、促进战略性新兴产业发展等若干领域，各省市科技管理部门积极行动，周密部署，发挥了科学技术在保障和支撑经济社会持续稳定与和谐发展方面的重要作用。

主要表现在：一是若干重大领域取得突破性进展。围绕"十一五"期间经济社会发展中的若干重大科技需求，各地以2006年全国科技大会的召开为契机，积极推进《国家科学技术发展中长期规划纲要（2006—2020年）》任务的落实，大幅度加大科技投入力度，支持甲型H1N1流感疫苗、曙光计算机、杂交谷子等重大关键技术取得突破。二是发挥科技在应对金融危机保障经济平稳发展方面的重要作用。促进了风能、太阳能、新能源汽车等战略性新兴产业的兴起和壮大。三是支持创新园区、产业化基地建设取得新进展。支持中关村国家自主创新示范园区建设、天津滨海新区生物医药研发转化基地建设等顺利推进。四是突出抓好民生重大领域的科技工作。支持食品安全、医药卫生等若干科技惠民工作。五是创新政策环境已经形成。各地区鼓励和支持创新政策法规体系建设，探索出一套支持企业开展技术创新、推进产学研合作的模式。

第一节
北京市

"十一五"期间，北京市科技工作取得了长足进步，自主创新能力进一步增强，体制机制改革试点获突破性进展，中关村科技园区成为国家自主创新示范区，创新创业环境得到明显改善，科学技术对首都经济社会发展的支撑能力大幅提高。全市科技工作在成功举办奥运会、有效应对国际金融危机、圆满完成国庆60周年庆典活动中都发挥了重要作用。

一、科技发展总体进展

◎ 高新技术产业、科技服务业和信息服务业

到2009年实现增加值超过2 817亿元，约占地区生产总值的23.7%。其中，科技服务业增加值由2006年的424.5亿元增长到2009年的793.7亿元，占地区生产总值比重由5.4%提高到6.7%；信息服务业增加值由2006年的695.4亿元增长到2009年的1 107.5亿元，占地区生产总值比重由8.8%提高到9.3%。

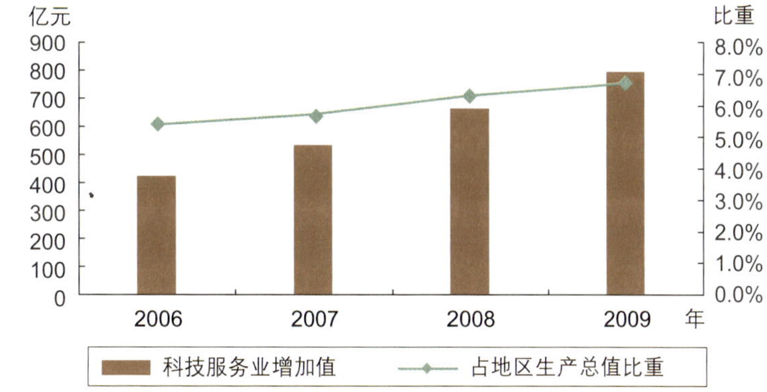

图6-1 北京科技服务业增加值变化及占地区生产总值比重

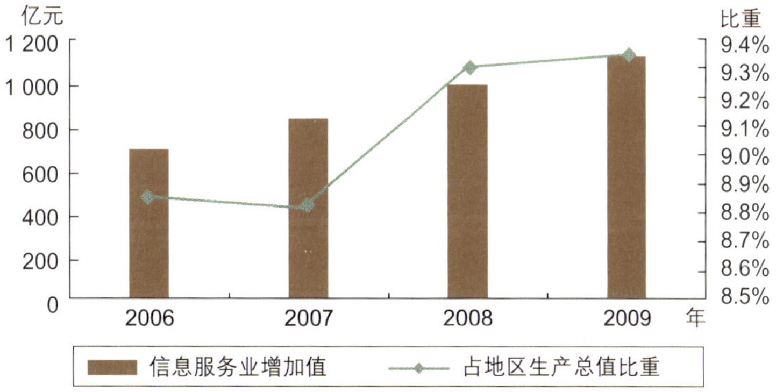

图6-2 北京信息服务业增加值变化及占地区生产总值比重

中关村科技园区高新技术产业总收入达到12 600亿元，同比增长23.7%；利润931亿元，同比增长22.4%；2006—2009年，园区总收入年均增长25%，利润年均增长35.2%。

◎ 科技创新投入产出

全市研发经费投入由2006年的433亿元提高到2009年的668.6亿元，年均增长达到15.6%，占地区生产总值的比例约为5.5%，处于全国首位，趋于平稳。全市2009年专利申请量50 236件，同比增长15.5%，其中发明专利申请量占58.4%；全市专利授权量22 921件，同比增长29.1%，其中发明专利授权量占40%。2006—2009年，专利申请量年均增长23.5%，专利授权量年均增长27%。

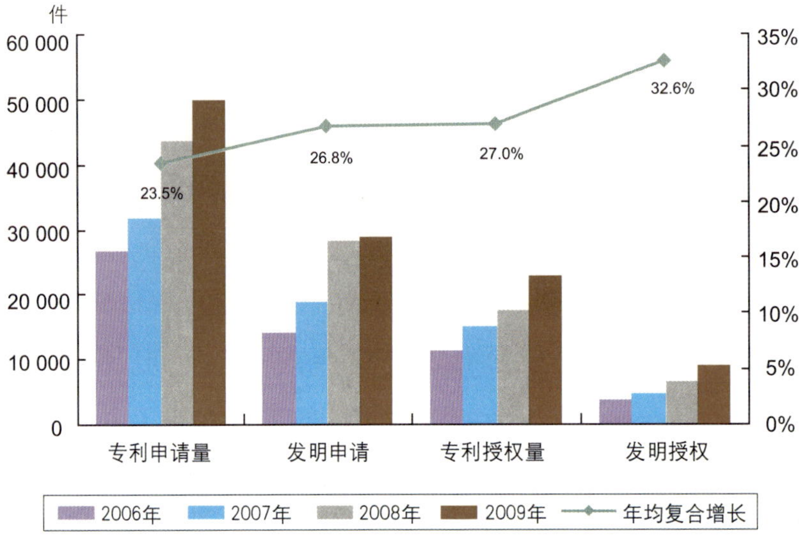

图6-3 全市专利申请量和授权量及增长率

◎ 技术交易活动保持活跃

技术交易合同成交额由2006年的697.3亿元增长到2009年的1 236亿元，年均增速达到21%。

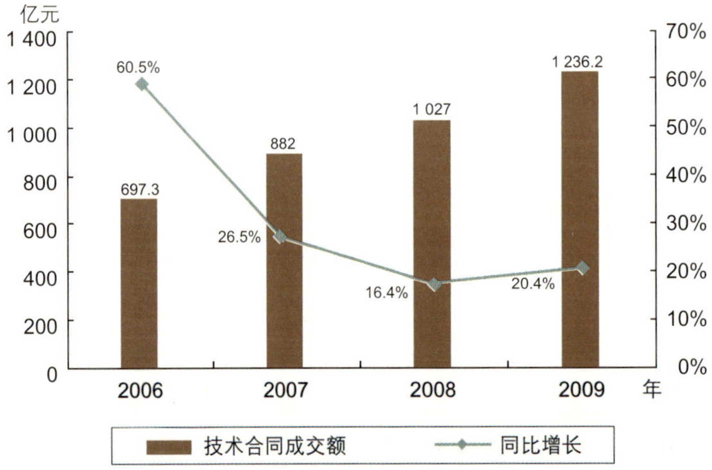

图6-4 北京地区技术合同成交额及增长率

二、科技重大部署和成就

北京市于2006年开始实施《"十一五"时期科技发展与自主创新能力建设规划》，并于2008年发布《北京市中长期科学和技术发展规划纲要（2008—2020年）》，重点实施18个重大科技专项。面对国际金融危机的严峻挑战，制定实施《"科技北京"行动计划（2009—2012）》，围绕"保增长、调结构、促转变"这一经济工作主线开展科技工作，加快建设中关村国家自主创新示范区，大力实施科技振兴八个产业工程，集中力量推广和应用十二项工程。

◎ 加速科技资源聚集，提高科技持续创新能力

对接国家科技重大专项。北京市成立了由市领导牵头，各相关委、办、局参与的对接工作体系，统筹国家专项对接，在全国省级科技部门率先设立了"重大专项办公室"。制定发布了《国家重大科技专项北京市对接管理办法》。积极鼓励广大企业、高校、科研院所申报和承担国家科技重大专项项目。2008年在京单位牵头承担项目数量占全国的43%，2009年牵头承担项目数量占34%。

表6-1 北京承接国家重大科技基础设施建设情况

序号	设施名称	主要建设单位	建设地点
1	重大工程材料服役安全研究评价设施	北京科技大学	北京市昌平技术创新基地
2	子午工程	中科院空间科学与应用研究中心	北京及全国范围布点
3	农业生物安全研究设施	中国农科院	北京
4	中国大陆构造环境监测网络	中国地震局	北京及全国范围布点
5	航空遥感系统	中国科学院电子学研究所	北京
6	蛋白质科学研究设施	军事医学科学院、清华大学	北京、上海

承接国家重大科技基础设施建设。12个国家重大科技基础设施中6个在北京建设，投资总额32.6亿元，其中在京投资额21.6亿元，占66.3%。

承担国家重点科技计划项目。北京市科技资源丰富，2006年以来每年承担国家重点科技计划项目所占比重达到全国1/3以上，其中很多项目取得了丰硕成果。例如，北京理工大学研发的纯电动汽车在2008年奥运会期间，于奥运场馆中心区投入使用，实现零抛锚零故障运行。

设立北京市自然科学基金。2006—2010年，北京市自然科学基金累计立项资助1 840个项目，在兼顾自由探索的同时，发挥地方自然科学基金的导向作用，研究解决北京经济社会发展的关键科学问题。

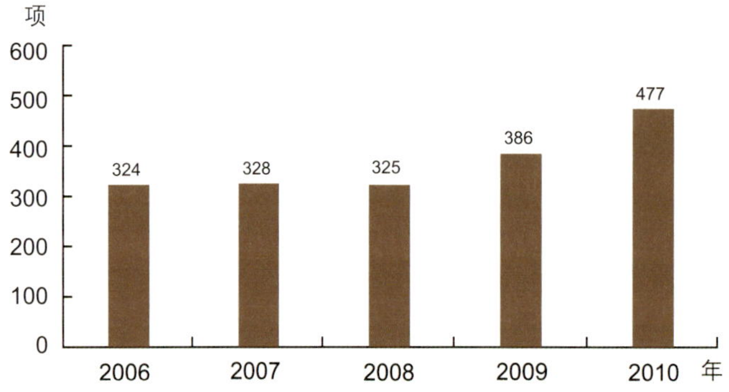

图 6-5 北京市自然科学基金资助项目数量

◎ 推动创新要素向企业集聚，支持企业成为创新主体

推动产业技术联盟的构建和发展。多年以来，北京市积极推动企业组建产业技术联盟，紧密围绕研发能力提高、标准制定、产业发展，构筑协同联动的产业链，引导产业集群创新，大大提升了全市信息技术、生物医药、材料、数控装备、新能源等产业的整体竞争力，构建了“产学研用”相结合的技术创新体系，加速了成果推广应用。2009 年 6 月，北京推动成立了首都新能源产业技术联盟。

启动创新型企业试点。2009 年底中关村国家自主创新示范区第三批百家创新型企业试点工作启动，确定华锐风电科技股份有限公司等126家企业为第三批创新型试点企业，累计三批共305家企业参加创新型企业试点，为培育一批具有全球影响力的创新型企业和国际知名品牌奠定了基础。

建设企业技术创新服务平台。首都科技条件平台不断创新科技资源开放共享的机制体制，加大工作力度，实行市场化运营，逐渐成为支撑企业自主创新与产业发展、支撑国家和北京市科技重大专项的重要平台。与中国科学院、清华大学、北京大学、中国建筑材料科学研究总院、中国人民解放军军事医学科学院等12家高校院所和大型企业合作共建“首都科技条件平台研发实验服务基地”，整合了264 个国家级、市级重点实验室和1.3 万台套仪器设备，面向企业特别是中小企业提供技术服务。平台已经整合 76.3 亿元科技条件资源，全年为 4 500 家企业提供服务，服务合同额达 4 亿元。

开展科技金融为科技型中小企业服务。2008 年 7 月，北京市科委与北京银行签订了《全面战略合作暨推动知识产权质押贷款协议》，正式推出知识产权质押贷款，2009年支持科技型中小企业开展近 300 个技术创新项目，支持资金超过 1 亿元。北京银行已累计为 1 200 余家科技型中小企业提供信贷资金 350 亿元，其中仅 2009 年一季度该行就为 350 余户科技型中小企业发放贷款 490 余笔，总计 40 多亿元。

◎ 着眼民生领域关键问题，推动科技成果惠及民生

食品安全领域。为了保障食品安全，北京市推动成立了首都食品安全科技服务联盟，吸收从事食品生产、加工、流通等方面的龙头企业、高校院所、科技服务机构参加，构建“从农田到餐桌”全程农产品食用安全生产体系和科技服务体系。联盟组织将普析公司研发的农产品安全快速检测车，率先在新发地批发市场示范应用，同时构建了以企业为主体的食品安全检测技术工程中心。

医疗卫生与健康领域。北京市积极推动肝炎、艾滋病、结核、禽流感等4类重大传染病，以及脑血管疾病、心血管疾病、部分恶性肿瘤、糖尿病、精神疾病和慢性肾病等6类重大慢性病，共10类重大疾病的预防、诊断、治疗技术的研究与推广应用，初步建立了“首都重大疾病临床资源和样本库”和完成了脑血管病等慢性病的综合流行病学调查。2009年，北京市紧急启动应对甲型H1N1流感的科技项目，推动科兴甲型H1N1流感疫苗获准批量生产并投放市场1 000万人份。

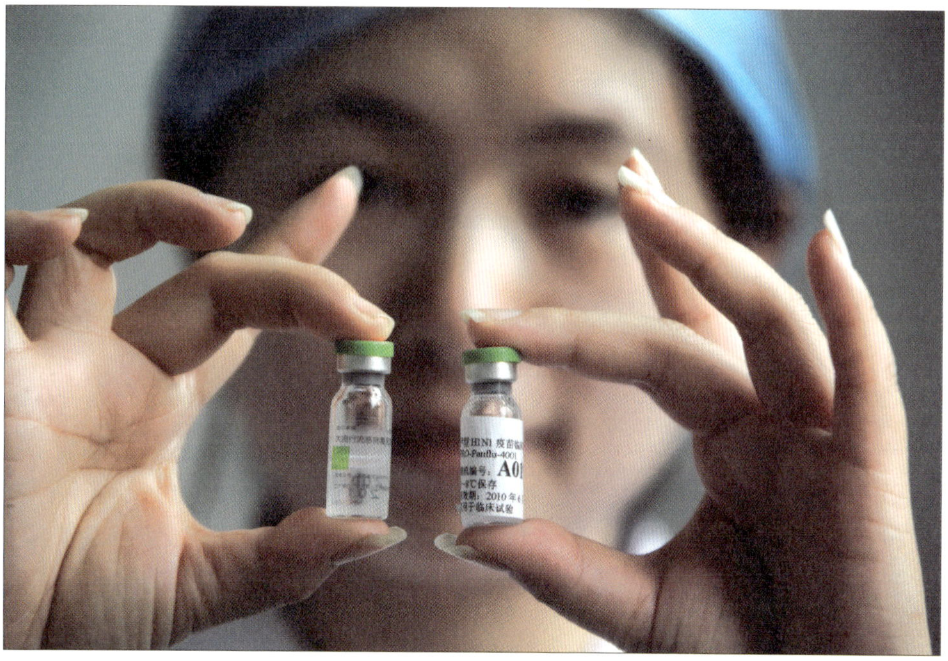

图6-6　甲型H1N1流感病毒疫苗

城市建设和管理领域。北京市在城市建设和管理领域积极开展研发攻关，并推动成果应用。2009年基于通信的列车控制（CBTC）系统作为政府采购中关村自主创新产品首台(套)示范项目，将在地铁亦庄线上得到应用。中低速磁悬浮列车已确定在轨道交通大台线上示范应用。对接科技部“十城千辆”工程，支持1 000辆新能源汽车投入运营。加强大气污染治理技术的研发和推广，建

立机动车污染控制动态管理决策系统。启动永定河生态构建与修复技术研究和示范，为永定河绿色生态走廊建设提供支撑。大型多功能建筑火灾安全技术综合应用研究成果已在部分奥运场馆安全保卫工作中得到应用。

◎ 加强政府引导，营造科技创新的社会环境

实施企业税收优惠相关政策。北京市围绕中关村示范区内高新技术企业认定给予税收减免、股权激励所得税延期纳税、企业研发费用和职工教育培训加计扣除4个专题深入研究，提出8条税收创新政策建议，力求使企业切实享受到税收政策扶持；对从事技术交易，取得技术性收入的单位实施技术市场减免税的优惠政策，全市企业享受税收减免超过30亿元。

实施首都知识产权战略。为着力提高首都知识产权创造、运用、保护和管理能力，北京市发布了《北京市人民政府关于实施首都知识产权战略的意见》，建立由29家单位组成的首都知识产权战略工作联席会议制度，拟定了《首都知识产权战略任务分工》和《2009—2010年首都知识产权战略实施推进计划》等战略实施文件。同时，北京市研究制定《关于加强市属国有企业知识产权工作的指导意见》，并发布了《北京市展会知识产权保护合同》。

积极开展科普工作。北京市积极加强科普能力建设，开展"北京科技周"、"社会科学普及周"等"2810"科普品牌活动，并认定156家科普基地、104家创新型科普社区，选择一批街道开展社区服务科技应用示范区建设，推动先进适用技术在社区得到应用，服务市民生活。同时，北京市积极引导社会力量兴办科普，将科技创新成果转化为科普资源，面向社区、学校和农村开展科学传播，努力提高市民科学文化素养。

三、创新体系建设和重大创新政策

北京市积极完善全市科技工作的组织领导和统筹协调机制，探索科技政策创新与突破，深化科研院所改革，发展科技中介服务，建设科技人才队伍，加强与中央在京单位合作，推动首都科技不断进步。

◎ 完善科技工作组织领导和统筹协调机制

北京市成立了科技北京建设协调工作小组，贯彻落实市委、市政府科技工作的总体部署，研究"科技北京"建设的重大战略性问题，统筹推动"科技北京"建设；成立中关村国家自主创新示范区领导小组，统筹研究解决重大问题，协调国家有关部门落实各项专项改革工作；成立北京生物产业推进指导小组,推动科技在重大疾病防控和公共卫生事件处理上的支撑作用；为推动新能

源汽车的产业化发展，成立北京市新能源汽车产业联席会议，办公室设在市科委。

◎ 探索科技政策的创新与突破

根据国务院关于建设中关村自主创新示范区的批复，北京市制定了《中关村国家自主创新示范区重大科技成果转化和产业化股权投资暂行办法》，创新政府资金投入方式，在全国率先推出政府资金股权投资和股权激励相结合的方式，支持重大科技成果转化和产业化；制定了《中关村国家自主创新示范区科技创新创业型企业认定暂行规定》，探索政府支持企业创新创业的具体方式。

◎ 深化科研机构改革

北京市积极鼓励企业在京设立科技研究开发机构，制定出台了相关制度，并从2005年起设立“科技研究开发机构自主创新专项资金”开展认定工作。同时，北京市注重依托科研院所开展行业研发基地建设，2009年已启动4个行业研发基地建设。

◎ 发展科技中介服务

建立首家全国性技术交易机构——中国技术交易所。采用公司制的组织形式，积极探索建立完善技术产权交易制度、机制和规范，创新交易产品和服务内容，完善技术产权融资等配套功能，打造具有国际影响力的技术交易平台、科技成果产业化的支撑平台、股权激励改革试点工作的操作平台和技术成果转移转化综合服务平台。截至2009年底，北京国家级创业中心和大学科技园的数量分别达到24家和13家，协同创新服务联盟成员160家。

◎ 建设科技人才队伍

加速科北京市实施“北京海外人才聚集工程”和“科技北京百名领军人才培养工程”。截至目前，北京市引进88名高层次科技领军人才，其中34名入选国家“千人计划”。同时，北京市实施科技新星计划，培养一批政治素质高、具有创新精神的青年科技带头人和科技管理专家，逐步形成青年科技专家群体。截至2009年底，新星计划共有16批1 230人入选。

◎ 加强与中央在京单位科技合作

围绕电子信息、生物医药、新材料、新能源、环境保护和资源循环利用、文化创意等首都重点发展领域，积极推动“龙芯CPU技术成果产业化”、“纳米材料绿色制版技术产业化”等一批重大科技研发转化项目在京落户。据不完全统计，2006—2008年中科院共有429项科技成果应用于北京企业，为企业新增销售收入120亿元；中科院在京院所投资企业实现销售收入超过4 500亿元。截至2009年底，已与24家单位签订战略合作协议。

四、高新技术产业与高新区发展

2006年以来，北京市推动高新技术产业成果转化应用，促进产业结构优化升级，同时根据国务院批复精神，加快推进中关村国家级自主创新示范区建设，使全市高新技术产业获得蓬勃发展。

◎ 促进高新技术成果转化应用

2002—2009年全市累计认定高新技术成果转化项目1 050项，累计落实高新技术成果转化专项资金15亿元，专项资金资助规模在全国设有同类资金的省市中位居首位。在认定的高新技术成果转化项目中，有406个项目获得专利授权，占项目总数的38%；422个项目通过了省部级和国家级的成果鉴定，占项目总数的43%；700余个项目实现了产业化，占所认定项目的74%；新增就业岗位8万余个，平均每个项目新增就业岗位超过100个。全市累计认定39家高新技术产业孵化基地。

◎ 推动高新技术产业集群发展

文化创意产业聚集区已发展至近30个，涵盖9个行业，覆盖13个区县。截至2009年底，北京文化创意企业超过1万家，从业人员达100万人。生物医药创新孵化基地建立了完整的新药开发技术平台，为科研院所和生产企业提供50个创新药物的技术服务，推动20个创新品种进入临床前

图6-7 大兴区生物医药产业基地平台实验室

研究，10个获得临床批件，进入临床研究。生物疫苗产业化基地重点从事重组乙型肝炎疫苗、乙型脑炎灭活疫苗等国家特种储备类共17种疫苗的生产，是目前国内生产能力最大、质量标准最高、设备装备最先进的疫苗产业化基地。

◎ **认定高新技术企业并开展创新型企业试点**

通过引导企业承担科技计划、组建产业联盟、参与创新型企业试点等形式，使创新内化为企业生存与发展的根本途径和有效手段。截至2009年，全市累计认定高新技术企业达到5 225家，占全国总数的22%，数量居全国首位，经认定企业享受税收减免逾30亿元。积极推进创新型企业试点。截至2009年，累计实施三批共305家企业参加创新型企业试点，为培育一批具有全球影响力的创新型企业和国际知名品牌奠定了基础。

◎ **推进中关村示范区先行先试改革试点**

2009年，参加股权激励的试点单位达到202家，其中市属单位106家，中央单位96家；中关村企业在代办股份转让系统挂牌61家，创业板上市公司13家，占全国的1/4，初步形成了创业板中的“中关村板块”；成立了第一家面向科技企业的小额贷款公司，累计为19家企业提供了1.3亿元的小额贷款。在全国率先推进政府采购自主创新产品试点政策，3 557个产品被认定为自主创新产品，51个产品入选国家首批自主创新产品，占全国的21%。政府采购中关村自主创新产品累计签约4批共256个示范项目，政府采购自主创新产品金额达到33亿元。

五、“十二五”科技发展规划的基本考虑

按照市委、市政府关于“科技北京”行动计划的总体部署，瞄准世界城市的战略目标，充分发挥首都科技优势，将服务国家创新战略和促进首都经济社会发展有机结合，根据北京实际需求，深入开展国家科技重大专项对接，并促进成果转化应用；探索推进自主创新和成果转化的新型机制和模式，着力优化发展环境；大力培育和发展战略性新兴产业，抢占科技发展制高点，形成若干个支撑未来持续发展、具有国内外影响的标志性产业集群；全力推进中关村国家自主创新示范区建设；进一步发展科技服务业，为产业结构调整提供强力支撑；运用高技术增强产业科技竞争力，推进产业结构优化升级，支撑经济发展方式转变。在“十二五”时期“科技北京行动计划”得到进一步深化贯彻和实施，“科技北京”建设成效能够显著提升，初步建成全国创新发展的核心引领区和具有全球影响力的科技创新中心。

第二节
天津市

天津市委、市政府认真贯彻落实全国科技大会精神，明确抓住滨海新区开发开放难得历史机遇，率先建成创新型城市的目标、任务和措施，紧紧抓住增强自主创新能力这一中心环节，紧紧依靠自主创新和科技进步，推动发展方式转变和产业结构调整，加快天津经济步入创新驱动、内生发展的科学发展轨道。

一、科技发展总体进展

2006年全国科技大会后，天津市科技进入了新的发展阶段。截至2009年，综合科技进步水平已经连续八年保持全国第3位，综合科技进步水平指数从2005年的65%上升到2009年的72.5%；全社会R&D经费支出占GDP的比重从2005年的2.0%增加到2008年的2.45%；全社会R&D经费总量从2005年的72.9亿元，增加到2008年的155.7亿元，三年实现翻番；每万人口中的科技活动人员数从2005年的88.2人增加到2009年的的105人；两院院士从2005年的30人增加到2009年的35人；技术合同成交额从2005年的50亿元增加到2009年的106亿元；专利申请受理数和授权数从2005年的11 657件和3 045件增长到2009年的19 187件和7 216件。区县科技创新能力不断增强，通过国家区县科技进步考核的区县从2005年的8家增加到2009年的15家，其中科技进步考核先进区从2家增加到5家。

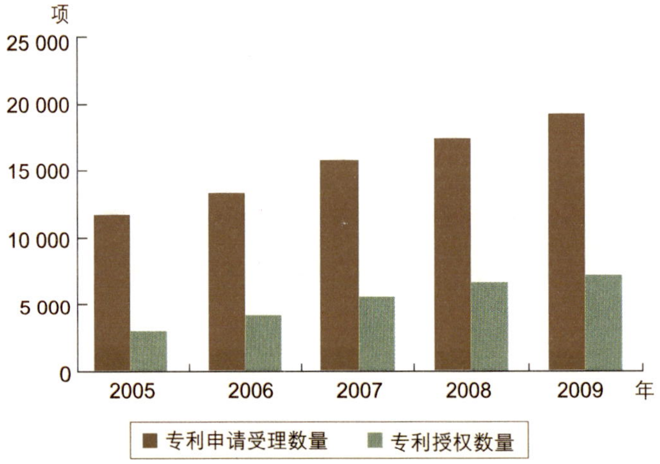

图6-8 天津市专利申请及授权数量

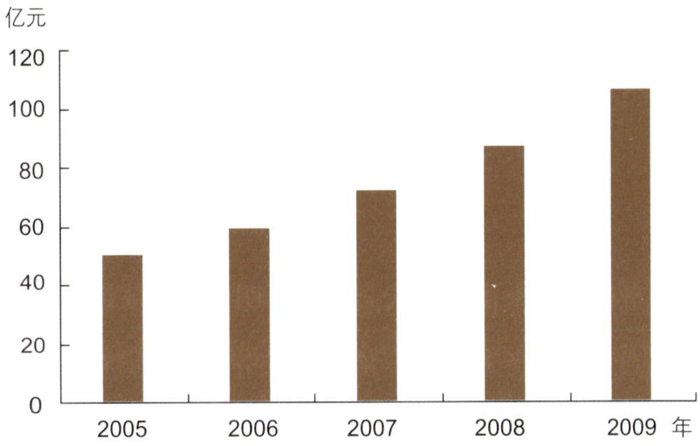

图 6-9 天津市技术合同成交金额

几年来，市政府不断加大科技投入，累计投入科技创新专项资金11亿元，先后组织实施四批自主创新产业化重大项目，累计扶持了特巨型子午线轮胎一次法成型机、超导限流器、加强型中空纤维帘式膜组件等100多项重大科技成果转化和产业化，形成高技术和战略性新兴产业集群发展的良好局面。加快高新技术改造传统产业步伐，中药企业完成了传统工艺向三相流化床、超临界萃取等现代工艺的转变，年销售额超亿元的中药品种从2个增加到7个；开发出“丙烯直接环氧化制环氧丙烷”的重大绿色生产技术，建成了国内首套无污染无排放直接制环氧丙烷中试装置并成功运行，实现环氧丙烷绿色制造。

图 6-10 1 500吨/年丙烯直接环氧化制环氧丙烷绿色生产技术装置

实施科技惠民、科技惠农工程，科技支撑农业和社会发展作用不断增强。加大农业动植物新品种选育，加强农业科技成果转化和农业技术的推广应用，抓好设施农业科技示范，在杂交粳稻选育、蔬菜育种、质量安全追溯、动物克隆培养等方面取得重大突破。在资源环境、人口健康、城市建设、公共安全等社会发展领域取得一批创新突破，为生态宜居城市建设提供了强有力的技术支撑，已创建国家可持续发展实验区1个，天津市可持续发展实验区2个。

实施全民科技素质提高工程，建成市级科技示范校30家；国家科普教育基地达到30个，市级科普教育基地达到93个；成立创新方法推广应用中心，开通了天津创新方法网，举办各类创新方法培训活动十多场，培训人员3 000多人，成为国家级创新方法试点城市。全民创新意识和活力不断提高。

◎ 基本经验和主要做法

一是市委、市政府高度重视。市委、市政府坚持把增强自主创新能力摆在转变发展方式、调整产业结构的核心地位，2006年初，出台了《关于建设创新型城市的决定》，颁布了《天津市中长期科学和技术发展规划纲要》、《天津市科技发展“十一五”规划》和《关于增强自主创新能力建设创新型城市的政策措施》，为提升自主创新能力建设创新型城市做出了全面部署。二是上下联动机制，面向国家战略需求，加快科技成果转化与产业化。建立部市会商制度，围绕加快推进滨海新区开发开放，启动了四部一市共建国家生物医药国际创新园的建设，承担了国家新药创制、水污染防治等一批国家重大专项。与中国科学院、中国医学科学院、军事医学科学院、电子科技集团、钢铁研究总院等国家科研机构和科技集团建立了全面合作关系。三是建立市区县联动和部门协同机制，实现多层面创新资源集成。在扶持科技型企业发展、构建服务成果转化平台建设上建立了市区县联手工作机制，在落实科技创新政策、认定高新技术企业、促进科技成果转化等多个方面，建立市级多部门的协调机制或联合工作小组，形成多部门共同推进滨海新区研发转化基地和创新型城市建设的合力。四是充分发挥大学、科研院所支撑作用。南开大学、天津大学、天津农学院、天津农科院等大学、科研院所的数百名科技人员深入滨海新区企业，进入广大农村，加快了科技成果向现实生产力的转化。十八所、四十六所、七零七所、中汽中心等一批中央驻津科研院所建立了产业化基地，推动了我市新能源、半导体照明、清洁能源汽车等高新技术产业发展。五是加强科技宏观管理。完善科技项目评估评价体系，逐渐形成技术目标、资金使用、企业成长、成果转化等多维度相统筹的评估评价体系，形成了技术专家、财务专家和企业管理专家多角度协同评审制度。建立科技项目立项、科技奖励评审纪检部门全程参与和拟立项、科技奖励项目公示制度的内外监控体系，不断提高依法行政水平。

二、科技重大部署和成就

天津市围绕转变发展方式、优化升级产业结构，进一步加大科技投入力度，优化科技进步环境，加快推进滨海新区研发转化基地和创新型城市建设，大幅提升自主创新能力，加快战略性新兴产业发展。

◎ 实施滨海新区研发转化基地建设工程

为加快落实中央、国务院对滨海新区高水平现代制造业和研发转化基地的功能定位，积极推进滨海新区综合配套改革科技与人才专项方案的实施，聚集国内外资源，探索政府投资建设、企业化运作、专业化管理的公共技术平台管理运行模式，建立完善的科技企业孵化体系和公共技术平台体系，吸引国内外高层次人才、研发团队、研发机构和企业在滨海新区的聚集。2009 年，滨海新区成为国家首批创新型试点城区。天津市国际生物医药联合研究院被列为国家新药创制重大专项综合性技术大平台、国家海外高层次人才创新创业基地，吸引海内外76个生物医药研发团队带项目进驻。中科院天津工业生物技术研究所科研大楼建成投入使用，成为工业酶国家工程实验室，形成100余人的研发队伍。正在加快建设千万亿次计算机超算中心、美国亚历山大国际生物医药产业孵化器、天津大学滨海工业技术研究院、军事医学科学院滨海新区研发转化基地等创新平台。

专栏 6-1　天津市国际生物医药联合研究院

天津市投入经费7亿多元，获得国家资助近1亿元，建设了7万平方米的研发大楼和3万平方米的生物医药孵化器，建成了药物分析测试中心、药物临床试验平台、药物研发信息平台、新药创制平台4个国内一流水平的公共技术平台。不断完善四部一市共建机制，探索并实践了“滨海模式”，即“政府搭台，市场机制；国有资产，企业运行；不设围墙，开放联合；国际认证，互利共赢”。已聚集来自国内外生物医药研发团队76个，成为国家新药创制重大专项综合性技术大平台，实施各类新药开发项目70余个，正在成为天津生物医药产业发展的孵化器和加速器，加快了天津市生物医药的自主创新步伐。

◎ 实施天津市自主创新产业化重大项目

为加快重大科技成果转化和引进，天津市设立了科技创新专项资金，累计财政投入11亿元，支持转化重大科技成果111项，拉动企业增加研发投入83.95亿元。实施自主创新产业化重大项目带动战略，从2008年开始，部署实施了4批总投资额369亿元、研发投入额89亿元的80项自主创新产业化重大项目。目前，4批80项自主创新产业化重大项目进展顺利，累计投入总经费152.9亿元，累计研发经费24亿元，累计开发出新产品413项，申请发明专利326项，授权发明专利110项；累计销售收入超过225.5亿元，累计完成利税26.7亿元，建成了生物医药、新能源、民用航空、半导体照明等10个国家级高新技术产业化基地，促进了一批战略性新兴产业集群加快发展。

◎ 实施战略性新兴产业集群发展工程

为促进创新集群向产业化集群的转变，尽快将科技成果转化为现实生产力，重点培育了半导体照明、锂离子配套材料等产业集群发展，从2005年开始，围绕半导体照明、锂离子电池的关键材料、关键器件创新产品的开发，整合科技创新资源，加大投资力度，加强产学研用结合，形成配套产业基地。在半导体照明的关键材料、关键器件、大功率路灯和汽车大灯等环节上集中布局研发，在二三年的时间里陆续取得突破并实现产业化，同时陆续组建了半导体照明工程中心和产业产学研技术创新联盟，形成科技成果承接与转化能力，促进科技成果、产业化项目和企业聚集。目前，天津半导体照明产业已形成100家企业集群，路灯产品实现向美国和欧盟出口，群体规模超过100亿元，天津市成为国家”十城万盏”半导体照明示范城市和半导体照明工程国家高新技术产业化基地。通过集中组织锂离子电池正极材料、负极材料、电解液等关键配套材料的科技攻关与产业化，天津市已经成为国内最大的锂离子电池配套材料产业化基地，使天津市锂离子电池产业实现配套产业与主体产业的协同发展，增强了锂离子电池产业的可持续发展能力。

◎ 实施技术创新工程

建立了半导体照明、中药现代化、创意、石化等产学研技术创新联盟，组建了面向企业和农村的科技服务队和科技特派员队伍，努力探索产学研合作的长效机制。启动了节能减排科技专项，成立了化工、冶金、供热、锅炉、建筑供能系统、车辆、半导体照明、节水等8个产学研合作、专业化的节能技术推广服务队，服务企业累计超过200家，有7项技术已成功在中河化工厂、泰达热源二厂、大邱庄友发集团、天津工业大学等30余家单位推广应用，每年共可节约标煤20余万吨。天津市作为北方九省市制造业信息化科技工程的牵头单位，组成了制造业信息化10个工作服务队，遍历全市20多个区县功能区，面向机械、冶金、电子、纺织、制药、现代物流等多行业，开展了百家企业调研、信息化诊断、培训、总体方案规划以及技术支持服务等多种形式的制造业信息化服务活动，培训企业主管领导与技术骨干近千人次，完成了50家“甩图纸”、“甩账表”及“综合集成”示范企业的认定工作。组织选派科技特派员1 023人，建立科技特派员工作站43个，领办创办专家+农户的专业协会及合作社54个，形成科技特派员创业链29个、利益共同体46个，培训农民13.6万人，推广新技术274项、新品种397个，建立科技示范基地1 043个、示范面积达到135万余亩，带动7.7万名农民就业，直接受益农户1.5万户，年人均增收1 300元，得到联合国驻华协调员、开发计划署评估专家的充分肯定。

专栏6-2 半导体照明工程研发及产业联盟

2008年11月，依托天津工业大学，建设了天津市半导体照明工程研发及产业联盟，由9家科研机构，13家半导体照明企业组成，促进了产业化集群发展。经过3年的发展，联盟企业已扩大到61家，带动了天津市半导体照明产业上中下游的协调发展，累计申请专利152项，其中发明专利32项。砷化镓衬底及超高亮度红黄光外延片等关键技术指标达到国内领先水平。LED室内外照明系列产品已出口到美国，单项散热技术被三大光源巨头之一的美国GE照明公司所购买。天津企业参与起草的汽车前照大灯国家标准即将公布，天津市成为国家"十城万盏"半导体照明示范城市和半导体照明工程国家高新技术产业化基地。据不完全统计，2009年天津直接从事LED照明的企业已超过100家，产业规模达到100亿元。

◎ 加强国内外科技合作

进一步加强了国内科技合作。加强了与中国科学院、中国医学科学院、军事医学科学院等国家科研院所的合作，先后建成中科院天津工业生物技术研究所、中国医学科学院干细胞医学中心等，与军事医学科学院达成建立天津分院和研发转化基地的协议，西北有色金属研究院等4家中央院所来津实施成果转化与产业化，拓展与中国农业科学院、钢铁研究总院、国机集团等中央科研院所和科技集团的合作，吸引100多项国家科研院所成果在津实施转化和产业化，建成了曙光高性能计算机、干细胞技术、生物医药等产业化基地；加强了港澳台科技合作；加强了与美国、意大利、瑞典等国家和地区科技合作，先后建成中意中医药联合实验室、国际生物医药产业孵化器等，实施了几十项高水平的国际联合研究项目。与以色列、俄罗斯等国家和地区的政府部门、研发机构建立科技合作关系。成功举办国际生物经济大会、百家中央科研院所院所长天津恳谈会、中国工程院化工冶金材料学部院士大会等重大科技活动，促进了国内外科技资源向我市聚集。

三、创新体系建设和重大创新政策

2006年以来，围绕贯彻落实全国科技大会精神，市政府颁布了《关于实施科技发展规划纲要建设创新型城市政策措施》，提出了50条促进科技创新政策措施。颁布了《天津市实施海外高层次人才引进计划的意见》、《天津市关于引进创新创业领军人才暂行办法》、《京津冀生物医药产业化示范区优惠政策》等一系列办法和规定，在引进高端人才上发挥了重要作用。相继出台了《天津市自主创新产品认定管理办法》、《天津市企业研究开发费用税前加计扣除项目鉴定办法（试行）》、《天津市专利权质押贷款实施指导意见》、《天津市工程技术中心暂行管理办法》、《科技企业孵化器认定和管理办法》等政策措施，促进了国家和天津市各项激励政策落实。

◎ 科技创新体系建设取得新进展

新增国家和国家部级重点实验室14个，达到36个（含企业重点实验室1个）；新增国家级技术研究中心14个，达到26个；新增国家工程实验室2个；新增国家级科技企业孵化器2个，达到7个；新增国家级生产力促进中心1个，达到3个。新认定市级重点实验室29个，达到69个；认定市级工程中心22个，达到39个；新增市级生产力促进中心5个，达到29个；科技企业孵化器32个，建成运行了大型科学仪器协作共用网、科技文献中心等一批科技资源共享平台。

图6-11 国家工业酶工程实验室

◎ 科技人才队伍不断壮大

天津市两院院士新增5人，增加到35位；入选国家“千人计划”24人；国家有突出贡献的中青年专家增加到179人；国家“百千万人才工程”入选者新增22人，达到93人；国家杰出青年科学基金获得者新增17人，达到45人；长江学者新增40人，达到88人；973项目首席科学家新增10人，达到12人；获得国家资助创新群体和团队达到14个。发挥重大项目和创新平台的优势，引进海外高层次人才100余人来津创新创业，入选天津市“千人计划”引进人才37人。

◎ 形成多元化、多渠道的科技投融资保障体系

成立了科技小额贷款公司，与国家开发银行、农业发展银行、渤海银行、浦发银行、大连银行等商业银行共建了科技投融资平台，面向科技型中小企业实施了打包贷款、知识产权质押贷款等多种融资方式，累计为科技型企业获得银行贷款22亿元。探索科技计划与商业金融贷款互动机制，2009年，2家商业银行为列入市科技发展计划的121家科技型中小企业提供无抵押无担保打包贷款4 820万元，一家科技公司获得专利质押贷款2 000万元。全市从事创业投资的注册机构数量达到122家，注册资本金110余亿元，项目累计投入260余项。建立了3支总规模超过2亿元的天使投资基金。

四、高新技术产业与高新区发展

2006年以来，天津市投入专项资金，用于引进和转化重大科技成果，扶持科技型中小企业群体发展，形成高技术和战略型新兴产业集群发展的良好局面。2009年，全市生物医药产业规模达到300亿元、新能源产业达到240亿元、半导体照明产业产值达到100亿元、环保节能产业达到400亿元、民航科技产业达到50亿元、科技服务业增加值超过190亿元。认定高新技术企业753家，认定先进技术型服务企业12家，天士力、赛象科技、钢管公司等14家企业成为国家级创新型企业。天津市高新技术产值从2005年的2 141亿元增至2009年的3 923亿元。

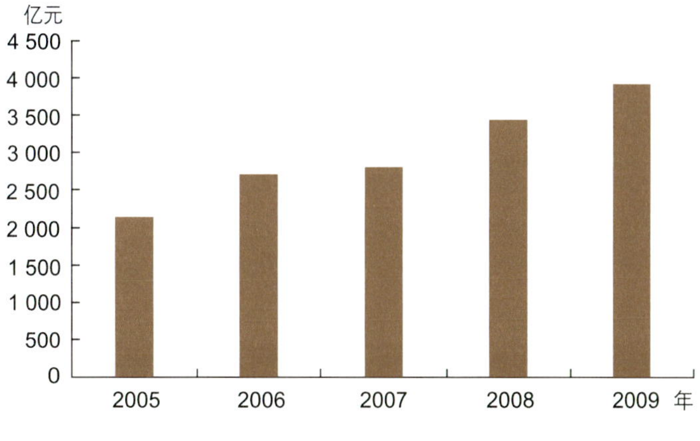

图6-12 天津市高新技术产值

天津滨海高新技术产业开发区认真落实国家和天津市相关政策，大力增强自主创新能力，加快构筑高端产业结构，巩固和保持了高新区又好又快的发展势头。不断完善产业技术创新体系，国家级企业技术中心达到9家，市级企业技术中心67家，企业级技术中心700家，形成以国家级企业技术中心为龙头，市级企业技术中心为骨干，一大批企业级技术中心为补充的三级企业技术创新体

系。出台了本市首个动漫产业扶持政策，实施科技小巨人企业成长计划，推动优秀科技型中小企业快速成长，培育壮大科技企业群体。制定了《天津滨海高新技术产业开发区鼓励投融资发展暂行办法》，设立“投融资发展专项资金”，完善高新区科技投融资服务体系。2009 年，高新区实现总收入 2 354 亿元，同比增长 37%；完成地区生产总值 500 亿元，同比增长 30%；注册资本 500 万元以下新增科技型中小企业占当年新增注册企业 37%；区内企业研发总投入占销售收入比例达到 4.2%；每万名从业人数拥有的当年新增发明专利数达到 36 件，每万名从业人员中理工类本科及以上学历人数达 1 600 人；新认定的高新技术企业累计达到 344 家，占全市的 47%，高新技术企业销售收入占高新区营业总收入比重达 30%，高技术服务业销售收入占营业总收入 28%；每万元增加值能耗低于 0.24 吨标准煤；全年申请专利超过 2 400 项，软件著作权申请达到 300 项；技术市场成交额达到 6.5 亿元。2009 年，天津高新区成为全国首批国家创新型科技园区试点和全国首批国家知识产权示范创建园区。

五、“十二五”科技发展规划的基本考虑

“十二五”期间，天津市将以科学发展观为统领，按照构筑自主创新高地、率先建成创新型城市的总体目标，坚持以“提高自主创新能力”为科技发展的主线，以推动科技型中小企业大发展为着力点，以进一步扩大对内对外开放和体制机制创新为动力，显著提升科技发展实力和竞争能力，引领和支撑我市率先走上”创新驱动、内生增长”的科学发展轨道。加快提高优势产业和战略性新兴产业的技术自给能力和核心竞争力，加快提高科技对经济发展方式转变的支撑能力。到 2015 年，基本建成创新型城市，成为国家自主创新高地和高水平的研发转化基地，成为我国北方产业创新中心。

第三节
河北省

2006 年全国科技大会以来，全省科技工作全面推进科教兴冀和人才强省战略实施，以建设创新型河北为目标，以增强自主创新能力为主线，以体制机制改革为动力，以人才队伍建设为支撑，大力推进科技创新与技术进步，支撑和促进了全省经济社会又好又快发展。

一、科技发展总体进展

◎ 科技基础资源条件持续改善

一是科技人才队伍不断壮大。全省科学家和工程师数量达到10.4万人，占全部科技活动人员的比重为70.8%；国有企事业单位专业技术人员99.5万人，总量在全国排第8位；现有省管优秀专家228名，享受国务院特殊津贴的专家1 684名。二是科研机构建设稳步推进。国家驻冀科研机构有18个，省属转制科研机构43个，省属非营利性科研机构26个，全省开展科技活动的高等院校有43所。科技创新及服务平台快速发展。省级以上重点实验室、工程技术研究中心138个，博士后科研流动站和工作站93个；省级以上高新区、开发区33个，其中国家级高新区2个（石家庄、保定）；国家大学科技园2个，科技企业孵化器17个（国家级7个），生产力促进中心104家（国家级18家）；河北省区域特色产业基地55个，国家级产业基地、863计划成果产业化基地22个，应用基础研究基地（研究中心）6个。三是科技投入持续增长。2009年，全省用于科技活动的经费支出为216亿元，比上年增长17.3%，其中研究与发展(R&D)经费支出130亿元，增长19.0%，占全省生产总值的0.76%，同比提高0.08个百分点，省级财政安排省本级科技经费达到6.6亿元。

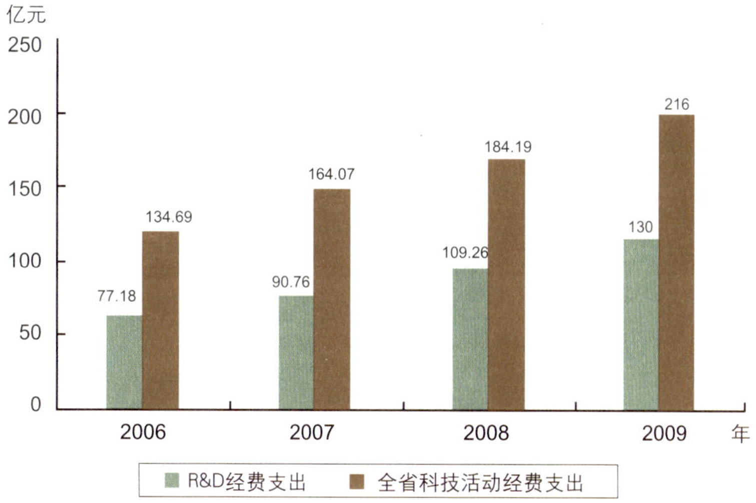

图6-13　2006—2009年科技活动经费支出情况

◎ 科技产出能力与水平

2006—2009年，各类科技成果登记10 933项，共有36项科技成果获得国家科技奖励；专利申请量由7 220件提高到11 362件，首次突破万件大关；2009年技术合同交易11 032份，技术合同成交额达到92.49亿元。

表 6-2　2006—2009 年科技成果登记数量统计

年份	合计	应用技术	软科学	基础理论
2006	2 134	1 954	93	87
2007	2 482	2 212	154	116
2008	3 049	2 601	305	143
2009	3 268	2 819	225	224

表 6-3　2006—2009 年获国家科技奖励科技成果统计

年份	合计	科技进步特等奖	科技进步一等奖	科技进步二等奖	技术发明二等奖	自然科学二等奖
2006	4		1	4		
2007	10		3	6	1	
2008	11	1	1	6	2	1
2009	11		1	10		

表 6-4　2006—2009 年技术合同交易统计

年份	成交数量（项）	输出技术（亿元）	吸纳技术(亿元)
2006	9 055	15.88	40.18
2007	8 672	16.45	85.58
2008	7 464	16.59	72.58
2009	11 032	17.21	75.28

◎ 科技支撑经济社会发展能力

加强重大科技项目组织实施，加大关键技术攻关和重大成果转化力度，强化了对重点产业发挥的科技支撑。

一是坚持国家战略与河北发展相结合，谋划组织了一批国家重大科技项目，支持了河北重点产业升级。在国家实施的民口 11 个重大专项中，我省在核高基、极大规模集成电路、高档数控机床、大型油气田、水体污染控制、重大新药创制、转基因育种等 7 个专项中承担课题研究，为全省钢铁、装备制造、石油化工、建材、电子信息、医药等产业发展提供了新的科技支撑。

二是围绕钢铁产业技术升级、装备制造业创新能力提升、新药创制、主要农产品标准化生产与产业化等，全省明确七大资金集中投向，组织实施了“CCF-3 型碳纤维产业化”、“交互式智能白板应用系统研发及产业化”等一批重大自主创新成果转化项目，自主创新成果得到大规模推广应用。突破了一批制约行业节能减排的共性关键技术，为推进全省节能减排提供了技术支持。在高速动车装备、风电光伏产业设备、煤化工、半导体材料、液晶材料、光学薄膜、特种玻璃等方面的技术和产品研发上形成了国内优势，对产业结构调整、提升行业企业核心竞争力起到了重要带动作用。

三是有力支持了现代农业发展和新农村建设。围绕粮食生产和肉蛋奶、蔬菜和优势果品产业发展，实施粮食丰产科技工程，加强现代生物、设施栽培、农业资源高效利用、农产品精深加工和质量安全控制等方面的关键技术与集成创新，农业良种覆盖率稳定保持在98%以上，建立现代农业科技示范园区60个、成果转化基地306万亩、国家级科技富民强县试点县29个。加强新农村建设科技示范，启动了15个县、30个乡镇、200个村的新农村建设科技示范工程，示范推广100项先进适用技术，建立星火科技“12396”信息服务县级指导中心50多个、基层信息服务站800多个，选派3 000多名科技特派员进村入户开展科技服务，培训农民200多万人。实施“两山科技工程”，加快推进太行山区30个星火科技示范基地、燕山山区30个特色产业集群建设，推广应用了一大批先进适用技术，推动了优质杂粮、绿色名果、生态养殖、山区旅游等重点产业的进一步发展，促进了全省资源开发利用与生态环境建设。

四是有力推进了社会领域科技创新与成果转化应用。加强医药产业孵化基地建设、研发平台建设、化学药大品种技术改造、新药研究关键技术、药物新品种研发等方面的重大项目谋划，16个项目列入国家“重大新药创制”重大专项。依托华药集团、石药集团，建立产学研结合的创新药物孵化基地，华药集团成为国际上惟一掌握全部主流6个免疫抑制剂类药物核心生产技术的企业。积极推动可持续发展实验区建设，武安市、平泉县、迁安市等被科技部批准为国家可持续发展实验区。

◎ 科技创新环境

不断创新促进科技发展的思路举措，科技工作的组织领导和资源统筹运用能力日益加强。2006年，为贯彻落实全国科学技术大会精神，研究制定了《河北省“十一五”科技发展规划》、《河北省人民政府关于实施科技发展“十一五”规划的若干政策指导意见》。2007年，修订了《河北省专利保护条列》，出台《河北省促进企业专利工作规定》。2008年，修订了《河北省科学技术奖励办法》，设立了河北省科学技术突出贡献奖。中小企业创新基金、科技风险投资资金、科技型中小企业创业风险投资引导基金等先后建立。全省重视科技、努力创新的氛围日益浓厚。

二、科技重大部署和成就

“十一五”期间，河北省对河北高新技术产业带、主导产业技术升级、太行山星火产业带、恶性肿瘤等重大疾病预防治疗关键技术研究等十二个重大科技专项进行了总体部署。针对2009年全球金融危机及时调整工作布局，提出一系列科技应对金融危机举施，科技为全省经济平稳较快发展做出新贡献。

◎ 加快全省支柱产业技术升级步伐

围绕钢铁产业升级，实施了“新一代可循环钢铁流程工艺技术”、“钢铁企业低压余热蒸汽发电技术及示范”等重大科技项目，通过对质量控制、节能减排、资源回收利用等多项自主创新成果的集成和应用，为构建新一代可循环钢铁制造流程提供了有力的技术支撑；围绕做强装备制造业，支持唐车轨道客车公司实施“最高试验速度400km/h的高速检测列车动车组研制”、“高速列车车体技术”、“高速列车关键技术与装备研制”等重大科技项目，建立了时速350公里以上，具有自主知识产权的中国高速列车技术体系，有力支撑了我国高速铁路的建设和发展。

图6-14 唐车公司生产的CRH3型时速350公里高速动车组

◎ 加快推进战略性新兴产业发展

加强核心关键技术新突破，组织实施3兆瓦陆上风电整机开发与产业化、并网风力发电系统逆变器、半导体材料薄膜太阳能电池产品研发与产业化等一批重大科技项目，打造了新能源产业发展的新优势；组织开展石家庄、保定“十城万盏”半导体照明工程、唐山“十城千辆”电动汽车试点城市建设，为战略性新兴产业发展创造了良好发展环境。围绕发展生物医药产业，支持石药集团、华药集团、以岭药业等企业承担“抗生素大规模生产关键技术”、“丁苯酞高端制剂研究”等重大科技项目，提高了我省新药研制和开发能力，增强了河北生物医药产业竞争力。

专栏 6-3 抗生素、维生素产业技术创新战略联盟

2008 年 11 月 18 日，石药集团、华药集团分别牵头组建抗生素、维生素两个产业技术创新战略联盟，成为我国第五和第六个产业技术创新战略联盟。两联盟成立后，按照联盟组建方案，积极打造一流研究技术平台，认真筹建联盟研究中心，并在承担“抗生素大规模生产关键技术创新”和“维生素 C 与维生素 B_{12} 生产工艺技术创新研究与开发”两项国家科技支撑计划基础上，继续推进技术创新，承担多项“重大新药创制”国家科技重大专项课题研究工作。两联盟的成立及健康发展将为我国医药产业技术创新体系建设起到重要的带动作用，也将为我省由医药大省向医药强省的转变做出重要贡献。

◎ 农业新品种培育与新技术推广应用

2006 年以来，全省有 100 多个小麦、玉米、果菜等农业新品种通过省级以上审定，杂交谷子新品种亩产达810公斤，居国际领先水平，得到国际粮农组织的高度关注。开发应用小麦、玉米两节、两测、两免等关键技术，建立了小麦、玉米两熟区三大技术配套体系，建立集成示范区 100 万亩，小麦超高产攻关田单产达 657.37 公斤，连续三年创新纪录，为全省粮食连续六年丰产提供了科技支撑。

图 6-15 杂交谷子田间照片

◎ 科技合作

推进京津冀科技一体化。环京津高新技术产业带被科技部批准为国家级高新技术产业带，推动京津科技成果向河北转移和产业化，共建了国家钢铁研究总院涿州新材料产业园、中电科集团石家庄半导体照明产业基地，廊坊科技谷等基地建设了一批高新技术成果转化基地、产品配套基地。与中国农大、中国农科院联合建立新品种示范、节水农业、农产品加工等 23 个农业科技转化基地；建立京津冀知识产权保护合作、环渤海技术市场协作和技术转移工作机制，实现知识产权行政执法资源共享；加强军民合作，积极搭建军转民技术成果转移平台，2009 年组织召开中国（河北）国防民用科技成果展示洽谈会，省政府与国家国防科工局签订了开展军民合作的战略协议，石家庄、邯郸、唐山、廊坊等市政府与有关军工集团签署了战略合作协议，签约合作项目172个，引进资金130多亿元，中国兵装集团保定天威风电产业园、中国船舶重工邯郸高新技术产业基地派瑞科技产业园、中国航天科工集团涿州航天科技园、曹妃甸先进制造业军民融合产业园等一批共建基地和科技园相继开工建设。

◎ 科技应对金融危机

加强政策引导，及时出台《河北省人民政府关于发挥科技支撑引领作用推动经济平稳较快发展的若干意见》，提出加快高新技术企业认定、积极落实国家和省促进高新技术企业发展的优惠政策、扶持科技型中小企业发展等六方面20条措施；研究制定《河北省企业研究开发费用税前加计扣除项目鉴定办法（试行）》，对认定的高新技术企业，减按15%税率征收企业所得税。强化项目支撑，围绕产业振兴对接国家重大科技项目，积极争取国家科技资源支持河北产业升级。2009年，共有676项科技项目进入国家科技计划，组织实施14项省级重大自主创新成果转化项目，总投资达到6.9亿元，有力地支持了全省重点产业发展。开展科技人员服务企业活动，动员十万科技大军投入到全省经济建设主战场，实施依靠科技创业促进大学生就业行动，鼓励和支持省内各类高新技术园区、科技企业孵化器、大学科技园等为高校毕业生科技创业提供支持和服务。

三、创新体系建设和重大创新政策

◎ 科技创新创业服务体系实现新发展

进一步规范重点实验室和工程技术研究中心管理。2009年，新增5个国家重点实验室，省级以上重点实验室（72个）、工程技术研究中心（66个）总数达到138个。推进产业技术创新联盟建设，以曹妃甸钢铁企业为依托，组建“国家钢铁可循环流程技术创新战略联盟”，推动钢铁产业产学研的结合；以石药、华药为依托，组建“国家抗生素产业技术创新战略联盟”和“国家维生素产业技术创新战略联盟”，成为河北省乃至国家医药产业技术创新的重要平台；依托中电科集团13所等单位，组织省内30家半导体照明企业及科研院所，联合组建“河北省半导体照明产业技术创新联盟”。科技企业孵化器和生产力促进中心不断发展壮大，组织实施“企业孵化器环境与能力建设”专项，重点支持孵化器自身孵化能力建设与特色产业发展，建成国家级孵化器7家，全省在孵企业达到1 701家，自主研发产品1 254项，获专利365项。燕山大学“国家大学科技园”被科技部、教育部联合认定为“大学生科技创业实习基地”。国家级示范中心达到18家，被科技部确定为“生产力促进中心体系建设重点省”。全省国家级企业技术中心数量达到23家，在行业科技创新中发挥了重要示范带动作用。

◎ 科技体制机制创新迈出新步伐

建立健全省部会商河北科技工作的新机制。2008年3月，省政府与科技部签订了工作会商制度议定书，并举行第一次部省会商，确定了省部共同推进曹妃甸科学发展示范区建设、高新技术产业化基地建设、区域自主创新能力建设等五个重点合作领域。2010年5月，第二次部省会商成功举行，确定了下一步双方共同推动的战略性新兴产业发展、环京津高新技术产业带建设等四个方面的议题，推动了河北科技实力和自主创新能力的整体提升。积极推进科技金融结合，正式建立了总额为1亿元的科技型中小企业创业投资引导基金，科技型中小企业的成长环境不断优化。推进科技奖励改革，充分发挥了科技奖励的导向和激励作用。实施知识产权优势企业、优势县"双优培育工程"。乐凯、华药、唐钢被列为全国知识产权示范单位，在唐钢、石药、风帆等一批重点企业建立了国家专利工作交流站，知识产权工作得到不断加强。

四、高新技术产业与高新区发展

2006年以来，高新技术产业快速发展。全省高新技术产业保持20%以上的年均增长率，2009年，全省规模以上高新技术产业产值达到2 380.3亿元，增加值达到634.1亿元，占规模以上工业的比重达到了10%。2009年全省高新技术企业总数达到408家，其中销售收入超亿元的119家，超10亿元的20家，支撑高新技术产业发展的企业队伍进一步发展壮大。

◎ 产品研发能力

积极推进建立自主创新产品政府采购制度，产品创新逐步成为企业和产业发展的重点，84项自主创新产品列入了省政府采购目录，保定天威集团有限公司生产的1 000千伏特高压变流主变压器等10项产品被评为首批国家级自主创新产品。

◎ 创新型企业建设

全省相继建成4家国家级创新型企业和5家国家级创新型试点企业，省级创新型试点企业总数达到了108家，基本形成龙头骨干企业带动行业产业创新的工作格局。

◎ 科技园区和产业基地建设

组织完成了唐山、承德、燕郊三个省级高新区的扩区工作，共扩区55.28平方公里，扩区后的总面积是扩区前的3.1倍，为高新区"二次创业"提供了更大发展空间。唐山高速动车组、承德钒钛制品、邢台新能源等8个高新技术产业化基地被科技部认定为国家级高新技术产业化基地，国家级火炬计划特色产业基地达到10个，省级特色产业基地总数达到了55个。

五、“十二五”科技发展规划的基本考虑

“十二五”期间，河北省将深入贯彻“自主创新，重点跨越，支撑发展，引领未来”的科技发展方针，充分发挥科技创新在结构调整和发展方式转变中的支撑引领作用，推动全省经济社会走上创新驱动、内生增长的发展模式。以自主创新能力建设为核心，大力提升科技自身的持续发展能力；以经济社会发展的需求为导向，围绕提升产业核心竞争力、改善民生发展的要求，统筹安排重大任务，加快发展战略性新兴产业和高新技术产业，促进传统产业升级，让科技引领经济社会全面协调可持续发展；以创新体制机制为动力，深化科技体制改革，全面推进区域创新体系建设，促进经济与科技的紧密结合；以人才队伍建设为保障，培养造就一批高层次创新型科技人才队伍；充分利用国际科技资源、京津科技资源和创新要素，进一步推进科技的开放与合作，促进全省科技创新能力的跨越和产业技术水平的提升；完善保障科技发展的法规政策体系，营造自主创新的良好环境。到2015年，区域创新能力不断提高，力争达到全国中等水平，形成科技引领、创新强省的发展格局。

第四节 山西省

2006年全国科技大会以来，全省科技工作按照“自主创新、重点跨越、支撑发展、引领未来”的科技方针，不断创新发展思路，拓宽发展视野，充分发挥科技的支撑和引领作用，扎实推进创新型山西建设，各项工作取得了显著的进展，为全省经济社会的跨越式发展奠定了良好的基础。

一、科技发展总体进展

“十一五”以来，根据全国科技进步综合评价指标分析，全省科技事业总体呈现“低位高速增长”态势。2008年全省综合科技进步水平指数为41.94%，排在全国第20位，首次由全国四类地区进入三类地区，比2005年增加8.2%，增长幅度排全国第12位。

◎ 科技创新环境

在贯彻落实《国家中长期科学和技术发展规划纲要若干配套政策》的同时，修订了《山西省技术市场管理条例》，制定出台了《关于加快推进科技进步和创新的决定》、《山西省中长期科学和技术发展规划纲要》、《山西省科技发展“十一五”规划》等科技创新法规、政策和规划，构建了

具有全省特色的自主创新激励体系。财政科技投入稳定增长，企业创新投入意愿增强，人才创新创业热情高涨，全社会尊重知识、尊重人才、尊重创造的氛围日趋浓厚。全省技术产权交易持续增长，2009 年技术成交合同总金额达 77.96 亿元，创历史最高水平。

◎ 科技创新体系建设

分类促进企业创新主体建设取得成效，企业占全省有科技活动单位数的60%以上，占研究与试验发展（R&D）投入的近 80%，占 R&D 人员的 70%以上。创新基础条件日益夯实，建成省级以上重点实验室23个，增加35%，国家（企业）重点实验室实现零的突破。建成省级工程技术（研究）中心48个，增加78%。建成省级以上企业技术中心122个，增加61%。新建国家级农业综合试验站28个，省级农业工程技术研究中心14个，省级以上国际科技合作基地16个。大学科技园、技术转移示范机构、科技孵化器等一批创新载体进入国家级行列。科技基础条件平台建设初步实现共建共享。

◎ 科技经费和人力投入

2009 年全省 R&D 经费总支出 80.86 亿元，较"十五"期末增长 2.07 倍，占 GDP 的比重首次突破 1%；累计争取国家科技资金 6 亿元以上，较"十五"期间增长 1.4 倍。全省 R&D 人员 4.8 万人年，增加 73%。高层次领军人才队伍逐步发展，在晋"两院"院士 5 名，中央直接掌握联系的高级专家 40 名，国家现代农业产业技术体系岗位专家 8 名，国家杰出青年基金获得者 11 名，国家"新世纪百千万人才工程"人员 19 名，享受国务院特殊津贴专家 1 742 人。

◎ 科技产出规模

通过十大类科技计划项目的实施，引导和支持科技创新要素向企业集聚，攻克了一批重大共性关键技术，促进全省产业技术升级，提高了科技创新能力。"十一五"期间，全省共取得科技成果 1 500 多项，其中"以铁水为主原料生产不锈钢新技术"等 30 余项成果获国家科学技术奖，国家自然科学奖实现零的突破。2009 年，专利申请量 6 822 件，较"十五"期末增长 2.4 倍，专利授权量 3 227 件，增长 1.7 倍，专利授权总量突破 2 万件。2006—2008 年，被 SCI、EI、ISTP 收录的论文累计达到 5 237 篇，增长明显。

二、科技重大部署和成就

◎ 积极实施全省科技重大战略部署

"十一五"以来，全省围绕经济社会发展的重大科技需求，紧紧抓住重点行业、龙头企业技术升级和产品结构调整的关键，按照"强化应用、重点突破"的原则，依托优势科技资源，逐步凝练实施了煤基合成油制备技术及产业化开发，矿井瓦斯和煤层气开发利用关键技术研究，矿山机械、重卡汽车生产装备制造技术等19个重大技术专项。

设立了“山西省科技创新计划”。2007年，为解决涉及全局性的、跨行业、跨地区的重大技术问题，开发市场潜力大、科技含量高的产品，突破瓶颈制约，提升产业竞争力，打造山西品牌，全省围绕重点领域，面向行业、省内大中型企业和高新技术企业的重大需求，启动实施了“山西省科技创新计划”，开创了全省重大科技计划的先河。截止目前，该计划已安排项目92个，投入引导资金15 040万元，平均支持额度达到163.5万元。

◎ 重大瓶颈连续突破

煤炭产业方面，研制成功“年产千万吨级矿井大采高综采成套装备”。被誉为“中国综采巨无霸”综采成套设备在太原重型机械集团煤机有限公司成功下线，该套综采装备由2 500千瓦采煤机、平阳重工的6.5米高液压支架、山西煤机制造的井下大宽度刮板运输机及转载机等成套组成，具有完全自主知识产权。

煤化工产业以“肥、醇、炔、苯、油”为主导，煤基多联产、煤基合成油、煤制天然气技术模式和示范项目的探索也取得了有效的进展，大量的产业化项目在建或已经投产。山西潞安矿业（集团）有限责任公司潞安集团16万吨合成油项目成功出油，这是国内具有自主知识产权的第一桶煤基合成油，标志着我国“煤变油”产业实现重大突破。该工艺生产的油品可以直接加入柴油汽车中，尾气排放超过欧洲Ⅳ号标准，也可作为柴油的调配剂，使普通柴油变为优质柴油。

图6-16　年产16万吨合成油项目

以太原钢铁（集团）有限公司为首的冶金行业，已走上自主创新的良性发展轨道。太钢建有国家级企业技术中心，开发了AOD炉冶炼不锈钢智能控制技术、连铸不锈钢数字式连铸结晶器液面控制系统工艺技术、含钛不锈钢生产技术、不锈钢冷轧板酸洗线高硅钢耐蚀铸铁电极板生产工艺技术等具有自主知识产权的新工艺、新技术700余项，新产品所创造的经济效益占太钢总销售收入的一半。

装备制造业方面，太原重型机械集团有限公司依托国家级企业技术中心，先后研制成功了举世瞩目的三峡1 200吨桥机、480吨铸造起重机、神舟六号航天发射塔架、北京奥运会和残奥会开闭幕式舞台装置等具有当代世界先进水平的标志性产品。

新品种的选育是全省农业科技的强项。“十一五”期间，全省农作物育种水平大幅度提高，由制种大省转变为种子强省。通过国家审（鉴）定和省审（认）定农作物新品种分别为45个和453个，比“十五”期间分别增加50%和243.2%。有32个玉米新品种通过18个省市审定，省外年推广面积达6 000余万亩，选育出“大丰26号”、“强盛51号”等亩产超吨粮玉米新品种。长6878和舜麦1718创造了冬麦区旱地小麦和山西水地小麦单产最高纪录。先后有12个大豆新品种通过国家审定，晋遗30号在横跨14个纬度44个经度多区累计推广730余万亩。审定杂粮新品种70个，其中国审品种17个，获发明专利10项。

三、创新体系建设和重大创新政策

“十一五”以来，先后出台了《关于加快区域科技创新体系建设的若干意见》、《关于促进风险投资发展的若干意见》等政策文件，在建设具有山西特色的区域科技创新体系的规划布局；深化、完善科研院所改革；促进产学研合作；建立科技风险投资、创业投资等基金和机构等方面制定了具体的措施，有效地促进了全省科技创新体系的建设。目前，全省已初步形成以企业为技术创新主体，以政策法规、人才队伍、中介服务、科技金融等为支撑的、产学研结合的区域科技创新体系。

◎ 企业日益成为创新的主体

为增强企业的自主创新地位，全省先后颁布了《关于加快区域科技创新体系建设的若干意见》、《关于促进企业技术创新增强企业创新主体地位的实施意见》等政策文件，实施了企业主体促进工程，大大提升了企业的自主创新能力，企业的创新主体地位基本确立。“十一五”以来，企业共承担省级科技计划1 353项，获引导资金38 209.5亿元，分别占总数的43.01%、55.06%，2009年承担项目比例数比2006年增加30.09%；共登记科技成果571项，占全省登记总数的37.96%，2009年更是达到近50%；企业R&D经费投入占全省R&D经费投入总额比例近80%，R&D人员投入超过70%。共拥有国家级技术中心17个、省级技术中心96个、省级行业技术中心15个、国家重点实验室 1 个、省重点实验室 1 个，以及企业博士后工作站 9 个。

◎ 人才队伍建设取得新进展

“十一五”以来，明确提出大力实施人才强省战略，走人才强省之路，先后出台了《山西省“十一五”人才开发规划纲要》、《山西省海外高层次人才引进计划实施意见》及《山西省引进海外高层次人才办法》等一系列与省总体发展战略相一致的科技人才政策，并实施了加大人才培养力度和引进海外高层次人才相结合的措施，进一步强化了对人才工作的统筹规划和宏观指导。通过人才战略的实施，全省科技活动的人力投入不断增加，人员素质不断提高，布局结构更趋合理。2008年从事科技活动的人员达到 13.36 万人，每万人 R&D 科学家和工程师人数 2008 年为 39.2 人，比 2005年分别增长了22.8%与30.7%。在全国科技进步统计监测的二级指标科技人力资源指标中，万人专业技术人员数与每万人 R&D 科学家和工程师人数均进入全国前 10 名。

◎ 产学研渐入高层次合作

“十一五”以来，经过连年持续推动，全省的产学研合作日趋活跃，目前正进入合作形式多样、层次深入到战略合作的有利阶段。通过加大各类科技计划中产学研合作项目的比重，突出引导作用，并积极牵线搭桥，推动建立了一批以企业为主体的产学研技术联盟，合作层次上也由单一技术、单一项目、单一课题的低层次合作，向基于市场利益共享机制的整体性、长期性、战略性的高层次合作跨越。例如，山西大学和山西三维集团有限公司签订了长期战略合作协议。

政府主导的区域科技合作继续巩固深化。省政府与中国科学院的省院合作，已开辟出运城、晋中、长治、晋城等合作点，涉及全省航天、军工、生物制药、特色农业等行业。阳泉市、北京市科委、山西省科技厅开展了晋京科技合作，共同建设阳泉省级科技示范区。已吸引北京金隅集团等企业入驻阳泉，阳泉的企业与中科院力学所、北京农科院等科研机构建立了科研合作机制，共同建设五大科技研发平台。省科技厅与中关村的合作、吕梁市与北京理工大学的市校合作、大同市与北京市的合作也都取得了新进展。

◎ 科技金融结合迈出坚实步伐

“十一五”以来，全省积极探索科技与金融结合的新机制，把金融资本与科技资源的嫁接作为突破口，取得明显成效。与国开行共同发起组建了“山西省创业风险投资引导基金”，与国内外4家创投机构确定了合作建立13亿子基金意向。与中国人大金融学院风险投资研究所签订全面合作协议。开办了全省首家为科技型中小企业服务的支行——浦发银行太原羊市街支行，对科技管理部门推荐的项目开辟绿色通道，简化信贷程序，优先发放贷款，对缺乏抵质押物的企业可通过知识产权质押贷款。另有台湾、深圳、北京等地30余家创业投资机构到全省进行项目考察及子基金的合作磋商，表示出积极合作意向。在引导基金的建立和新的政策吸引下，长治市、阳泉市和吕梁市都已多次和引导基金商谈共同建立区域性子基金的方案。

四、高新技术产业与高新区发展

高新技术开发区作为高新技术产业的集聚地和辐射中心，是全省提高自主创新能力的重要基地。目前，全省有国家级高新技术开发区1个——太原高新技术开发区，省级高新技术开发区1个——长治高新技术开发区。

图 6-17 发展中的太原高新区

太原高新技术开发区为全省惟一的国家级高新技术开发区，是全省高新技术企业最密集、高新技术项目最集中、创新能力最强的区域。“十一五”以来，全区特色产业规模迅速壮大，龙头企业拉动作用不断强化，技术创新能力显著增强，公共服务体系日趋完善，基本形成了创新资源有效整合、高新技术产业蓬勃发展的良好格局。目前，入区企业达到2 680家，比“十五”末增加1 000余家，其中高新技术企业82家，占到全省总数的56.16%；2009年，实现科工贸总收入920亿元，工业总产值810亿元，地区生产总值288亿元，利税78亿元，比“十五”末分别增长91.67%、92.86%、89.22%和106.90%；共有4家企业入选国家创新型试点企业（占全省的44%）；以煤化工、软件与服务业、文化创意产业、新材料及新能源与环保节能等为主的特色产业集群初步形成。

长治高新技术开发区2009年实现科工贸总收入210亿元、工业总产值182亿元、工业增加值113亿元、财政总收入24.9亿元，分别是2006年的1.41倍、1.58倍、2.9倍、2.74倍，随着机械制造园、电器工业园和科技工业园在区内崛起，一区多园的雏形正在形成，正向长治市高新技术产业基地和自主创新示范基地建设努力迈进。

五、“十二五”科技发展规划的基本考虑

“十二五”时期是全省落实科学发展观、实现全省经济社会转型跨越、全面建设小康社会的重要时期。全省科技发展将以科学发展观为主题，以支撑和引领发展方式转变为主线，以转型发展、跨越发展的经济社会重大需求为导向，认真贯彻落实“自主创新，重点跨越，支撑发展，引领未来”的科技发展方针，高起点、强力度、大手笔实施“科技创新跨越工程”，全方位、多角度、立体化增强科技创新能力，集聚资源、集中人才、集成创新，着力推进科技与经济社会的双向融合，为全省工业新型化、农业现代化、市域城镇化、城乡生态化提供科技支撑。坚持以人为本，创新体制机制，整合科技资源，培育创新主体，突出集成创新和消化吸收再创新，加强原始创新，突破一批共性关键技术，依托重大专项开发一批重大产品，培育发展战略性新兴产业，促进高新技术产业发展，实施一批重大科技行动，加强科技基础能力建设，完善区域科技创新能力，提升科技综合实力和区域核心竞争力，建设创新型省份，实现资源依赖向创新驱动的发展动力转型。

第五节
内蒙古自治区

2006年以来，全区科技系统认真贯彻全国、全区科技大会精神，紧紧围绕自治区八次党代会确定的目标任务，深入贯彻落实科学发展观，坚持“自主创新、重点跨越、支撑发展、引领未来”的方针，以提高自主创新能力、建设创新型内蒙古为目标，精心组织实施重大科技项目，着力加强创新平台载体建设，积极推进体制机制创新，全区科技发展呈现出前所未有的良好态势。

一、科技发展总体进展

◎ 科技创新政策陆续出台

2006年召开了规模空前的全区科技大会，提出了建设创新型省区的战略目标，并出台了《关于增强自主创新能力、建设创新型内蒙古的决定》，这标志着内蒙古的科技发展战略实现了从“科教兴区”到“科技强区”的转变。同时，结合不同时期科技、经济和社会发展的需要，出台了《关

于自治区直属科研机构改革中有关政策的补充通知》、《内蒙古自治区人民政府关于实施技术跨越战略的意见》等一系列重要的政策措施，对全区科技事业的发展和科技对经济社会支撑作用的发挥起到了重要作用。

◎ 科技项目实施良好

“十一五”以来，我区总共承担国家科技支撑计划、“973”计划、“863”计划，农业科技成果转化资金、科技型中小企业创新基金、科技富民强县专项等各类项目534项，争取经费近5亿元。其中，国家科技攻关计划“西部开发”重大项目12项，共投入资金24 680万元；国家科技支撑计划项目6项，国家投入经费15 681万元。组织实施自治区级科技项目663项。这些项目的实施攻克了一批制约全区经济和社会发展的关键共性技术，在新材料、生物技术、新能源、冶金、信息技术、农牧业等应用领域，研究开发新产品、新工艺250多项，解决技术难题28项，有25项创新成果处于国际和国内领先水平，有力地促进了我区经济结构调整和增长方式转变。

◎ 科技综合水平不断提高

在科技投入方面，获得的国家科技计划资金和自治区财政科技经费分别实现了成倍增长，从2005年的几千万元到现在超过了3亿元，2009年自治区本级财政投入更是达到创纪录的3.8亿元，比2005年增长了3倍多。2009年自治区综合科技进步水平监测指数排名全国第21位，比“十五”末提高了3位；科技促进经济社会发展指标首次排在西部第1位，高技术产业劳动生产率全国第2位。截至目前，我区处于国际国内领先水平的项目、技术工艺设备达30多项。

二、科技重大部署和成就

随着国内外形势的发展，自治区科技工作始终与时俱进，不断改革，进行了各种有益的探索，自治区科技工作经历了不断提升演进的四个阶段。第一个阶段是科技生产力布局的调整，突出了点线面的有机融合，提出了科技生产力布局“136”工程的部署（建设一条呼包高新技术产业带，建设三个科技开发区片，建设60个不同类型的高新科技园区和特色科技产业化基地）。第二个阶段是科技发展结构调整，包括政策、计划、布局、投入4个方面，突出了各环节的协调发展，形成了以“5226”计划体系（五大科技产业化领域：农牧业新技术开发、新材料开发、生物技术与特色制药、信息技术应用、能源高效利用新技术；两条主线：产业结构调整的科技支撑、生态环境治理的科技示范；两大建设：创新能力建设、创新环境建设；六大科技行动：人才培养与开发、科技成果推广、生产力促进、科技合作、星火燎原、专利战略推进）为核心的“4342”工作安排，进行生产力布局、科技计划体系、科技融资体系、科技政策体系四个调整，开展知识创新、技术创新、体制创新三个体系创新，加强成果转化、创业投资、信息网络、条件保障四个平台保障，落实科技进步推动和科技工作监督考核两个机制。第三个阶段是创新体系建设，突出了平台、载体、环境之间的统筹兼顾，组织实施了"22311"行动，加强高等院校与公益院所两大原始创新高地、20家自治区重点实验室，30家工程技术研究中心、100家企业技术中心、10大创新示范工程建设。第四个阶段是自主创新能力提升阶段，突出了创新主体、平台、载体、人才、环境五大要素的集成整合和培育升级，在指导思想和原则方面，坚持转变发展理念，创新发展模式，加强理论创新和创新方法应用。提出了创新资源优化布局"123"总体目标规划，就是实现"增强一大能力、加快两大升级、培育三大主体"。

专栏6-4 "123"总体目标规划

"123"总体目标规划，就是实现"增强一大能力、加快两大升级、培育三大主体"增强一大能力，就是围绕创新型内蒙古这一长期任务，开展创新型城市、创新型企业、创新型组织等方面的示范，推动提升全区地方科技创新能力，进而带动全区创新能力的总体提升；加快两大升级，就是加快以重点实验室、工程技术中心、企业研发中心等为重点的创新平台升级进程，加快以高新技术产业开发区、科技园区、创新产业化基地、孵化器等为重点的创新载体升级进程；培育三大主体，就是重点培育以企业为重点，以集成创新、引进创新为方向的技术创新主体；重点培育以高校、科研院所为重点，以原形创新为方向的知识创新主体；重点培育以院士后备人才、领军人才及团队、科技创业人才为重点的创新人才主体。

◎ 发展支柱产业和战略性新兴产业

在生物质能源利用领域，建成国内第一条正式投产的非粮油脂原料生物柴油联产生物基化学品生产线，实现从单一沼气利用、生物质直接燃烧向生物质液体燃料开发生产的更高层面的技术跨越。在煤炭转化利用领域，实现了煤炭从单一作为燃料向煤炭清洁化和煤化工产品的技术跨越。在稀土产业领域，实现了从稀土原料生产技术向功能材料及应用产品等高新技术的跨越。在家畜繁育领域，实现了从冷冻精液冷配技术、常规胚胎移植技术到精液性控技术、幼畜超数排卵胚胎移植技术、体细胞克隆技术的跨越，使畜牧业增效10%以上。在大型风机装备制造方面，研制开发了具有自主知识产权的1MW大型并网风力发电机及配套部件和控制系统，并实现了产业化。在此基础上，进一步研制开发1.5MW和2.0MW系列产品，使我区不仅是国内最大的风电厂建设地区，同时，也成为风机装备产业基地。

在畜牧业提质增效和粮食丰产方面，通过奶业、肉业、农畜机械制造、玉米深加工等一系列重大科技专项的实施，集成近40项现代新技术，使农作物单产平均提高了15%左右，畜牧业年增效10%~15%，仅奶业年新增产值35亿元，使内蒙古奶业科技实力和水平居全国之首。在高新技术提升传统产业方面，组织实施制造业信息化科技示范工程，极大地支撑了我区传统产业的升级。自治区重点工业城市的大中型制造业企业95%以上应用了计算机辅助设计和企业资源管理(ERP)工程技术。在节能减排和循环经济方面，组织实施了“高铝粉煤灰生产氧化铝、铝硅钛合金”专项，现已实现了年产20万吨氧化铝、14万吨铝硅钛合金、15万吨活性硅酸钙产业化规模，年可消化高铝粉煤灰70万吨。在先进制造业方面，成功研制了3.6万吨大口径厚壁无缝钢管垂直挤压机，该挤压机具有世界级先进水平，是国内首创、最大的先进重大装备，提升了我国的锻压技术和加工制造技术，从根本上支撑了该产业的发展。

图6-18 北方重工业集团建成3.6万吨黑色金属垂直挤压机

◎ 超前部署前沿技术和基础研究

在太阳能利用方面，研究开发太阳能热气流发电系统。该系统具有环境效益及广阔的商业化推广前景，解决了太阳能光伏发电、聚光类发电和风力发电离网运行的储能问题，是未来新型的太阳能利用方式。在生物医药方面，通过从国内外引进高端技术人才，组织实施干细胞重大专项，在北京建成了干细胞应用技术平台，并开始建设内蒙古干细胞资源储存库。在煤炭清洁高效利用方面，采用煤直接作燃料在氧气中燃烧制备富勒烯。该技术具有完全自主知识产权，对于促进煤炭资源清洁化、高值转化，对推动我国富勒烯产业化进程有着重要的引领作用。在先进制造方面，研究开发新型直线电机管道运输系统，从产业发展方向上引领国内运输装备产业的发展。

图 6-19 新型直线电机运输系统

在生命科学方面，组织开展了克隆技术、转基因技术、动物干细胞技术的系列研究，以引领自治区动物生命科学产业的发展。内蒙古大学研究的国内首次成批体细胞克隆牛获得成功；由内蒙古大学研究的国内首例体细胞克隆绒山羊诞生；内蒙古农业大学在国内首次完成蒙古羊抑肌素基因克隆及全序列测定。目前，在地方特色动植物优良基因筛选与克隆方面，白绒山羊绒毛生长基因、牧草抗寒抗旱基因、作物高产优质抗性基因的筛选与克隆处于国内先进行列，在国内首次培育获得抗寒抗旱转基因冰草品系和耐贮存转基因甜瓜品系。

三、创新体系建设和重大创新政策

近年来，内蒙古以知识、技术、科技中介体系创新为突破口，以促进科技资源高效配置为重点，全面推进区域创新体系建设。

◎ 完善知识创新体系

院所科技体制改革取得了突破性的进展。开发类院所已全部转制，公益类院所进行了分类指导。支持新形势下科研院所进一步突破体制困境，强化与企业的结合与合作；支持高校向教学、科研和社会服务并重的综合性大学转变。重点开展企业科技特派员行动，动员科研院所、高等院校的科技人员深入经济建设第一线，主动服务企业，支持科研人员直接创办科技型中小企业，促进科技创业，带动社会就业。鼓励企业、科研院所、大学开展技术创新战略联盟等多种形式的产学研用合作，认定和推荐国家产学研战略联盟试点。

◎ 完善以企业为主体的技术创新体系

以企业为主体、以市场为导向，建设产学研用结合的技术创新体系。引导人才、技术、资本、信息、服务和管理等资源要素向企业流动，支持企业建设研发机构、提高研发投入比例、增强研发能力，开发具有自主知识产权的关键技术并获得自有品牌。进一步调整科技计划支持方向，培育一批创新型试点和示范企业、特别是科技名牌示范企业，注重发挥中小企业和民营科技企业在技术创新中的独特作用。探索创新方法应用与推广模式，通过向中小企业和民营科技企业推广萃智（TRIZ）理论、技术路线图等创新方法帮助企业提升技术创新能力。加大对科技型中小企业的支持力度，扶持和壮大一批具有创新能力和自主知识产权的科技型中小企业。

◎ 完善科技中介服务体系

制定相关政策，培育、壮大科技服务业，重点发展科技咨询评估、科技成果交易、科技创业、技术转移、科技融资、虚拟研究机构、信息中心、生产力促进中心、知识产权信息和投诉服务等为主的科技中介服务体系。引导建设一批规范化、专业化的骨干科技中介机构，重点培养一批具有现代服务业特色的科技中介服务品牌，真正成为各类创新主体之间联系、互动的桥梁纽带。

◎ 推进三大战略，快速提升创新能力

一是科技名牌培育战略提升了企业竞争力。2007年，自治区科技厅创造性地提出科技名牌培育战略，制定印发了《科技名牌培育推进方案》，并将“科技名牌培育”单列为科技计划专项进行支持，极大的提升了已有品牌的技术含量。截至2009年，全区共培育认定科技名牌企业30家、科技名牌产品52个、科技名牌技术30项，科技名牌模式20个，科技名牌体系11个。

二是技术标准制定战略抢占了行业制高点。从2002年开始，经过7年的积极推进，内蒙古技术标准战略的实施取得了丰硕的成果。截至2009年，自治区共制定地方标准298项，羊绒起球检测国际标准已由国家立项支持，乳品产业技术管理规范、氯碱化工技术管理标准规范、蒙药、稀土标准体系的研究已圆满完成，草业、羊绒、沙棘等5个技术标准已被列为国家级标准规划，稀土、乳业等34个国家标准正在制(修)定中。

三是知识产权创造战略激发了社会创造力。2007年制定实施了《知识产权“十一五”规划》、《知识产权战略方案》、《发明专利费用资助暂行办法》，通过开展知识产权试点示范，组织举报投诉服务及执法查检、宣传培训等工作，全区的知识产权发明创造环境得到全面改善。2008年以来，每年单独列支知识产权经费500万元，对发明专利给予资助。目前，全区共资助专利1 349件，共有国家、自治区专利试点企业56家。

◎ 实施六大工程，引导创新体系建设

一是创新型内蒙古示范工程。制定了《创新型内蒙古示范工程实施方案》并开始组织实施，确定了自治区、盟市、旗县区 3 个层次的指标体系。与中央党校合作开展《内蒙古自主创新特色模式研究》，勾划具有内蒙古特色的自主创新之路。

二是创新产业化载体升级工程。修改并完善了高新技术产业开发区、企业研究开发中心、高新技术特色工业产业化基地、科技企业孵化器认定管理办法，并制订了相应的考核评价指标体系。培育高新技术产业开发区、特色工业产业化基地、自治区企业研发中心、科技企业孵化器、农业科技园区基地等创新产业化载体壮大升级。

三是创新平台升级工程。修订完成了工程技术研究中心建设、运行、考核、评价管理办法，编制完成《内蒙古自治区工程技术研究中心发展报告》，自治区本级财政资金支持工程技术研究中心进行能力提升、培育建设。组织实施了自治区重点实验室提升计划，投入 300 万元分国家重点实验室后备梯队、自治区具有重大学科优势和领域特色的重点实验室、自治区企业重点实验室三个层次对目前自治区的重点实验室进行培育支持。

四是技术创新引导工程。组织申报和推荐国家创新型企业，截至目前全区共有3家企业被命名为国家创新型企业。起草了《内蒙古自治区技术创新工程实施方案》及《内蒙古自治区科技厅实施技术创新工程任务分解表》。大力推进产学研联盟工作，起草制订了《内蒙古自治区关于推动产业技术创新战略联盟构建的实施意见》，下发了《内蒙古自治区产业技术创新联盟审核工作程序的通知》，指导了自治区稀土联盟、地下煤气化联盟、马鹿联盟的构建。推广和应用技术创新方法，围绕TRIZ理论的学习和培训，组织开展了一系列关于创新方法推广应用的工作。开展创新方法学术研究，设计出一套适合内蒙古的技术创新方法四位一体的应用推广模式，提出了具有指导和借鉴意义的技术创新方法综合集成研究与应用体系。

五是知识创新推进工程。2008 年，自治区政府首次召开全区高校科技工作会议，专题研究高校科技问题。会议出台了自治区政府《关于加强高等学校科技工作，增强高等学校科技创新能力的意见》，对提高高校科技创新能力产生了积极的推动作用。目前，高校科研功能发生可喜转变，高校科研与学科专业建设、人才培养与科研实践紧密结合，努力探索多种创新模式，成为自治区科技创新的生力军。

六是科技中介服务体系建设工程。依托6个服务平台，重点围绕人员培训、技术创新、管理咨询、信息服务、环境资源、清洁生产、特色服务、投融资等领域，为近千户企业提供多样的社会化服务。提出“乌海—鄂托克—乌斯太地区”（小三角地区）科技中介服务体系建设方案，并与乌

海、鄂尔多斯、阿拉善等三盟市进行对接。

四、高新技术产业与高新区发展

通过组织实施重大项目、推进园区基地建设以及提升企业创新能力，全区高新技术产业快速发展，初步形成了稀土、新材料、生物技术、新能源、装备制造等与地区经济发展相适应的产业特色和区域布局。截至2009年，全区共有高新技术开发区6个（国家级1个，自治区级5个）；高新技术特色产业化基地27个（国家级5个，自治区级22个）；科技企业孵化器13个（国家级4个，自治区级9个）；自治区企业研发中心49家；国家高新技术企业78家。

◎ 高新技术产业

围绕着重大产业化专项计划的制定和组织实施，通过优化高新技术产业发展的环境，支持高新技术产业园区、特色产业化基地及高新技术企业的发展，推动了高新技术产业的快速发展。2009年，高新技术产业总产值达1 439亿元，是2005年高新技术产业总产值的2.31倍，年均增长23.3%；利润总额104亿元，是2005年利润总额的2.76倍，年均增长28.9%；高新技术产业已成为自治区经济格局中的重要组成部分。

◎ 创新平台和产业化载体

针对自治区重点产业发展和培育战略性新兴产业的需求，加强重大关键技术集成和研发平台、成果转化体系、产业化载体建设，支撑经济社会持续发展。自2006年以来，新增国家级科技企业孵化器1家，自治区级科技企业孵化器5家；新增国家级特色产业化基地3个，自治区级特色产业化基地6个；新增高新技术开发区2家；新增企业研究开发中心49家。

◎ 区域性产业集群和新兴产业

在立足区情的基础上，把培育新经济增长点作为部署重大项目的出发点和落脚点，形成了“两化三新”的高新技术产业发展新格局。“两化三新”即在内蒙古科技发展的强势领域中形成集群化，在内蒙古重大发展的优势领域中形成科技新产业，即稀土新材料高新技术产业集群化，可再生能源转化利用高新技术产业集群化，煤炭清洁化、高值化利用科技新产业，特色装备制造科技新产业，绿色科技新产业。

◎ 高新技术开发区稳步发展

自治区现有高新技术产业开发区6个，即：包头稀土高新技术产业开发区（国家级）、呼和浩特高新技术产业开发区、赤峰红山区高新技术产业开发区、蒙西高新技术工业园、内蒙古牙克石凤凰山亚洲太平洋地区冬季汽车测试高新技术产业开发区、内蒙古金山高新技术产业开发区。2009

年，高新技术开发区工业总产值达1 419亿元，是2005年工业总产值的2.59倍，年均增长26.8%，净利润53.23亿元，是2005年净利润的2.55倍，年均增长26.4%，开发区内从业人员167 404人，企业总数3 689家，上缴税金51.87亿元。

专栏6-5 包头稀土高新技术产业开发区

包头稀土高新技术产业开发区，于1992年11月经国务院批准成为自治区惟一的国家级高新区。稀土高新区将包头“高校园区”和“科技园区”纳入管理范围，完善了“一区多园”的发展模式。2009年实现工业总产值927.69亿元，总收入908.07亿元，工业增加值277.23亿元，利税38.07亿元，出口创汇5.58亿美元，各类企业研发中心38个，国家级知识产权试点企业总数35家，拥有“自治区国内首创的新设备、新工艺和新技术”13项，国家高新技术企业35家。包头稀土高新区涵盖有铝业、稀土等工业项目和物流园、商务区等三产服务业项目，体现了注重推进结构调整和产业升级的特点，实现了经济发展和结构调整的有机统一。

五、“十二五”科技发展规划的基本考虑

“十二五”期间，内蒙古科技将继续坚持以邓小平理论和“三个代表”重要思想为指导，全面贯彻落实科学发展观，按照“自主创新、重点跨越、支撑发展、引领未来”的指导方针，从国际、国内与区域三个层面，分析应对经济社会发展所面临的机遇、挑战，以提升自主创新能力为核心，以重大战略需求为导向，以调整经济结构和转变增长方式为目标，结合国家科技部和自治区政府确定的“十二五”总体规划，加快科技与经济一体化进程，突出科技的支撑、引领作用，使自治区经济发展尽快走上创新驱动、内生增长的轨道。

第七章

东北地区科技工作的进展与成就

东北地区是新中国工业的摇篮。“十一五”期间，在继续实施东北老工业基地振兴战略的基础上，辽宁、吉林和黑龙江三省依靠科技进步和创新，通过加大科技经费投入、培养科技人才队伍、建设科技基础平台，形成了具有活力的区域创新体系，增强了支柱产业和重点企业自主研发能力，有力地促进了地区经济发展和产业转型。

“十一五”期间，东北地区科技投入稳步增长，高等院校、科研院所、国有/集体企业和民营企业等多元化主体在不同领域承担了各个层次的科技项目。科技项目蓬勃开展，有力地促进了区域科技人员队伍壮大，并产出累累硕果。据统计，三省在2006—2009年，共有近200项科研成果获国家级科学技术奖；通过建立科技“部省会商”工作制度，形成了国家与地方两个层面共同推动区域自主创新能力和科技支撑能力发展的有效机制，在区域特色产业建设和重大科技攻关领域取得了可喜的进展，加速了区域科技进步，提升东北地区的自主创新能力；着力构建以企业为主体的技术创新体系，加强产学研紧密结合，充分发挥高校和科研单位作为科研主力军的作用，组建了一批技术创新组织，同时加强科技创新平台建设，提高支撑产业发展能力；高新产业与高新区发展取得了显著进步，电子及通信设备制造业、电子计算机及办公设备制造业、医药制造业、医疗设备及仪器仪表制造业、航空航天制造业等一批高新技术产业迅猛发展，高新区成为区域经济发展的亮点。

总体来看，“十一五”期间，依靠科技进步，东北老工业基地调整改造顺利进行，东北地区正逐步成为技术先进、结构合理、特色明显、竞争力强的重要增长区域。

第一节 辽宁省

2006年以来，辽宁省认真贯彻落实全国科学技术大会精神，将科技创新作为推动辽宁老工业基地振兴的主战略，大力推进创新型省份建设，辽宁的科技发展进入了重要的跃升期。

一、科技发展总体进展

继全国科学技术大会之后，辽宁省委、省政府于2006年2月23日召开了全省科学技术大会，做出提高科技创新能力加速老工业基地振兴的重要决定，制定出台了《中长期科技发展规划纲要》和鼓励科技创新的一系列政策措施。辽宁的科技发展呈现出全新的形势，取得了显著成效，为辽宁老工业基地全面振兴提供了强有力的科技支撑。

◎ 科技创新能力

科技投入实现稳步增长。2008年，全省科技活动经费支出额达到334.7亿元，居全国第7位，是2005年的1.65倍；全社会R&D活动投入为190.1亿元，是2005年的1.52倍，占地区生产总值的比重为1.4%，居全国第7位；地方财政科技拨款为49亿元，是2005年的1.75倍，居全国第7位。

科技人员队伍不断壮大。2008年，全省科技活动人员达到19.5万人，居全国第9位，是2005年的1.06倍；R&D活动人员达到7.7万人年，居全国第8位，是2005年的1.16倍。

科技基础条件平台日益完善。2008年，全省科技机构达到1 363个，居全国第11位，是2005的1.05倍。截至2009年底，全省省级以上重点实验室达到221个、工程技术中心达到317个，分别比2005年翻了一番和两番。

科技活动产出硕果累累。2008年，辽宁科技国际论文数量为11 103篇，居全国第7位，是2005年的1.62倍；国内专利授权量为10 665项，居全国第8位，是2005年的1.72倍。2006—2009年，共有1 099项科技成果获省级科技奖励，90项科技成果获国家科技奖。

◎ 科技与经济社会发展

高新技术产业实现快速发展，有力地拉动了全省经济增长和产业结构调整。2009年，全省规模以上工业企业实现高新技术产品增加值2 473.7亿元，年均增长速度达到35.5%；占同口径工业增加值的比重达到31.9%，占地区生产总值的比重达到16.4%，分别比2005年提高了8.3个百分点和7.2个百分点。新农村建设科技支撑行动取得显著成效，为解决“三农”问题和县域经济发展提供了有力的技术支撑。2007年，启动实施了《辽宁省社会主义新农村建设科技支撑行动方案》。实施了农业种子创新工程，玉米新品种辽丹565实现亩产1 157公斤；超级稻新品种辽星1号实现亩产840公斤，创北方单季粳稻历史新高。实施了科技特派行动，累计引进新品种1 823个，推广新技术1 293项，建立示范基地1 468个，示范面积388万亩，新增经济效益83.3亿元，加速推进了新农村建设步伐。

社会发展科技工作不断加强，科技惠民取得明显成效。在人口与健康、节能减排、公共安全等领域取得了一批关键技术，“农村卫生适宜技术推广”、“农村饮水安全”等科技示范工程使数十万农民受益。制定出台了《辽宁省节能减排科技支撑行动方案》,大连市成为同时承担全国“十城千辆”、“十城万盏”和“金太阳”三个示范试点工程的城市，沈阳市沈河区、铁西区和本溪市南芬区成为国家可持续发展实验区。

◎ 科技创新环境

全国和全省科技大会之后，辽宁省委、省政府成立了以省长为组长的省科技创新工作领导小组，各市也建立了相应的领导机构，形成了全省上下贯通、协调一致的科技创新工作推进体系；加大了对科技工作的考核力度和科技投入力度，科技工作成为对市级政府政绩考核的最重要的一类指标，省本级和各市财政科技投入普遍实现翻一番；全省14个市相继召开了全市科技大会，出台了相关政策措施，形成了全省上下共同推动科技创新的良好氛围。

二、科技重大部署和成就

2006年以来，辽宁结合实际开展了一系列创新性工作。其中，以科技为引领的特色产业基地建设，创造了科技与经济紧密结合的新机制，走出了一条调结构、转方式的新路子；重大关键技术攻关加速推进了“辽宁制造”向“辽宁创造”转变；科技特派员为解决“三农”问题提供了有效途径。

◎ 特色产业基地建设

2008年4月以来，先后在本溪、葫芦岛、抚顺、阜新、朝阳五个地级市划出107平方公里产业用地，由省科技厅牵头和地方政府共同规划建设特色产业基地。在基地建设中，通过突出科技引领，优先部署科技创新体系建设，重点发展以高新技术为特征的新兴产业集群，对各类生产要素集聚产生了强大的吸引力。

截至2009年底，本溪生物医药、万家数字技术、抚顺先进能源装备、阜新液压、朝阳新能源电器（超级电容器）等5个特色产业基地已完成51平方公里基础设施建设，落地项目453个，总投资674亿元，达产后可实现销售收入1 300亿元，呈现出强劲的发展态势。

特色产业基地建设为区域经济发展培育了新的增长点。2009年，5个基地拉动固定资产投资330亿元；预计到2015年，5个基地将给辽宁增加5 000亿元以上的增量。

特色产业基地建设探索出了科技引领产业发展的新途径。5个基地建成近20万平方米公共研发中心和孵化器，都形成了上下游技术相连、产品配套、相关企业集中的新兴产业集群化发展态势。

特色产业基地建设为资源枯竭型城市转型找到了接续产业。液压产业成为阜新这座国家资源型枯竭城市转型试点市的重要接续产业；生物医药产业成为本溪这座钢铁之城的重要接续产业。

特色产业基地建设为推进城市化进程创造了条件。特色产业的集中发展带动了现代服务业，围绕基地每个市都规划建设了面积30平方公里以上、人口40万人以上的新城区，为辽宁沿海产业带和沈阳经济区建设奠定了重要基础。

专栏7-1 特色产业基地创新发展

由辽宁省科技厅牵头主抓的特色产业基地在建设伊始就确定了“以创新要素聚集生产要素，围绕产业链配置科技资源”的全新建设思路。基地制定的第一个规划是科技发展规划；建成的第一幢大楼是研发中心大楼；进驻的第一支队伍是科研院所；搭建的第一个平台是科技型企业孵化器。本溪基地组建了国家新药研发等12个公共服务平台；阜新基地联合相关高校和科研院所建立了国内首个液压产业技术创新战略联盟；抚顺基地依托中国煤研总院等科研机构，形成了比较完备的能源装备研发体系。科技要素在特色产业基地的集中整合，对土地、资本、技术等生产要素产生了强大的集聚作用，一大批国内外知名企业争相入驻，一批战略性新兴产业集群迅速兴起。

◎ 重大关键技术攻关

2006年以来，结合国家IC装备、数控机床、新药创制等重大专项的实施，通过不断加强自主创新，辽宁省攻克了600余项重大关键核心技术，开发出盾构机、五轴联动高档数控机床、90型船用曲轴、特高压输变电设备、重型燃气轮机、百万吨乙烯装置等200余项重大装备和新产品，显著提升了辽宁装备制造等重点产业的产品结构和国际竞争力，全省装备制造业中高新技术产品所占比重到达50%以上。

北方重工集团沈阳重型机械集团有限公司通过引进世界先进的隧道掘进设备制造技术，建设海外研发团队，开发出双护盾硬岩等三大类盾构机产品40余台，应用于沈阳地铁工程、北京地下直径线工程等大型工程项目，打破了国外垄断局面。特变电工沈变集团公司攻克了特高压输变电设备绝缘等多项技术，自主研制出世界首组特高压1 000兆伏安、1 000千伏世界级变压器产品并成功投入运行。沈阳黎明公司攻克了重型燃气轮机设计制造技术，开发出我国首台具有自主知识产权的R0110重型燃气轮机，实现了我国能源装备的新飞跃。

图7-1 沈阳重型机械集团开发的硬岩双护盾隧道掘进机

专栏7-2 大型船用曲轴：产学研合作集成创新

曲轴是大型船用柴油机的重要部件，也是长期制约我国船舶工业发展的瓶颈。为攻克这一重大技术瓶颈，辽宁省科技厅设立了千万元的大型船用曲轴攻关专项，重点支持大连重工·起重集团有限公司与鞍钢重机公司、中科院金属研究所强强联合，走产学研相结合的道路，发挥各自优势联合攻关，在短时间内，先后成功研制出50型、70型、90型曲拐毛坯和曲轴，并通过了德国劳氏船级社等国际船级社认可。目前，已形成了一套完整合理、具有自主知识产权的曲轴、曲轴加工、热装工艺方法和操作规范，为大型船用曲轴国产化研制和批量化生产奠定了坚实的技术基础，打破了我国造船业“船等机、机等轴”的被动局面。

沈阳机床集团和大连机床集团攻克了多项关键技术，开发出高效五轴联动高档数控机床关键部件、高速卧式加工中心等产品，大幅提高了高档数控机床国产化水平。沈阳鼓风机集团有限公司开发出百万吨级乙烯装置用裂解气压缩机并成功试车，标志着我国大型石化设备制造能力达到世界先进水平。

图 7-2 大连重工 · 起重集团有限公司自主研制的大型船用曲轴

◎ 农村科技特派员

2007 年以来，省科技厅会同省委组织部等部门通过采取特派团、特派组、特派员和农民技术员培养等多种形式，将实验室和试验田里的科技人员引向农村生产第一线，把集中在城市的知识、技术、信息等先进生产要素引导植入广大农村，极大地带动和促进了农村经济社会的全方位发展。

两年来，共派出省市科技特派团 103 个、科技特派组 63 个、科技特派员 3 765 名，培养农民技术员 3 445 名，创办农业专业技术合作组织 982 个，累计引进新品种 1 823 个，推广新技术 1 293 项，建立示范基地 1 468 个，示范面积 388 万亩，新增经济效益 83.3 亿元，有力地支持和带动了“一县一业”和“一乡一品”的发展。2009 年，辽宁被评为“全国科技特派员工作省级优秀组织管理单位”。

专栏 7-3 农民技术员培养工程

辽宁根据农村生产实际需求，由政府出资，选派沈阳农业大学等高校有实践经验的专家授课，开展半年制、非学历农业专业技术培训。目前，在沈阳农业大学、大连水产学院等四所学校开设了花卉、养猪、家禽、蔬菜、水田等 13 个培训专业，已有 3 445 名农民接受了培训，毕业后拿到农民技术员和农民科技经纪人等证书。在培训种养殖技术的同时，强化农民技术员的现代经营及管理理念，并对学员进行跟踪管理和服务，鼓励和支持学员创办农业专业合作组织。大批学员毕业回乡后成为致富能手，领办和创办农民专业合作社 568 个，发展社员近 10 万人，提高了农民的组织化程度，使农业产业的发展达到了规模化，农民技术员已经成为社会主义新农村建设的一支生力军。

三、创新体系建设和重大创新政策

2006年以来，辽宁以科技部批准和支持开展"以企业为主体的技术创新体系建设工作试点"为重要契机，制定出台了《以企业为主体的技术创新体系建设工作实施方案》，大力推进全省科技创新体系建设，取得了显著成效。

◎ 以企业为主体的技术创新体系建设

2007年，在全省组织开展了创新型企业创建活动，评选命名了121家省技术创新示范企业。2008年，启动实施了"科技创新示范企业创建工程"，通过科技计划、科技政策等支持，沈阳远大、大连重工等百家科技创新示范企业自主创新能力显著增强，企业的新产品产值率平均达到50%以上，在金融危机的不利影响下，企业的销售收入和利税均实现了30%的速度增长，成为全省经济保增长的骨干力量。

大力加强了科技创新平台建设。支持沈阳机床、华晨金杯等重点骨干企业建立省级以上各类企业研发中心，总数达到619个，比2005年翻了两番。推动建立了辽阳芳烃技术研究院和抚顺精细化工应用技术研究院等。

深入推进产学研合作。全省90%以上的大中型工业企业与省内外科研机构和大专院校建立了技术合作关系，形成以利益为纽带的产学研战略联盟535家，比2005年翻了一番多，企业获得了长期稳固的技术支持。

不断加强企业科技创新团队和创新人才的培养。通过"博士科研启动资金"、"自然科学基金"和"优秀拔尖科技术创新人才培养专项资金"，培养了3 500多名高层次科技创新人才。大力培育科技型中小企业群，并充分吸引利用国内外科技资源。2006年以来，通过国家和省创新基金培育支持了1 000余家中小企业，引进海外研发团队211个，收购国外科技型企业37家。

◎ 科技中介服务体系建设

截至2009年底，全省有各类科技中介机构3 500余家，从业人员约5万人，生产力促进中心已发展到68家，其中国家级示范生产力促进中心16家，2009年辽宁省被科技部列为生产力促进中心体系建设重点省。辽宁已创建沈阳技术交易所、中科院沈阳技术转移中心等7家国家技术转移示范机构。初步形成了门类齐全、形式多样的科技中介服务体系。2009年，辽宁省技术成交总额首次突破百亿元大关，达到了119.7亿元，技术合同交易额连续四年位居全国前4名。

◎ 科技政策与法律法规

为全面贯彻落实全国科技大会精神，辽宁省委、省政府制定出台了《关于提高科技创新能力加速老工业基地振兴的决定》和《关于提高科技创新能力加速老工业基地振兴的若干规定》，从激励企业成为技术创新主体、促进科技成果转化、加快高新技术及产业发展、建立人才激励机制、加强政府引导等5个方面，明确了58条支持科技创新的政策措施。几年来，辽宁省政府及省直相关部门相继出台了54个具体实施细则；各市结合实际先后制定了89个推进科技创新的政策措施，全省上下形成了比较完备的支持科技创新的政策体系。

四、高新技术产业与高新区发展

2006年以来，辽宁高新技术产业实现持续快速发展，为推动全省经济平稳较快发展和加快经济结构调整、经济发展方式转变发挥了重要作用。

◎ 高新技术产品

2009年，辽宁省规模以上工业企业实现高新技术产品产值9 195.4亿元、增加值2 473.8亿元、利税762.4亿元，分别是2005年的2.94倍、3.37倍和3.63倍。其中，新材料、光机电一体化和电子信息领域分别实现高新技术产品产值4 192.0亿元、2 925.6亿元和738亿元，实现增加值1 169.3亿元、761.4亿元和190.4亿元，三领域产值和增加值之和分别占到全省总额的85.4%和85.7%。

◎ 高技术产业发展

2008年，辽宁省高技术产业实现产值1 209.4亿元，是2005年的1.89倍。其中，电子及通信设备制造业实现产值499.7亿元，占总产值的41.3%；电子计算机及办公设备制造业实现产值124.7亿元，占总产值的10.3%；医药制造业实现产值268.4亿元，占总产值的22.2%；医疗设备及仪器仪表制造业实现产值155.0亿元，占总产值的12.8%；航空航天制造业实现产值147.8亿元，占总产值的12.2%。

◎ 高新区发展

2009年，沈阳、大连、鞍山、锦州、营口、辽阳、葫芦岛等8个省级以上高新区实现营业总收入4 424.7亿元、高新技术产品产值1 742.4亿元，是2005年的2.2倍和1.8倍。建设了动漫技术、IC装备加工及检测等一批公共技术平台，拥有各类研发机构284个。2006年以来，新引进台湾富士康等世界500强投资企业39家，区内世界500强投资企业达到104家。

2006年以来，省政府新批准阜新高新区为省级高新区，新批准筹建本溪、铁岭、丹东、抚顺、朝阳、盘锦等6个省级高新区。截至2009年底，6个筹建省级高新区已引进项目97个，投资总额122亿元。

◎ 高新技术成果转化

为加速推进科技成果向现实生产力转化，2006年辽宁制定出台了《辽宁省科技成果转化项目认定管理暂行办法》等文件，在全国率先设立了科技成果转化政府奖励资金，省政府已连续四年对科技成果所有者和转化实施者给予重奖，共奖励做出突出贡献的科技人员1 980多人次、重大科技成果转化项目271项。这批项目共解决了607项关键技术，开发新产品821个，实现销售收入799亿元，利税191亿元；农业新品种推广面积10 377万亩，农业增产42.4亿公斤，农民增收188亿元。

五、"十二五"科技发展规划的基本考虑

"十二五"时期，辽宁科技将紧紧围绕科学发展、创新发展、和谐发展这一主题，以支撑引领经济发展方式转变和社会发展模式转型为主线，以建设国家技术创新工程试点省为重要契机，坚持增量带动结构优化、创新促进产业升级，引导创新要素向经济主战场集聚，大力增强自主创新能力，加快培育战略性新兴产业和改造提升传统产业，加速建成国家重要的技术研发与创新基地，推动"辽宁制造"向"辽宁创造"转变，进入创新型省份的前列。

第二节 吉林省

2006年全国科技大会以来，在科技部和吉林省委、省政府的正确领导下，吉林省科技管理部门全面贯彻落实科学发展观，深入实施科教兴省战略，大力推进科技进步，鼓励自主创新，把科技成果转化工作落实到操作层面、政策层面、企业层面，为全省经济社会发展做出了较大贡献。

一、科技发展总体进展

"十一五"以来，吉林省科技工作保持良好的增长态势，在清洁能源汽车、高速轨道客车、光电子技术等技术优势领域取得了较大突破。

◎ 全省科技发展基本情况

科研机构人员情况。吉林省县以上政府部门属自然科学研究机构92个。其中，中科院属3个，省属47个。全省有中国科学院院士、中国工程院院士21人（不包括双聘院士）。全省拥有集成光电子、超硬材料、汽车动态模拟、理论化学计算、电分析化学、高分子物理与化学、应用光学等10个国家级重点实验室，省级重点实验室有15个，省级科技创新中心（含工程技术研究中心）81个。

省本级科技投入情况。2006—2009年省科技厅各类科技计划项目计划投入经费86 820万元。支持各类科技计划项目3 021项。

科技成果情况。2006—2009年全省国内专利申请量21 299件，授权量11 376件。其中发明专利申请量7 031件，授权量2 149件。2006—2009年登记科技成果1 931项，有36项科研成果获得国家科学技术奖。

◎ 技术优势领域情况

吉林省形成了一批具有竞争优势的技术领域。一是清洁能源汽车与高速轨道客车领域。已研制成功拥有自主知识产权的混合动力客车与轿车产品，形成了从整车设计、关键制造技术和综合测试方面的自主创新能力。长客成为国内开发高速轨道客车技术能力最强的企业。二是光电子技术领域。主要体现在以LED为代表的大屏幕平板显示技术，以高功率半导体激光器和激光电视为代表的光电子器件技术。被科技部批准为光电子863成果产业化基地。三是新材料领域。体现在以碳纤维、可降解生物医用材料、稀土镁合金、高性能聚芳醚砜树脂和聚醚醚酮酮树脂、车用动力电池正极材料磷酸亚铁锂等为新材料技术。四是应用软件和网络技术领域。形成了数字证书认证软件、煤矿安全信息技术系统、电脑指纹安全锁、特效电影技术为代表的特色软件和网络技术。五是科学仪器仪表领域。开发出以原子发射光谱仪器、电化学分析仪器和传感器、医用全自动生化分析仪器、近红外光谱分析仪器等为代表的科学仪器。六是农业生物技术领域。优势体现在“超级稻1号”、“杂交大豆1号和2号”等主要农作物的品种，“玉米大面积丰产配套技术”等高产优质综合技术；“松辽黑猪”、“草原红牛”等畜牧育种技术；20万吨玉米化工醇生产技术。七是现代中药和生物制药领域。2000年科技部确定吉林省为第二个国家中药现代化科技产业基地，2007年通过科技部验收。在全国42个疫苗产品中，长春具备生产能力的有18种，占43%。通化东宝药业重组人胰岛素产品研发成功，使我国成为世界上第三个能够生产销售人胰岛素原料和制剂的国家。

二、科技重大部署和成就

“十一五”以来吉林省科技工作着力构建以四大主体计划为依托的科技发展计划体系，积极开展“双十”、“双百”、“双千”工程，在重点领域实现了科技转化与科技攻关，并在全省范围内培养组建了一支优秀的科技人才队伍，在实现自主创新战略的道路上稳步前进。

◎ 调整全省科技发展计划体系

新的科技发展计划体系由四大主体计划构成，即科技支撑计划、科技成果转化计划、科技引导计划、科技条件与平台建设计划。科技支撑计划包括：重大专项和重点项目。重大专项含汽车关键核心技术、新型光电子器件及应用技术、高性能特种高分子材料、主要农作物优良品种选育及综合配套技术、玉米生物化工产品及关键技术、重点行业节能减排技术、特色优势新药创制；重点项目涵盖工业高新技术领域、现代农业领域、社会发展领域（含中药与生物药）。科技成果转化计划包括科技成果转化补助计划和科技型中小企业技术创新资金。科技引导计划包括自然科学基金、应用基础研究、青年科研基金、大学生科技创业引导、国际科技合作、地方引导、重点新产品、软科学研究。科技条件与平台建设计划包括科技创新中心建设、科技企业孵化器建设、技术市场服务体系建设与技术转移示范。

◎ 组织实施“双十”工程

组织实施10个重大科技成果转化项目。2009年，首批确定的百吨级碳纤维及其配套聚丙烯腈原丝项目、车载前装导航信息系统项目、生物基化工醇项目、重组人胰岛素研制项目、350km/h高速动车组等10个重大科技成果转化项目，累计投入资金2亿元。这些项目技术含量高，具有自主知识产权，经济社会效益显著，2～3年内能够达到相当的经济规模并实现较大效益；能够形成一批科技创新及科技成果转化基地和团队，发挥科技对经济社会的支撑作用。

组织遴选了10个重大科技攻关项目。围绕以电动汽车为代表的新能源汽车、特种高分子材料、农产品深度加工、有机发光显示、绿色生物材料、生物医药、现代中药等前瞻性、基础性和方向性领域，筛选出水泥粉磨系统仿生防粘耐磨部件关键技术攻关、连续本体法PMMA树脂的产业化关键技术研究、艾滋病疫苗的Ⅱ期临床研究、聚芳醚酮树脂产业化及应用关键技术研究、大型高

图7-3　十大科技成果转化项目之一——350公里每小时高速动车组

精度衍射光栅刻划机的研制、洁净煤关键技术及产业化研究、大气信道无线激光通信技术及应用研究、吉林省安全优质肉猪现代生产关键技术的研究、耐盐碱优质高产水稻新品种选育及配套技术研究、口服人基因重组胰岛素的研究10个具有方向性、基础性和前瞻性的关键共性技术项目，经省政府批准启动实施，投入资金3 000万元。

◎ 组织实施“双百”工程

实施吉林省培养引进百名中青年科技创新带头人工程。起草了《吉林省培养引进百名中青年科技创新带头人工程实施方案》，设定了用3年时间，培养引进100名政治素质过硬、创新能力卓越、引领作用突出、团队效应显著的中青年科技创新带头人。现已确定首批吉林省中青年科技创新带头人培养人选。

实施百户科技型创新企业培育工程。起草了《百户科技型创新企业培育工程实施方案》。计划通过工程的实施，重点培育一批高新技术企业和一批省级创新型试点企业，带动企业自主创新工作的深入开展。现已确定了121户企业为科技型创新企业候选企业，予以重点培育。

◎ 启动科技人员服务企业“双千”行动

为加快科技成果转化，提升高校、科研单位的整体研究水平和服务地方的能力，从高校和科研机构中选派千名以上优秀科技人员担任企业科技特派员，深入千户以上企业开展服务，以企业发展为中心，以企业需求为导向，以高校、科研机构与企业自愿为原则，通过政府相关部门的组织引导，促使高校、科研机构与企业深入开展合作，提高企业自主创新的能力，实现共赢发展。目前，科技人员已与754户企业进行了对接，并签订了派驻协议书。

三、创新体系建设和重大创新政策

吉林省依照《国家技术创新工程总体实施方案》的精神，牵头制定了《吉林省技术创新工程实施方案》，启动实施技术创新工程，大力支持企业提高自主创新能力，增强产业核心竞争力。

◎ 积极开展吉林省创新体系建设

加强应用基础研究。5年来，吉林省应用基础研究计划经费逐年提高，并增设了白求恩基金。应用基础研究计划对全省原始创新、集成创新、引进消化吸收再创新能力提高起到促进作用，为技术创新工程的实施奠定了坚实基础。

实施了“建设吉林省产业技术自主创新体系联合行动”科技专项。针对一汽集团、长客集团、吉化集团、大成集团等在研发、制造、生产、应用等环节的重大关键技术问题，与企业共同投资，启动实施一批兼顾近期与中长期发展目标的重点科技项目。

专栏7-4 组建玉米加工产业技术创新战略联盟

2008年，在吉林省科技厅的积极推进下，长春大成集团、吉林农业大学、省轻工设计研究院、江南大学、大连化学物理研究所等省内外玉米加工的优势科技资源进行合理整合组建了以企业为主体的"玉米加工产业技术创新战略联盟"。在国际上首次建成了年产1 000吨山梨醇裂解催化剂的工业装置和年产20万吨玉米化工醇大规模产业化生产线，形成具有原始创新和自主知识产权的生物化工突破性创新技术成果，填补了国际上该技术的空白，达到国际领先水平。

实施"制造业信息化科技示范工程"。经过3年的运行，共完成投资1.2亿元，带动吉林省制造业信息建设投资达12亿元，为200多家企业提供咨询、应用系统建设、培训和支持服务，共培训专业人员超过20 000人次。加快科技成果转化公共服务平台建设。建成"汽车振动与噪声和汽车安全控制国家重点实验室"，在一汽集团建立了省内第一个企业院士工作站，新建立了农作物育种和汽车零部件公共研发平台，成立了玉米加工产业技术创新战略联盟和汽车产业技术创新战略联盟，认定了8家科技企业孵化器。

促进科技与经济有效融合。引导各类投资机构向初创期科技型中小企业和重大科技成果转化项目投资，积极筹建省高新技术企业创业投资有限公司。与建设银行进行知识产权质押融资合作，解决科技型中小企业在投资、生产、经营过程中产生的中短期资金需求，知识产权质押贷款资金拟投放30亿元。

◎ 制定重大创新政策

出台了《关于加快发展高新技术产业的意见》、《关于促进高新技术企业发展的若干政策》、《关于组织实施重大科技成果转化项目的意见》、《吉林省百户科技型创新企业培育工程实施方案》和《吉林省培养引进百名中青年科技创新带头人工程实施意见》。制定了《科技创新及科研成果转化补助费专项资金管理暂行办法》、《吉林省科技创新中心管理办法》、《县域综合科技服务平台工作指导意见》、《吉林省科技发展计划项目管理规定》、《吉林省科技成果转化专项资金计划管理办法》、《吉林省青年科研基金管理办法》、《吉林省高新技术企业认定管理工作实施细则》、《吉林省可持续发展实验区管理办法》、《吉林省重大科技成果转化项目管理办法》、《吉林省重大科技攻关项目管理办法》、《吉林省软科学管理办法》、《吉林省重点实验室管理办法》、《吉林省推进医药产业发展专项资金项目管理办法》、《吉林省推进医药产业发展激励奖评选办法》等几十项规章制度。这些科技管理政策文件的出台，标志着吉林省科技管理工作进一步迈向科学化、正规化和法制化。

四、高新技术产业与高新区发展

"十一五"期间，吉林省高新技术产业发展迅速，初步形成了新能源汽车、汽车电子、新材料、先进制造与装备等高技术产业群。长春和吉林两个国家级高新区充分发挥了对地方经济的带动作用，成为先进产业发展的先导区和示范区。

◎ 高新技术产业发展情况

启动高新技术企业认定工作。根据国家要求，吉林省于2008年8月开始启动高新技术企业认定工作，会同有关厅局制定了《吉林省高新技术企业认定管理工作实施细则》，认定通过了202户高新技术企业。

吉林省工业高新技术产业发展迅速。现已初步形成了新能源汽车、汽车电子、新材料、光电信息、碳纤维、先进制造与装备等高技术产业群。汽车产业已具备开发混合动力汽车技术和纯电动汽车技术的全部能力。自主研制的奔腾混合动力轿车和解放混合动力客车整车技术指标国内领先、国际先进，排放达国Ⅳ法规标准。轨道客车产业掌握了200km/h动车组铝合金车体设计、制造、试验等关键技术，首列国产化动车组已于2007年投入运用。现已掌握了350km/h高速动车组核心技术。信息技术产业研制的高清晰度、高均匀度全彩色LED大屏幕数字电视样机达国际先进水平。大功率半导体激光器居国内领先地位。研制的具有自主知识产权的新一代ERP系统已在一汽集团内120家单位全面推广，累计实现销售收入1.3亿元。新材料技术产业自主开发的新型锂离子动力电池正极材料技术达到国际先进水平，能满足电动汽车的大功率放电要求。研制的T300碳纤维及其原丝的关键生产技术已经建成了国内技术水平一流的10吨/年PAN原丝生产装置，实现了PAN原丝的稳定生产。研制的稀土铝镁合金项目已经开发出17个稀土镁中间合金产品并在汽车和高速列车上应用，具备了年产100吨稀土镁中间合金和年产1 000吨稀土镁合金生产能力。2009年，长春汽车电子高新技术产业化基地和吉林碳纤维高新技术产业化基地被认定为国家级高新技术产业化基地。

◎ 高新区发展情况

2009年，长春高新区实现工业总产值、高新技术产品产值均占全市的1/2左右，对全市经济增长的贡献率达到27%，专利年申请量占全市的50%以上，科技项目立项数占全市50%以上。区内现有企业2 180户，其中外资企业210户，世界500强企业20户。2009年，全区工业总产值实现1 760亿元，同比增长20.1%，地区生产总值实现455亿元，同比增长20%，入选了“中国最具投资潜力十强开发区”。区内企事业单位承担国家863计划项目83项、国家创新基金项目179项、国家火炬计划项目186项、国家新产品计划项目62项、国家科技合作计划项目23项。2010年高新区财政应用技术研究与开发资金达5 000万元。与长春的“一院四校四所”共建了科技创新“战略联盟”。2009年开始在长吉图开发开放先导区核心区规划建设10平方公里长的东北科技创新中心，启动光电子、新材料新能源、生态农业、生物医药四大专业技术平台和创业孵化、知识产权、人才、金融、信息、国际合作、行政服务七大服务平台建设。

2009年底，吉林高新区共有各类科技企业1 020户，实现技工贸总收入520亿元，工业总产值495亿元，工业增加值160亿元。累计实施各级各类科技计划项目585项，其中国家863计划项目7项，国家火炬计划项目59项，国家创新基金项目121项，省创新资金项目83项。累计有360户企业获得国家各级各类资金支持9 210万元，其中2006年以来获得各类资金支持6 100万元。累计拥有自主知识产权产品965个，其中专利产品342个，软件著作权268项。培育一批拥有核心技术、关键技术、创新能力强的高新技术企业，引进一批拥有自主知识产权、自主品牌和持续创新能力的创新型企业。建立了国家级化工专业技术创新与孵化平台和国家级软件园公共开发测试平台。2006年以来，高新区财政累计投入2.4亿元（包括借款和担保）资金用于支持创业孵化引导、支持企业创新研发、产学研合作、自主知识产权保护和实现产业化等科技创新活动。建设了科技成果转化中试基地、归国留学生创业园以及两个大学科技园。

五、"十二五"科技发展规划的基本考虑

"十二五"期间，吉林省将坚持以"三个代表"重要思想和科学发展观为指导，深入实施科教兴省战略，切实把增强自主创新能力作为全省科技发展的战略基点及产业结构调整、增长方式转变和竞争力提高的中心环节，坚持把提高自主创新能力摆在突出位置，不断增强原始创新能力、集成创新能力、引进消化吸收再创新能力，以创造推动制造；坚持以提升战略性新兴产业竞争力为目标，以实施重大科技专项为抓手，努力实现重点领域关键技术的突破与跨领域的技术集成；坚持以建立企业为主体、市场为导向、产学研用结合的技术创新体系为重点，大力推进具有本省地方特色的区域创新体系建设；坚持重点支持，围绕东北老工业基地振兴战略和长吉图开发开放先导区建设的发展布局，继续推进高新技术产业园区建设。

第三节 黑龙江省

自2006年全国召开科技大会以来，黑龙江省深入贯彻落实自主创新、建设创新型国家战略，紧密结合黑龙江省情与实际，谋划未来发展大计，采取一系列重要措施，努力提高自主创新能力，

积极推进创新型省份建设进程，动员全省科技力量为建设创新型省份做出更多的贡献。

一、科技发展总体进展

“十一五”以来，黑龙江省在建设创新型省份过程中不断探索自主创新的发展战略，在保持较高科技经费投入的同时，积极争取国家经费支持，在重大项目、重点项目和引导项目等方面都出现了明显增长，科技产出规模稳步扩大，科技工作取得了很好的发展。

◎ 自主创新战略

2006 年，黑龙江召开全省科技大会，提出动员各方力量建设创新型省份，把提高自主创新能力作为全省战略，使黑龙江省进入以自主创新引领老工业基地振兴和全面建设小康社会的新阶段。2008 年，胡锦涛总书记在黑龙江考察工作后，省委、省政府进一步明确将自主创新作为发展战略的核心，省科技厅制定了《提高自主创新能力推进工作方案》，在全省进行再动员、再部署、再加力，自主创新已逐步成为全社会共识和自觉行动。

◎ 科技经费投入

“十一五”以来，黑龙江科技经费投入不断增长，项目分布更加科学合理。2009 年度，黑龙江应用研究与开发计划项目共受理 817 项，按项目类别分类，重大项目、重点项目和引导项目的比例分别为 11%、49% 和 40%；按项目领域分类，工业领域、农业领域、社会发展领域、国际科技合作领域、软科学领域和成果专项的比例分别为 32%、17%、22%、8%、10% 和 11%；按申报主体分类，高等院校、科研院所、国有 / 集体企业和、民营企业和其他的比例分别为 27%、24%、11%、26% 和 12%。

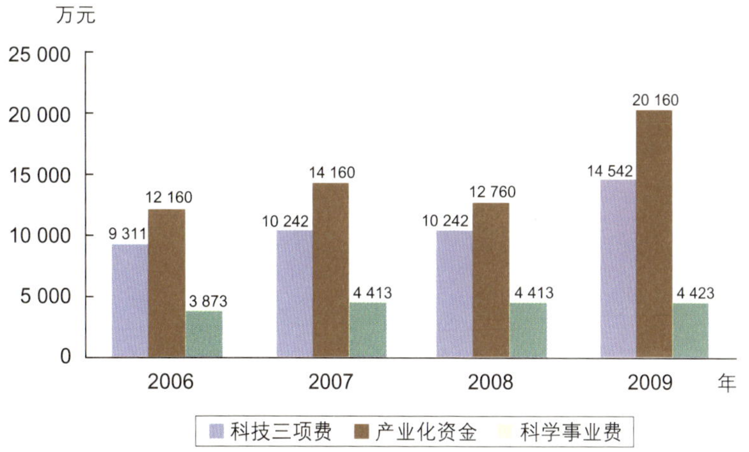

图 7-4 2006 — 2009 年科技投入统计

表 7-1 2006—2009 年省科技项目分布与经费投入表

		重大		重点		引导	
年度	合计(万元)	项目数(个)	经费(万元)	项目数(个)	经费(万元)	项目数(个)	经费(万元)
2006	5 229	19	2 900	52	1 280	177	1 049
2007	3 624.5	9	1 995	24	521	127	1 108.5
2008	5 004	6	1 805	49	1 937	115	1 262
2009	5 923	24	1 739	43	1 450	225	2 734

◎ 国家科技经费支持

在增加科技经费投入的同时，黑龙江积极申报国家各类计划项目，争取更多的国家经费支持。

表 7-2 “十一五”期间黑龙江省获得国家主要科技计划项目汇总表

科技专项名称	2006 年		2007 年		2008 年		2009 年		合计	
	项目/课题数（个）	经费数（万元）	项目/课题数（个）	经费数（万元）	项目/课题数（个）	经费数（万元）	项目/课题数（个）	经费数（万元）	项目/课题数（个）	经费数（万元）
863 计划	73	7 252	118	8 441	156	21 229	3	1 210	350	38 132
973 计划			15	1 750.04	24	2 064.93	7	829	46	4 643.97
国家科技支撑计划	39	7 495	72	11 313	87	9 845	1	1 938	199	30 591
							33	45 552.89	33	45 552.89
国家重点实验室建设计划	2	170	4	2 300	4	2 300	4	3 100	14	7 870
国家工程技术研究中心	1	500							1	500
国家平台项目							2	1 199.6	2	1 199.6
科技基础性工作专项			1	400	1	250			2	650
国家自然科学基金项目	248	6 674.5	280	7 445.5	351	1 189.5	447	1 3782	1 326	39 721.5
星火计划	5	305	6	340	12	600	14	670	37	1 915
农业科技成果转化资金	14	930	15	860	14	850	18	1 090	61	3 730
科技富民强县专项行动计划	6	833	5	781	6	590	7	1 030	24	3 234
火炬计划	5	240	10	675	10	790	17	590	42	2 295
科技型中小企业技术创新基金	48	1 345	45	2 360	25	1 146	68	3 320	186	8 171
科技人员服务企业项目							50	2 000	50	2 000
科技兴贸行动专项	3	60							3	60
国家重点新产品计划	24	570	15	540	12	540	36	700	87	2 350
国际科技合作重点项目计划	6	691	5	590	4	375	17	8 235	32	9 891
国家软科学研究计划	1	8	2	28	2	16	2	13	7	65
科技院所技术开发专项	7	617	6	541	5	512	5	520	23	2 190
合计	482	27 690.5	599	38 364.54	713	52 927.43	731	85 779.49	2 525	204 761.96

◎ 科技产出规模稳步扩大

“十一五”以来，黑龙江取得了一批有重要影响的创新性成果和产业化成果。

表 7-3 2006—2009 年黑龙江省科技成果统计表（单位：项）

年度	科技成果登记数	应用科技成果数	已应用项目	转化应用率
2006	997	822	607	73.84%
2007	1 055	827	601	72.67%
2008	1 319	1 000	667	66.70%
2009	1 289	1 051	863	82.11%

2006 年以来，黑龙江共获得国家级奖励 63 项。其中，国家发明奖 4 项、国家技术发明奖 7 项、国家自然科学奖 2 项、国家科技进步奖 29 项，特等奖 3 项。

表 7-4 2006—2009 年获省级科技奖情况（单位：项）

年度	特等奖	一等奖	二等奖	三等奖
2006	1	12	107	142
2007	1	20	109	149
2008	1	24	104	141
2009	0	26	135	160
合计	3	82	455	592

在突破和掌握了一批制约产业发展的关键技术的同时，黑龙江专利申请量与授权量也逐年增加。

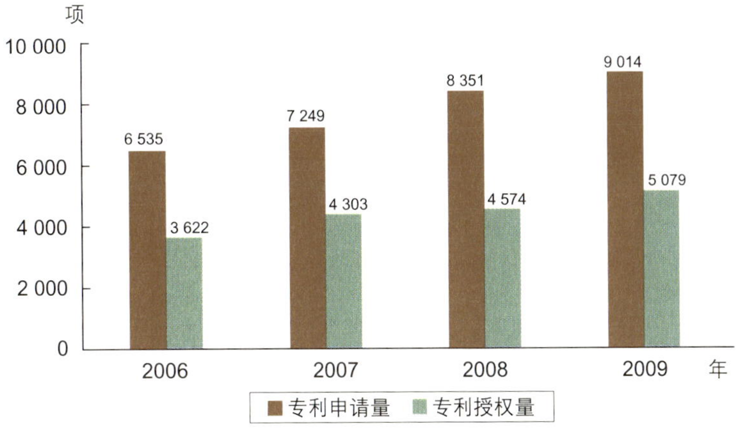

图 7-5 2006—2009 年黑龙江省专利申请与授权统计

二、科技重大部署和成就

“十一五”以来，黑龙江紧紧围绕新时期科技、经济和社会发展的重点，依托各类科技计划，不断加大关键、共性技术的研究开发力度，瞄准国际技术和产业发展前沿，集中优势力量实施一批重大攻关项目，实现了重点突破，攻克了一批具有全局性、带动性的关键共性技术，并通过工程示范和推广应用，提升支柱产业、新型行业的科技创新能力和核心竞争力。

◎ 组织实施各类科技项目

2009年，围绕装备制造、食品加工等优势产业，新能源、新材料、生物等新兴产业，以及改善民生的重大科技需求，组织实施了65项对黑龙江经济发展和社会进步具有牵动带动作用的重大重点科技项目。首次启动了年产200套兆瓦级风力发电变流器产业化（此项目已取得12项核心技术，获得4项国家专利）等10个重大科技新产品项目。安排了发展高新技术产业化资金项目82项。针对国家启动实施的重大科技专项、促进产业振兴的重点先进技术和产品、扩大内需、改善民生的重点技术和产品等重大科技计划，获得了国家科技部“重大新药创制”科技重大专项项目12个、国家重大科技专项科技计划项目18个、国家科技成果转化资金农业项目15个、国家企业平台项目1个。

专栏7-5 1 000MW超超临界褐煤锅炉关键技术研究项目

“1 000MW超超临界褐煤锅炉关键技术研究”项目取得了自主知识产权，进一步提高了我国电力装备制造骨干企业的新产品研发能力。开发的1 000MW超超临界褐煤锅炉改变了我国褐煤发电机组以600MW及以下容量的亚临界机组为主、单机容量小、机组效率低的现状。1 000MW超超临界褐煤锅炉的锅炉效率、污染物排放和可靠性等主要技术指标均达到国际先进水平。

◎ 加大国际科技交流合作

黑龙江坚持以东北地区老工业基地振兴战略和俄罗斯远东开发战略对接为契机，先后组建了黑龙江省中白化工与新材料技术合作中心、中加黑龙江省食品加工研究发展中心、中以科技合作信息中心、中韩科技合作信息中心和鸡西中俄科技合作交流中心5个中外科技合作中心，以及中白胶粘剂科技合作示范基地、中俄汽车检测仪科技合作示范基地、中韩科技信息中心和中加农产品加工开发合作中心等。共有17个项目列入2009年科技部国际科技合作计划，获得8 253万元资金支持。据初步统计，这些项目有望形成10亿元以上的产值。如哈一机与俄罗斯合作的“全天候水陆多用途运输车辆”项目获得国家科技部1 300万元的支持，目前正在进行核心技术的消化和吸收工作，产品未投产就已达成100余台意向购买合同，预计实现产值3亿~5亿元，将形成黑龙江新的经济增长点。

图 7-6 1 000MW 超超临界褐煤锅炉

◎ 不断创新科技工作机制

一是建立部省会商工作制度。为共同推动黑龙江省自主创新能力和科技支撑能力的提升，国家科技部与黑龙江省人民政府建立部省会商工作制度，重点围绕黑龙江省现代农业发展、哈大齐国家级高新技术产业开发带发展、生态环境治理与资源综合利用、中俄科技合作与交流以及区域新体系建设等五大方面开展密切合作，共同提升黑龙江自主创新能力。

二是建立厅市科技共商推进机制。为创新带动地市科技工作的有效方式，延伸部省会商机制，黑龙江科技厅与地市建立了厅市科技合作共商工作制度。这一机制集成了全省和区域的优势科技资源，组织实施了一批对区域发展有重大影响的重大科技项目，着力解决区域特色产业发展的技术瓶颈问题。目前，已与齐齐哈尔、佳木斯市、伊春市和牡丹江市政府签订了《厅市科技合作共商议定书》。

三是进一步完善了科技计划管理。努力实现科技立项从支持个人向支持团队转变、从支持企业向支持产业转变、从支持项目向支持方向转变，从重前期立项向重全过程管理转变，集中有限资源变“巴掌”为“拳头”。同时，通过检查评估活动，建立健全项目受理、评审、决策、实施、监督等有关制度，增强了立项决策和项目组织实施的科学性，提高了项目的实施效果。

三、创新体系建设和重大创新政策

自2006年开始，黑龙江科技立项和科技平台建设方面重点向企业倾斜，突出企业的技术创新主体地位，通过制定和实施自主创新政策，大力扶持以企业为主体的技术创新体系建设。

◎ 突出企业创新主体地位

科技创新体系和能力建设取得重要进展，以企业为主体的技术创新体系、以高等院校和科研机构为主力的知识创新体系和社会化、网络化的科技中介服务体系初步形成。目前，黑龙江建立国家级重点实验室7个、省级重点实验室92个、国家级工程技术研究中心4个、省级工程技术研究中心96个；建成国家级企业技术中心11个，国家大学科技园3个，国家级火炬计划特色产业基地11个；全省生产力促进中心已达110家，其中国家级示范生产力促进中心8个。这些工程技术研究中心和技术中心覆盖全省13个市(地)，分布在农业、制造业、生物医药等8个技术领域。

◎ 组建一批技术创新组织

2009年，依托省科学院、省工研院、省农机院、省中医药研究院等一批院所进行重组，组建全省十大行业技术研究院的格局基本形成。通过整合省内外200多家企业、近百家高校和科研院所，相继完成了大豆、奶业、薯业、铝镁合金、风电产业、LED、生物医药等11个省级产业技术创新战略联盟的组建工作，其中，大豆、铝镁合金、奶业3个联盟已被批准为国家产业技术创新战略联盟，为黑龙江承担更多国家相关领域重大专项、提高相关产业整体科技实力打好基础。联盟内的产学研各方建立了持续稳定、有法律保障的合作关系。截至目前，联盟成员签订研发合同38份，合同金额19.33亿元。如大豆联盟成立后，联盟成员单位之间签订了年产10万吨双蛋白饮品工艺配方技术开发、大豆糖蜜综合利用等7项总金额为3亿元的科技攻关项目协议。

◎ 加强科技创新平台建设

推进科技研发平台、资源共享平台、成果转化平台、科技企业发展平台等四大科技创新平台建设。2009年，已重点启动了硅基材料、奶牛性别控制繁育、中药多途径给药等11个科技创新平台建设，落实经费2 800万元，还投入1 000万元支持组建了科技创新创业共享服务平台，整合了全省2 000余种大型仪器设备、2 000万份科技文献资源和5 000余项科技成果供求信息，开通了省科技创新创业共享服务平台门户网站和“科技114”呼叫中心。安排了1 000万元支持科技企业孵化器创新能力建设，其中科技创新创业共享服务平台已初步实现大型仪器、文献和成果转化资源的共享和网上运行。

专栏7-6　“科技创新平台建设年”

通过建设科技研发平台，建立10个工程技术研究院，整合打造15个技术创新服务平台；通过建设资源共享平台，推进省科技创新创业服务平台二期工程建设，继续实施科技人员深入基层服务企业的“万人千企”行动计划；通过建设科技成果转化平台，加强科技成果转化中心和科技金融合作示范区建设，建立沼气、垃圾污水处理、节能减排、卫生医疗等5个民生科技示范点；通过建设企业发展平台，加快建设哈尔滨科技创新城，加强对高新技术创业服务中心、大学科技园、留学人员创业园、生产力促进中心等科技企业孵化器的扶持，营造黑龙江全民创业、科技创业的良好氛围。

◎ 充分发挥科学基金作用

充分发挥省科学基金吸引人才、培养人才、稳定人才作用，创新了项目评审方式，采取网上申报和网上盲审的方法，使基金项目评审更加客观和公正，得到了黑龙江科技界的广泛好评。2009年，黑龙江争取国家自然基金再创佳绩，共获得446个项目，同比增长27.1%；经费总额达13 803.5万元，同比增长16.8%。据初步统计，黑龙江通过省基金项目支持已经培养硕士1 133人、博士236人；新世纪优秀人才93人；长江学者奖励计划特聘教授20人；国家杰出青年科学基金获得者16人；“973”计划首席科学家1人；教育部创新团队6个，国家创新研究群体2个。在2009年度院士遴选工作中，黑龙江杨宝峰、任南琪、周玉三位专家当选为中国工程院院士。在何梁何利奖评审中，王德民院士获得科学技术成就奖，奖金100万港元，成为黑龙江获此荣誉第一人，也是该年获此奖项的惟一人选。

◎ 深入实施创新政策，创新环境不断优化

为了全面、深入地贯彻落实全国科学技术大会精神，实施《黑龙江省中长期科学和技术发展规划纲要（2006—2020年）》，营造激励自主创新的环境，2006年，黑龙江制定了《黑龙江省委省政府关于实施科技规划纲要增强自主创新能力的决定》和《实施〈黑龙江省中长期科学和技术发展规划纲要（2006—2020年）〉的若干配套政策》两个重要文件，从财政税收、金融支持、风险投资、政府采购、产学研合作、知识产权保护、创新基地平台建设等方面，进一步明确了激励自主创新的政策措施。

2008年10月省政府出台了《关于加快科技创新体系建设促进科技成果产业化的若干意见》，明确了加快科技创新体系建设促进科技成果转化的主攻方向。研究编制了《黑龙江省科技教育人才强省富省工程实施方案（科技部分）》，提出了五年行动计划和具体实施方案。

四、高新技术产业与高新区发展

“十一五”以来，黑龙江省高新技术产业整体规模迅速扩大，高新区快速发展，有力地推动了全省产业结构的优化升级和经济增长质量的提高，高新技术产业和高新区的带动和支撑作用日益增强。

◎ 高新技术产业发展

2009年，黑龙江省高新技术产业产值达到3 186亿元，同比增长22%左右，高新技术产业增加值达到769亿元。

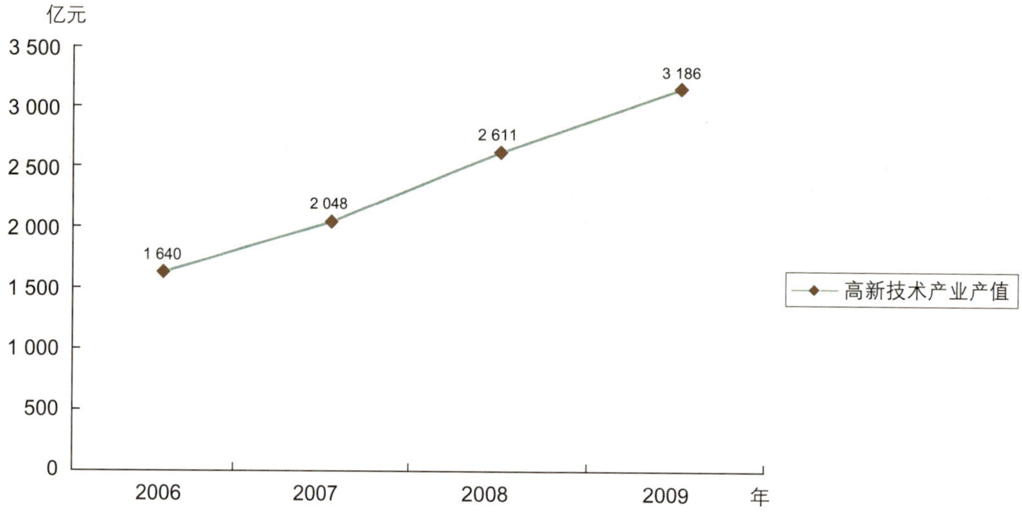

图 7-7 2006—2009年黑龙江省高新技术产业产值

◎ 高新科技产业集中开发区

2009年编制完成了《黑龙江省高新科技产业集中开发区发展规划》，确定了“一带二区四基地”的发展思路，引导区域内各类科技园区围绕一个或多个高新技术产业发展，通过科技创新体系、管理体制以及投融资环境的建设整合成有机整体，成为全省发展高新技术产业和培育特色产业集群的重要基地。

通过对哈尔滨、大庆两个国家级高新区的重点支持，推动其实现了快速发展。2009年，哈尔滨高新区实现总收入1 547亿元，工业增加值340亿元，利税177.5亿元；大庆高新区实现总收入900亿元，工业增加值206亿元，利税85亿元。在支撑产业发展、引领产业创新和提升产业竞争力中发挥了突出的主力军作用。

图 7-8 大庆高新技术产业开发区

专栏 7-7 “一带两区四基地”

在黑龙江高新科技产业集中开发区发展规划中，对今后产业的发展布局是：“一带”，哈大齐国家级高新技术产业带；“两区”，牡丹江高新科技产业开发区、佳木斯高新科技产业开发区；“四基地”，煤化工高新科技产业基地、硅基新材料高新科技产业基地、农产品精深加工高新科技产业基地、生态保护与开发高新科技产业基地。

◎ 科技特色产业基地建设

黑龙江科技特色产业基地建设已初具规模。2009 年，黑龙江哈尔滨铝镁合金新材料特色产业基地被批准为国家级高新技术产业化基地，实现了黑龙江由科技部认定高新技术产业化基地“零”的突破。齐齐哈尔重型机械装备、大庆石油石化装备制造等被科技部批准为国家级火炬计划特色产业基地，使黑龙江国家级火炬计划特色产业基地数量增加到 11 家。黑河硅基新材料特色产业基地联合合盛集团与哈尔滨工业大学、浙江大学等建设了硅基新材料公共技术研发服务平台，正在实施两个重点科技项目，促进基地产业升级。

◎ 高新技术企业认定

黑龙江积极探索促进企业成为技术创新主体的有效模式和措施。2009 年，通过加大宣传、建立顺畅沟通渠道、培训申报企业等多种方法，有 116 家企业通过国家级高新技术企业认定，现全省有国家级高新技术企业407家。全省涌现出牡丹江友搏药业、九洲电气、威瀚集团等一大批在金融危机中逆势上扬的民营高新技术企业。

五、"十二五"科技发展规划的基本考虑

"十二五"时期是黑龙江加速推进新型工业化进程、加快"八大经济区"建设、实现老工业基地振兴和全面建设小康社会目标的关键时期，也是《黑龙江省中长期科学和技术发展规划纲要(2006—2020年)》实施承前启后的关键时期。科学制定和有效实施"十二五"科技发展规划，对于抓住新一轮科技革命带来的战略机遇，抢占科技发展战略前沿制高点，全面提高黑龙江自主创新能力和科技竞争力，支撑黑龙江经济社会又好又快发展具有重要的现实意义和深远的战略意义。

第八章

华东地区科技工作的进展与成就

"十一五"以来，华东各省作为我国科技发展的领头区域，按照建设创新型国家的总体要求，认真贯彻全国科技大会精神，积极实施国家自主创新战略，在继续保持快速发展的同时，加快创新型省份建设，各省市区域科技创新工作实现了历史性的跨越发展。

上海市全面落实《上海中长期科学和技术发展规划纲要（2006—2020年）》，实施了大型飞机、核高基、极大规模集成电路制造装备及成套工艺等国家科技重大专项，为世博筹办和全面落实世博专项提供了有力的科技支撑；江苏省在全国率先启动并实施了两轮高新技术产业"双倍增"计划，光伏、风力发电、生物医药、轨道交通、集成电路等新兴产业形成了较完整的产业链；浙江省实施了"全面小康六大行动计划"等一系列自主创新能力提升行动计划，在农产品选育与研究、汽车及关键零部件制造、重大机电装备等方面突破了一批重大关键技术；安徽省把自主创新作为全省发展战略的核心，启动了合芜蚌自主创新综合试验区和国家技术创新工程试点省建设，在量子通讯、智能语音、全超导核聚变等高端研发领域居世界领先水平；福建省在海西经济区建设、闽台科技合作、参加泛珠三角区域科技合作等方面取得较大进展，推动了科技特派员制度和农村工作机制的深化与创新；江西省出台了《关于科技创新"六个一"工程的实施意见》等一系列科技发展的配套政策，推动了光伏、风能核能、新能源汽车、航空制造等战略性新兴产业的发展；山东省编制了《黄河三角洲国家可持续发展实验区建设规划》，在集成电路、高效能服务器等通信技术领域，以及国家级工程技术研究中心建设等方面具有较大突破。

第一节
上海市

自2006年全国科技大会以来，上海市按照建设创新型国家的总体要求，以率先提高自主创新能力为主线，全面实施《上海中长期科学和技术发展规划纲要（2006—2020年）》及其配套政策，聚焦国家战略、聚焦重大产业化项目、聚焦创新基地，加强科技公共服务，着力完善创新体系，加快推进科技创新，支撑引领经济社会发展。

一、科技发展总体进展

经过多年的发展，上海科技事业取得长足进步，自主创新能力显著增强，为建设"四个中心"、实现"四个率先"提供了强有力的支撑。

◎ 科技资源进一步集聚

目前，上海拥有普通高校66所、国有独立研发机构252家和一大批国家和市级重点实验室、工程技术研究中心等研发基地。已有300余家跨国公司在沪设立研发机构。形成了结构合理、层次衔接的创新人才队伍。

◎ 科技投入稳定增长

2009年，全社会研发投入达到423亿元，占全市国民生产总值2.81%，比2006年年均递增17.8%，其中来自企业的研发投入占全市总量的2/3左右。

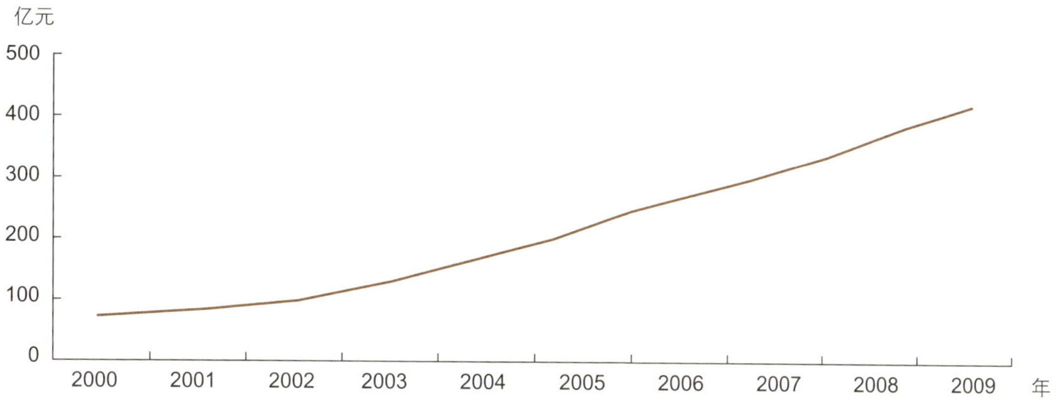

图8-1　上海全社会R&D经费投入情况

◎ 科技成果产出保持稳定增长

2009 年，上海发明专利申请量 22 012 件，发明专利授权量为 5 997 件，分别是 2006 年的 1.8 倍和 2.3 倍。2008 年，发表国际论文 2.4 万篇，同比增长 20.49%。2009 年度，上海有 56 项（人）获得国家科技奖励，再次实现五大奖项的全覆盖。

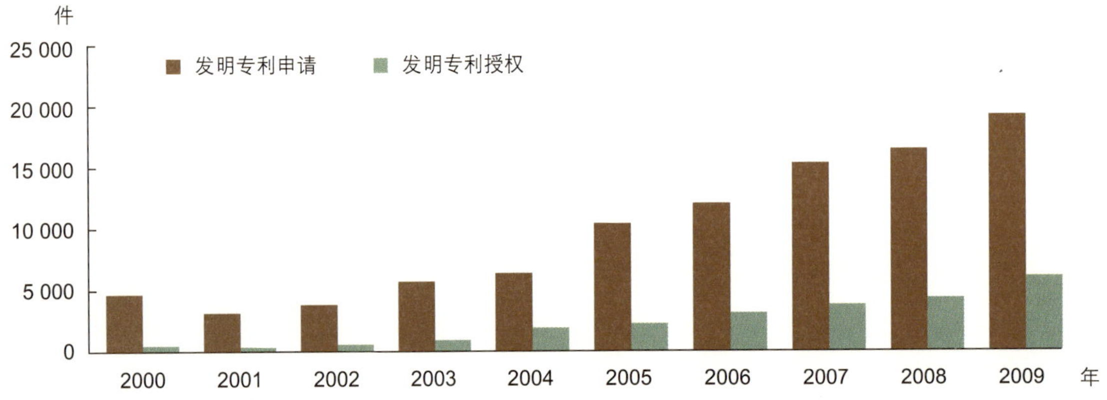

图 8-2　上海发明专利申请量和授权量

◎ 高技术产业和高技术服务业快速发展

2009 年，高技术产业完成工业总产值 5 560.65 亿元，占全市规模以上工业总产值 23.3%。2008 年，知识密集型服务业增加值占国内生产总值比重 21.70%，比 2006 年提高了 3.98%。共有国家级高新技术企业 2 500 家，国家级技术先进型服务企业 103 家。

◎ 创新政策体系日益完善

颁布制定了上海中长期科技发展规划纲要配套政策（36 条）及其实施细则，基本覆盖了上海科技创新的各个环节。2009 年，面对金融危机冲击和城市发展转型需求，又出台了《关于进一步推进科技创新加快高新技术产业化的若干意见》（新 32 条），进一步完善了科技创新政策体系。

二、科技重大部署和成就

2006 年，上海制定并实施了《上海中长期科学和技术发展规划纲要（2006 — 2020 年）》。

◎ 聚焦国家战略，加速创新突破

“十一五”以来，上海市先后与国家科技部、国家知识产权局、中国科学院、中国工程院等多个国家部委及机构签署了合作协议、建立了会商机制，为更好地承接和服务国家战略创造了有利条件。在大型飞机、核高基、极大规模集成电路制造装备及成套工艺、重大新药创制、新一代宽带无线移动通信网、艾滋病和病毒性肝炎等重大传染病防治等国家科技重大专项和支撑计划、973、863等国家科技计划中承担了重要任务，为国家战略目标的实现做出了积极贡献，也有效促进了上海自主创新能力的提升。在载人航天、抗震救灾等方面做出了积极贡献。为实践低碳发展，成功完成“崇明生态岛建设指标体系”研究，初步制定了崇明低碳发展示范工程实施方案。

◎ 聚焦地方发展，突破关键技术瓶颈

上海中长期科技发展规划中明确提出推进实施“引领工程”，为建设“健康、生态、精品和数字上海”提供科技支撑与保障。

掌握一批关键核心技术。在能源安全、自主品牌汽车、城市交通、船舶、重大疾病创新医药、第三代移动通信、数字电视、新能源、新材料等领域，部署实施的一批重大科技攻关项目取得突破。如手机芯片第三代（3G）移动通信终端芯片组及其系统，加速了TD-SCDMA终端产业化进程；具有自主知识产权的嵌入式操作系统在船舶、起升运输设备监控、信息家电等领域得到广泛应用；在基因工程、抗体工程等领域涌现出益赛普、希普林、重组纽兰格林等一批拥有全球知识产权的原创新药，提升上海生物医药产业国际竞争力。

加速重大科技创新成果转化。一批与城市经济发展和社会民生改善相关的创新成果实现集成应用示范。其中，清洁能源汽车“十城千辆”、半导体照明“十城万盏”应用示范顺利推进；以“高性能宽带信息网（3TNet）”核心技术为支撑的下一代广播电视网建设进入实质性推进阶段；“大型城市医疗信息共享服务系统”连通了全市23家医院和长宁、闵行、卢湾3个区，实现了纵向医疗信息共享；建立了大型城市公共安全传感器网络平台应用示范；构建了面向汽配、物流、服装、钢铁等行业2 000余家企业的专业化服务和产业链协同平台。

◎ 支撑世博筹办，全面落实世博专项

上海市政府与科技部等有关国家部委共同设立了世博科技行动计划，集全国智慧和力量，为世博会提供强有力的技术支持。

着力为世博筹办和举办提供科技支撑。科技部与上海市一起，会同有关部委成立了领导小组，建立部市合作机制；上海市委、市政府成立的世博会筹办工作领导小组专门设立科技（环保）组。围绕世博会建设、能源、环境、运营、安全及展示等领域的科技需求，先后实施了近300个项目，累计投入财政资金8亿多元和大量社会资金，全国近千家科研机构和企业的上万名科研人员参与研发。

图 8-3 上海世博园

积极推进创新成果应用与战略性新兴产业培育。世博科技共取得了1 500多项成果，绝大多数得到实际应用。能源和生态方面，新能源汽车集中示范应用，半导体照明技术首次大规模集中应用，新能源、新技术、新材料在“一轴四馆”中的充分应用，在实现“低碳世博、绿色世博”的同时为我国新能源产业和低碳经济发展注入活力；在世博运营方面，RFID技术应用于门票和客流引导系统，TD-LTE无线通信技术试运营，下一代宽带电视网和新一代显示技术集成应用；健康与安全方面，食品安全快速检测、全程信息溯源等技术的成功应用，将直接服务于社会民生并催生新的产业发展。

专栏 8-1 世博科技行动计划

2004年，国家科技部和上海市政府将世博科技行动计划确定为“部市合作”重要内容；2005年初，成立了世博科技行动计划领导小组，启动专项行动。五年来，以世博会筹备、建设和运行提出的重大科技问题为导向，围绕建设、能源、环境、运营、安全及展示六大领域，经历前瞻布局、对接需求、聚焦应用三个阶段的工作，实施了新能源、生态环保、建筑节能、智能化技术、信息网络技术和新材料等230余项科技攻关项目，有效支撑和保障了上海世博会园区实现“低碳排放”、生态和谐和资源综合利用、管理运营的便捷高效和安全，以及中国馆、主题馆、网上世博会等展览展示的精彩、互动和创新。

◎ 培育创新源泉，加强科技创新储备

积极开展科学研究，加强创新人才培养，夯实创新基础，不断培育科技创新的源泉。

持续加强基础研究和科学前沿探索研究。2006—2009年，上海市财政科研经费在基础研究领域累计投入超过4亿元，年均投入增长14.6%；主持承担了42个国家“973”计划项目，占全国的14%；主持承担了37个国家重大科学计划项目，占全国的24%。近年来，上海在生命科学、材料科学、物理化学、空天与地学等领域涌现了一批重要成果。

培养和造就各类创新人才。通过实施“青年科技启明星”、“优秀学科带头人”、“浦江人才”、“东方学者”、“领军人才”等计划，逐步形成了结构合理，层次衔接的以两院院士、国家百千万人才、突出贡献专家等为主体的“国家队”、以各行各业学术技术带头人为主体的“地方队”和以优秀青年人才为主体的“后备队”。截至2010年5月底，上海已有130人入选“国家千人计划”。

三、创新体系建设和重大创新政策

着眼于“建立核心资源形成机制、企业动力激活机制、市场价值实现机制以及科技管理统筹体制”，以实施技术创新工程为契机，重点推进创新型企业培育、产业技术创新联盟构建和公共服务平台建设，加快建立健全创新体系建设。

◎ 集聚创新资源

积极扶持科技型企业创新成长。通过创新基金创业项目、企业技术中心建设，以及培训培育等配套措施，引导和支持企业开展技术创新活动。2006年以来，通过市区联动，实施科技小巨人工程，涌现出科技小巨人企业101家、小巨人培育企业355家，已有11家企业成功上市。为帮助企业以科技创新应对金融危机的冲击，2009年组织实施了“助企业、促创新、渡难关”十大行动计划。

实施“引逼机制”，促进国有企业技术创新。2008年8月，出台了《关于进一步推进上海国资国企改革发展的若干意见》，把“推进自主性、关键性技术创新，提高企业持续发展能力”作为加快国资国企改革发展的五项原则之一。2008年，共有11家企业新增研发投入7.15亿元被认定为当年利润，相当于考核利润的16%。

推进产学研合作和产业技术创新联盟建设。进一步完善技术市场规则，加强产学研结合。在半导体照明、激光显示、电子标签等领域，重点扶持建设了22个产业技术创新联盟。

◎ 优化创新创业环境

以完善科技创新政策为切入点，着力优化创新创业环境，大力培育企业技术创新主体。目前，全市科技企业达 2 万多家。

完善和落实科技创新政策法规。重点围绕社会普遍关注的研发费加计扣除、成果转化、高新技术企业认定、政府采购、人才培养与引进等政策，抓好宣传培训和细化落实。2008 年，全市 1 858 家企业享受政策优惠，税前加计扣除总额达 121.6 亿元，比上年增长 134.7%，减免企业所得税 30.4 亿元，带动了企业研发投入的积极性。

加快建立健全科技金融体系。搭建科技金融信息服务平台和科技企业信用体系两大基础平台，发展创业风险投资、商业银行信贷、担保、科技企业上市、科技保险等金融产品和服务，促进投贷联动、中小企业信用互助、统贷统还、知识产权质押等，初步形成科技金融体系框架。

积极推动区县创新发展。深化市区联动机制，充分发挥区县在高新技术产业化、园区建设和企业培育等方面的主体和载体作用。加快推进杨浦国家创新型试点城区建设，2009 年，杨浦二、三产业增加值比例已经调整到 24∶76，知识型服务业占第三产业的比重达到 31.6%。

◎ 强化公共服务

重点通过完善研发公共服务平台功能、建设创新驿站和科技服务中心等举措，不断强化服务企业创新的能力。

搭平台，进一步提升研发公共服务能力。平台自 2004 年开通至 2010 年 4 月底，加盟服务机构达 786 家，注册用户中企业用户数占 80%，服务对象覆盖各省乃至海外。

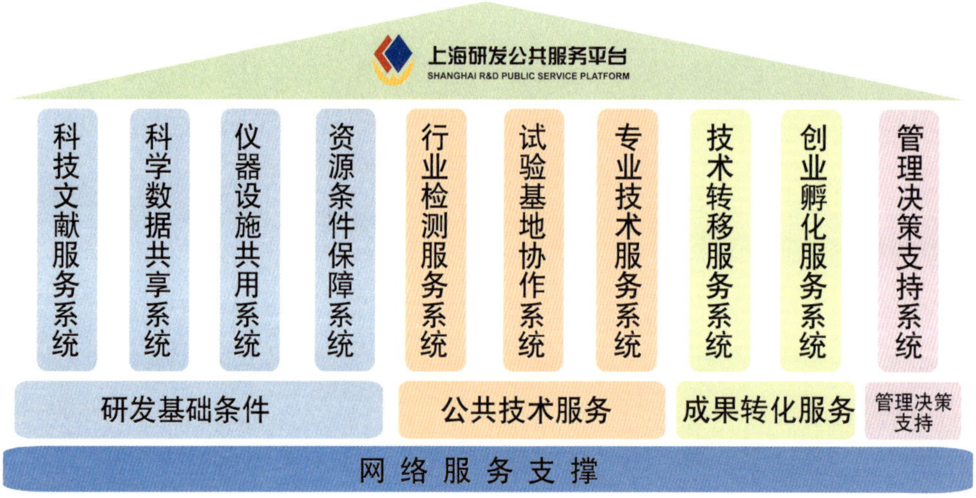

图 8-4　上海研发公共服务平台系统构架图

专栏8-2 上海研发公共服务平台

2004年，上海正式建设开通研发公共服务平台，由科技文献、仪器设施、科学数据、资源条件、实验基地、专业技术、行业监测、技术转移、创业孵化、管理决策十个子系统组成。坚持"共建共享、协作服务"理念，在功能上，基本形成一个开放、综合、专业，且有利于产学研合作的创新创业服务链和研发公共服务的功能体系，产业技术创新服务功能日趋强化。在模式上，建立了多样化、便捷化和人性化相结合的服务模式，最大限度地引导社会各方力量参与平台建设和运行；在机制上，逐步确立规范的共建、共享体制机制，于2007年11月实施了《促进大型科学仪器设施共享的规定》，成为我国首部促进大型科学仪器设施共享的地方性法规。

建驿站，进一步加快技术转移与扩散。截至2009年底，已在青浦、松江、杨浦、长宁、奉贤等区县和南通、常州、德清、都江堰等兄弟省市建立了19家创新驿站，走访企业超过2 800家，挖掘企业需求4 800余项，完成对接服务近1 600项，为中小企业提供个性化技术创新服务。

设通道，进一步完善科技创新服务。通过市区联动，探索依托区县建设科技创新服务中心，加强市区两级科技创新服务资源的集聚与整合。上海市18个区县分别以新建服务机构或提升已建机构服务功能的方式，设立了科技创新服务通道，1.4万家科技企业直接加盟科技服务信息系统。

四、高新技术产业与高新区发展

把推进高新技术产业化作为转变经济发展方式、培育战略性新兴产业、积极抢占产业高端的重要举措。同时，充分发挥张江高新区在辐射带动高新技术产业发展中的重要载体作用。

◎ 全力推进高新技术产业的发展

2009年5月，发布了《关于加快推进上海高新技术产业化的实施意见》，明确加快推进新能源、民用航空制造、先进重大装备、生物医药、电子信息制造业等9大高新技术领域产业化。

聚焦重点领域加速发展。加快推进项目集聚、平台建设、示范运用，形成对新成果、新技术、新产品的发现培育机制，建立新兴行业领域的市场化转化机制，不断为产业发展注入活力。2009年，上海市各重点领域第一批共受理577个项目，涉及总投资1 337.5亿元；先行启动209个项目，涉及总投资532亿元，如率先在全国启动下一代广播电视网（NGB）示范建设，加快推进钠硫电池产业化进程，部署一批重大新药创制等，对引导社会投资、集聚创新资源、打通产业链关键环节发挥了重要作用。通过全市各方的努力，2009年9个重点领域新增产业规模900多亿元，达到7 365亿元，比上年增长13%以上，高于全市工业产值增速，在保增长和调结构中发挥了重要作用。

聚焦产业基地加快建设。上海市规划的41个高新技术产业化基地中，已有14个制定了产业规划和专项扶持政策，逐步形成产业链项目集聚和配套能力。浦东、徐汇的软件和信息服务业基地规划产业规模超过500亿元；嘉定区新能源汽车及关键零部件基地，将重点发展混合动力汽车、纯电动汽车以及“电池、电机、电控”；闵行区浦江高科技园将大力发展光伏产业，已有尚德电力、阿海珐、中欧新能源等项目落户。一批国家级产业基地加快推进，临港装备、民用航空、漕泾化工区、长兴海洋工程装备4家基地已入选首批国家新型工业化产业示范基地。

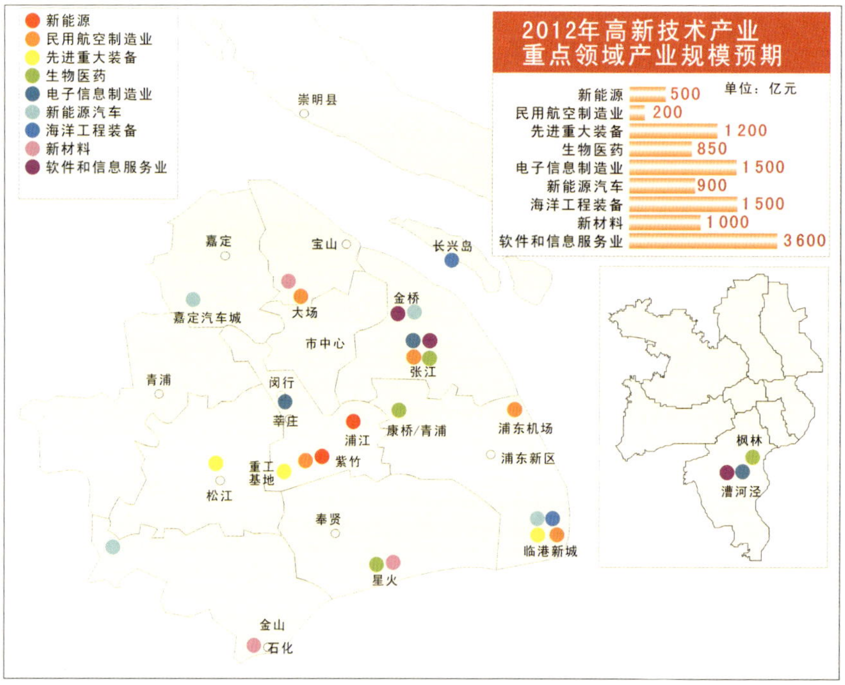

图8-5 上海高新技术产业化重点领域分布示意图

专栏8-3 聚集九大重点领域和重大项目

2009年5月，上海市委、市政府制定出台了《关于进一步推进科技创新加快高新技术产业化的若干意见》和《关于加快推进上海高新技术产业化的实施意见》，全面部署和推进高新技术产业化。主要目标是：聚焦新能源、民用航空制造业、先进重大装备、生物医药、电子信息制造业、新能源汽车、海洋工程装备、新材料、软件和信息服务业等九大重点领域和重大项目，集聚创新资源，突出技术进步，攻克关键瓶颈，夯实产业化基础，形成以高新技术产业化为主体的发展梯队。到2012年，全市高新技术产业化总产值达11 000亿元左右，产业技术创新能力保持国内领先，部分接近国际先进水平，产业链衔接较为完善，产业布局比较合理，实现重点产业的集约化发展。

◎ 深入实施“聚焦张江”战略

按照“四位一体”的定位要求，不断深化“聚焦张江”战略，大力推进上海张江高新区创新发展，基本形成了门类齐全、技术密集、层次合理和具有一定规模的高新技术产业集群，成为重要的科技创新源和经济发展增长点。

加快推进以提高自主创新能力为核心的“二次创业”。2009年，张江高新区总收入达到5 169亿元，是2000年的6.8倍，每平方公里的年均产出强度为143亿元。区内入驻经营的企业总数4 324家，其中有高新技术企业548家。目前，集成电路产业产值占全国1/3左右，生物医药产业集聚了覆盖各环节的机构共400多家，形成完善的研发和产业链。

不断拓展科技创业空间。鼓励和支持科技企业孵化器、大学科技园和各类创业服务机构探索和建立“创业苗圃”，支持创业者正式创业之前，在“创业苗圃”中继续完善其成果（创意），促进成果（创意）的商业化（已在8家单位开始试点，169个创业者实施其创业计划）。已有42家各类综合性和专业性的科技企业孵化器，其中国家级高新技术创业服务中心17家，在孵企业2 132家，拥有10家国家大学科技园。

以培育和发展创新集群为重点打造竞争优势。目前，生物医药领域已基本形成以张江园区为核心，徐汇枫林、青浦工业园、南汇周康、奉贤星火为扩展的产业布局。中信国健、微创医疗、迪赛诺、复旦张江、欣凯化工医药等一批创新型企业迅速成长。重点推进数字高清电视、3G手机芯片、RFID等相关创新集群的识别和培育，促进产学研各类创新资源的互动融合。

五、“十二五”科技发展规划的基本考虑

“十二五”期间，上海将全面贯彻落实科学发展观，深入实施科教兴市、人才强市战略，以知识竞争力为标杆，以应用为导向，以科技引领创新，以创新驱动转型，着力提升创新效率，加快创新价值实现，建设更具活力的创新型城市。重点实施“四大工程”：一是实施新兴产业培育工程。加快技术突破、应用和产业化进程，加快构建产业自主技术体系，积极抢占产业发展制高点，掌握经济社会发展的主动权；二是实施基础能力提升工程，有效利用全球科学资源，推进基础研究，促进行业共性技术研究，扎实推进大科学工程、技术研发基地、平台和科技人才队伍建设，激发创新源泉；三是实施集成应用示范工程，促进科技成果在集成应用过程中支撑产业发展转型、服务社会民生进步、强化城市创新体系建设；四是启动实施技术创新工程，加快推进创新型企业、产业技术创新联盟和技术创新服务平台三大载体建设，完善创新创业环境。

第二节 江苏省

江苏省积极实施国家自主创新战略，全面落实“自主创新、重点跨越、支撑发展、引领未来”的科技工作方针，以推进经济发展方式转变为主线，以加强技术创新体系建设为突破口，举江苏全省之力加快创新型省份建设，江苏省科技创新工作实现了新的历史性跨越。

一、科技发展总体进展

“十一五”期间，江苏科技事业取得令人瞩目的成就，科技资源加速集聚，科技投入稳步扩大，科技产出快速提高，科技人才不断涌现，创新环境日益优化，科技进步对经济增长的贡献份额大幅提高，实现了五个“显著提升”。

◎ 科技综合实力

2009年，江苏省研发投入突破700亿元，是2005年的2.5倍，占GDP比重达2%以上；专利申请量达17.4万件，是2005年的5倍，连续两年处于全国首位。江苏省113个市、县、区通过全国科技进步考核，14个县市区为国家科技进步示范县（市）。

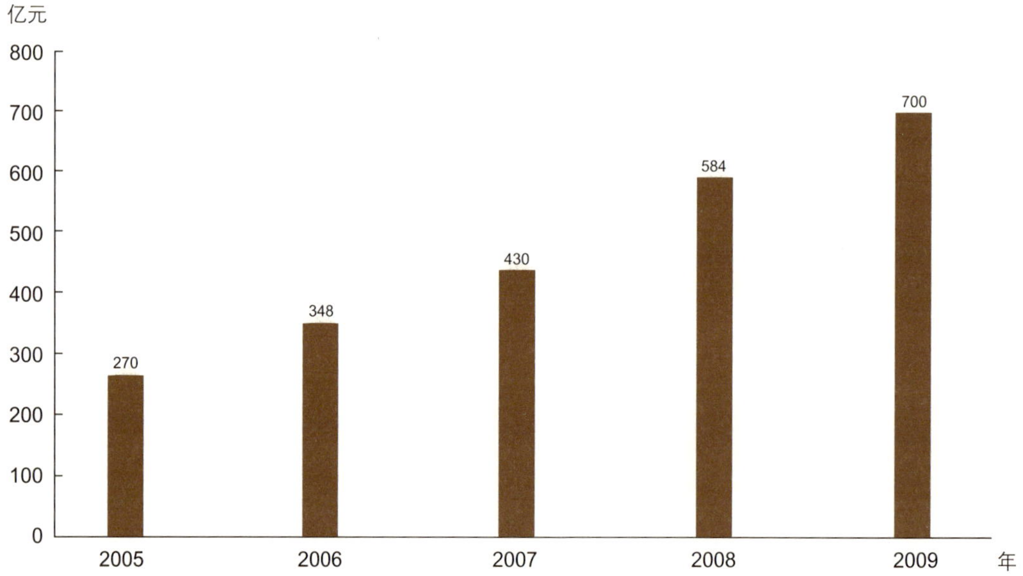

图8-6 江苏省研发经费投入情况

◎ 科技支撑发展能力

2009年，江苏省高新技术产业实现产值21 987亿元，占工业比重达30.1%，每年提高1～2个百分点。新能源、新材料、生物医药、节能环保等一批新兴产业实现爆发式增长，2009年产值达8 782亿元，成为带动全省经济企稳回升的重要力量。

◎ 企业自主创新能力

2009年，企业专利申请7.9万件，授权4.7万件，均居全国首位；实现高技术产业新产品产值2 468亿元，获国家认定重点高新技术产品累计4 292项，分别占全国的1/5和1/7。本土大中型企业建有研发机构1 508个，占比提高到64%。累计组织实施543个省重大科技成果转化项目，安排省级专项资金58.4亿元，带动企业新增总投入673亿元。

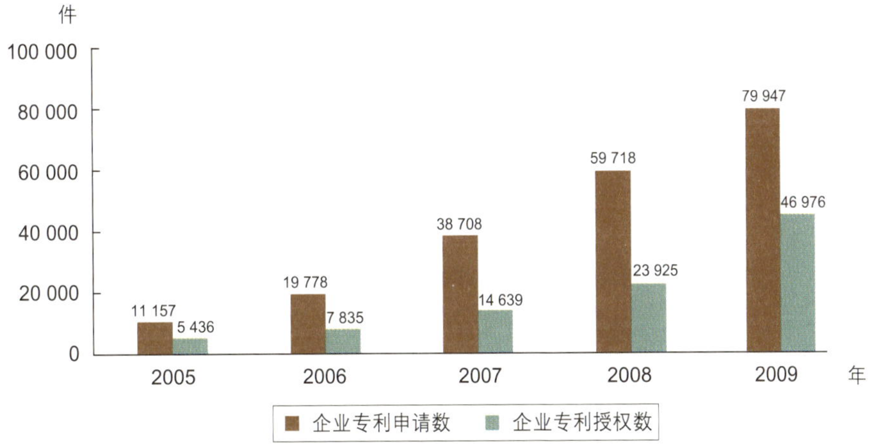

图 8-7 江苏省企业专利申请、授权情况

◎ 创新载体集聚发展水平

江苏省16个国家和省级高新园区集中了全省40%的高新技术产业产值和60%的新兴产业产值，实现区内生产总值5 903亿元，占全省的17.3%。拥有国家高新技术特色产业基地68家，其高新技术产业产值占全省的24%。

◎ 区域持续创新能力

全省建有国家级重点实验室、工程技术研究中心等各类创新平台47家，2009年获国家科技奖励51项；江苏省科技进步贡献率达52.3%，比2005年提高5个百分点以上。

二、科技重大部署和成就

江苏省委、省政府始终高举"科学技术是第一生产力"的伟大旗帜，把科技置于优先发展的战略地位，深入实施"科教兴省"和"人才强省"战略，在全省经济社会发展的大局中始终坚持科技引领、创新驱动，着力加强对全社会科技进步的整体部署，努力营造有利于自主创新的体制机制和政策环境。

◎ 健全政策法规体系

2006年4月，江苏省委、省政府召开全省科技创新大会，出台了《关于增强自主创新能力建设创新型省份的决定》，确立了创新型省份的战略目标，要求经过10年左右坚持不懈的努力，率先基本建成创新型省份；颁布了《江苏省科技发展“十一五”规划纲要》和《关于鼓励和促进科技创新创业若干政策的通知》。2006年底，省委、省政府下发了《关于加强高层次创新创业人才队伍建设的意见》；2008年，又进一步将知识产权指标纳入全省科学发展评价考核体系。2009年底，省政府制定发布了生物技术和新医药、智能电网、新能源汽车、物联网、软件和服务外包、节能环保等六大新兴产业发展规划纲要。

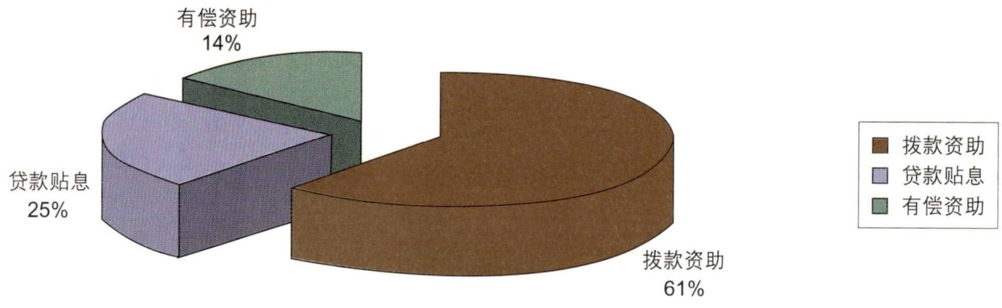

图8-8　江苏重大科技成果转化资金资助比例

◎ 加速科技成果转化与产业化

江苏省委、省政府在全国率先启动并实施两轮高新技术产业“双倍增”计划，江苏高新技术产业迈入全面提速增效的新阶段。2008年部署实施“江苏高技术产业发展841攀登计划”和相关技术纲要，集中突破制约产业发展的800项关键技术，实施400项重大科技成果转化项目，培育100项具有自主知识产权和引领产业发展的重大战略产品。每年投入10亿元专项资金，支持重大科技成果转化与产业化，累计安排专项资金项目543项，省资助经费58.4亿元，引导社会资金总投入673.34亿元。在专项资金项目实施和带动下，全省光伏、风力发电、生物医药、轨道交通、集成电路、半导体照明、新型平板显示等新兴产业已形成较完整的产业链，关键瓶颈相继攻克，一批具有国际竞争力的高技术新兴产业迅速崛起，有力促进全省经济的结构优化和持续快速发展。

图 8-9 SEVAN 圆筒型超深海钻井储油平台研发关键技术及产业化项目

◎ 强化企业创新主体地位

江苏把增强企业自主创新能力作为推动企业发展的关键要素，大力支持企业研发机构建设，企业内在创新动力得到迅速激发。支持行业龙头骨干企业建立高水平研究院。按照新兴产业重点布局，以开展前瞻性、原创性研究和重大战略产品研发为目标，分别建设尚德光伏研究院、扬子江新药研究院、联创软件研究院、龙腾平板显示技术研究院、新誉风电技术研究院等一批对新兴战略性产业发展有显著带动作用，并体现国家水平的企业重大研发机构。江苏省首期一次性资助强度都在 1 000 万元以上，引导社会投入 29 亿元。围绕新兴产业培育和优势产业需求，推进大中型企业普遍建立企业研发中心，目前全省51%的大中型企业和64%的本土大中型企业都建有内部研发机构。在新兴产业和高科技企业集中的高新园区、特色产业基地等，发展面向中小企业的公共技术服务平台，建设230家科技公共服务平台，省拨款4.02亿元，引导社会投入达16.14亿元，服务企业 15 000 多家。全省建有重大研发机构、重点实验室、工程技术研究中心、企业博士后工作站和公共技术服务平台等 1 200 多个，技术创新平台布局基本形成。

◎ 加强前瞻性基础性研究

江苏较早确立了基础研究在江苏经济建设中的战略地位，逐步形成了一个以高校为主体，高校、中科院、部省属研究院所三位一体的基础研究良好布局，相继建立了一批国家级和省部级重点实验室。"十一五"以来，根据科技创新工作的整体布局和纵深部署，衔接国家目标，实行人才优先的原则，加强以应用研究为主的原始创新和前沿科学研究。在信息科学、生物医药、新材料、先进制造和现代农业等重点优势领域，选择若干关键科学技术问题，积极培育高新技术产业跨越发展的创新源，组织实施省级原始创新项目 4 000 多项，组织承担国家自然科学基金项目 4 600 多项。江苏省进入国家 973 等重大基础研究计划有 10 个，光电功能材料、膜材料等领域原始创新能力已居国内领先水平。

图 8-10　中复神鹰碳纤维有限责任公司的碳纤维生产线

◎ 加强农业与社会发展科技创新

启动实施新农村建设科技综合示范工程，建立 11 个新农村建设科技综合示范点，其中 9 个村镇被列为国家首批新农村建设科技示范点，11 个县被评为国家级科技富民强县试点县。2006 年，启动实施科技惠民工程，针对人民群众最为关心的安全、健康、环保、富民四大民生领域，重点组织十大民生科技示范工程、十大地方社会发展科技示范工程和十大民生事业领域的科技公共服务平台建设。江苏被列为全国科技强警示范省，全省拥有国家可持续发展试验区 4 家、国家可持续发展示范区 2 家、省可持续发展试验区 5 家。

◎ 加大创新投入

江苏省把支持创新作为财政工作的重中之重，大力调整财政支出结构，积极筹措资金，支持科学研究，促进科技成果转化，有力保障和促进了全省科技事业的发展。2004 年，江苏省政府在增加常规科技投入的同时，专门设立了“省科技成果转化专项资金”，集中突破制约产业发展的关键技术，大力培育高技术新兴产业。全省财政科技投入年均增幅在30%以上，2009年达117亿元，占全省财政一般预算支出的2.91%。财政科技投入的大幅增加，激发了全社会科技投入热情。2009年全省全社会科技投入达1 300亿元，研发投入占GDP的比重比2005年提高0.6个百分点。

三、创新体系建设和重大创新政策

江苏省以构建以企业为主体、产学研结合的技术创新体系为突破口，全面加强区域创新体系建设，形成与国家和地方集成联动、创新资源向企业和优势区域广泛集聚、合作机制和合作渠道深入拓展、创新潜能和创新活力得到充分释放的创新格局。

◎ 大力推进产学研结合和技术创新国际化

江苏省政府先后与中国科学院、中国工程院、北京大学、清华大学、国防科工委、科技部、中国电子科技集团签署了科技创新全面合作协议，成立了由9个省（市、自治区）有关部门参加的产学研工作指导小组，搭建了面向国内的“产学研合作成果展示洽谈会”和面向国外的“国际产学研暨跨国技术转移大会”两大工作平台。2009年，全省启动实施科技服务社会“校企联盟”行动，通过组织省内外120多所高校院所的3 400多个学科团队与企业结对合作，引导广大科技人员深入生产一线，帮助企业增强抗风险能力。已建各类“校企联盟”4 011个，服务企业的科技人员达15 000多名。江苏已先后与世界上70多个国家和地区建立了科技合作与交流关系，并将推动技术转移、成果转化的工作视野和范围由国内逐步转向国际。2008年建立省跨国技术转移中心，与近20家驻外使领馆、10多家国内外技术转移机构建立了合作联盟关系。全省已有9个国际科技合作基地被认定为国家级国际科技合作基地，国家纳米技术（苏州）国际创新园成为科技部和商务部联合认定的3个国家级国际合作创新园之一。

◎ 加强科技平台建设

2007年开始在行业龙头企业中建设企业重大研发机构，引导企业加强重大原始创新，掌握核心技术。2009年启动院士工作站建设，吸引全国154名两院院士及其创新团队1 000多人到江苏企业，指导和帮助企业进行研发创新。积极引导和推动地方政府与高校院所共建一批重大创新平台，2009年，首次尝试采取校企交叉共建8家重点实验室，引导高校院所将实验室建到企业或园区、企业将实验室建到高校院所，以产业和企业需求来引导应用基础研究，推动高校院所更多为地方产业创新发展服务。推进资源共享和开放服务，全省入网大型科学仪器设备1 700多台（套），拥有本地工程文献信息资源达17 000GB，保存农作物、家养动物、林木和水产等物种81个，近

12万份种质资源，为全省科技创新提供基础条件保障。

◎ 把科技人才摆在突出位置

2007年，江苏省政府启动“高层次创新创业人才引进计划”，从海内外引进首批108位高层次人才，产生了重大影响。2008年起，又全面启动实施“江苏科技创新创业双千人才工程”，通过重大项目的实施，引进1 000名包括两院院士、海外科学家和留学归国人员在内的高层次科技人才，培养1 000名科研创新学者、企业青年博士和科技型企业家等高素质科技人才，造就了规模宏大的高层次创新创业人才队伍。苏州的“姑苏人才引进计划”、无锡的“530人才计划”等，形成比较有特色的地方人才工作品牌。全省各级人才专项资金总规模超过20亿元，近3年引进各类海内外高层次人才4 000多名、创新团队891个。

◎ 推进科技金融结合

2008年江苏省政府出台《关于加快创业投资发展的若干意见》，通过给予启动补贴、设立引导资金、加大税收扶持等，推动创投机构进一步扩大。全省创投机构180家，实收资本160亿元，管理规模超过320亿元。全省有11个省辖市成立了创投公司，还有许多县（市区）也成立了创投机构。省高投、苏州创投被科技部列入首批国家级创业投资引导基金阶段参股试点企业。加强与金融部门和金融机构合作，先后与中国银行江苏分行、招商银行江苏分行、北京银行南京分行签署了战略合作协议，引导金融资本更加积极地投入科技创新。通过由省财政设立银行科技贷款增长风险补偿奖励资金，对科技贷款年递增20%以上的银行，每年按新增科技贷款余额的1%给予风险补偿奖励，3年来累计发放补贴资金近2亿元，引导科技贷款近400亿元。省政府建立了50亿元再担保资金，以解决科技型中小企业的资金困难，截至2009年底，全省纳入统计的中小企业信用担保机构已达260家，共为9.5万多家中小企业担保贷款3 139.1亿元。

◎ 全面推进科技政策落实

江苏省科技厅牵头，积极协调国税、地税等部门，建立了科技创新创业政策落实工作的会商会办机制，与省国税局联合建立了科技税收政策重点联系企业制度，确定了152家创新型企业和高新技术企业作为首批重点联系企业，开展企业科技政策辅导员服务，为企业提供“套餐式”的全面政策服务。全省4 000多家次企业落实了税收优惠政策，减免税收50多亿元。建立科技政策公共服务平台，开通了“江苏省科技政策服务网站”，努力将其打造为企业创新服务网、政策落实推动网和工作宣传展示网，为企业咨询科技政策和科技政策辅导员双向交流提供平台。

四、高新技术产业与高新区发展

◎ 高新技术产业发展迅猛

2009年江苏省高新技术产业实现产值21 987亿元，同比增长19.5%，比工业高出7.4个百分点，占工业比重达30.1%，全面提前完成目标任务。按照国家高技术产业统计，全年全省高技术产业同比增长10.62 %，比全国平均增幅（5.16%）高5.46个百分点。主要产业领域增速进一步加快，生物医药、新能源、电气设备制造、仪器仪表制造、新材料产业产值分别比上年增长33.1%、31.2%、15.4%、16.1%、17.6%。经过多年培育，新兴产业迅速成长，规模不断扩大。实施“百亿元特色产业基地培育计划”，形成了一大批以知识和技术密集为特征的地方特色产业集群。2009年，全省特色产业基地实现总收入12 000亿元，完成高新技术产业产值5 000亿元，占全省高新技术产业产值的24%。

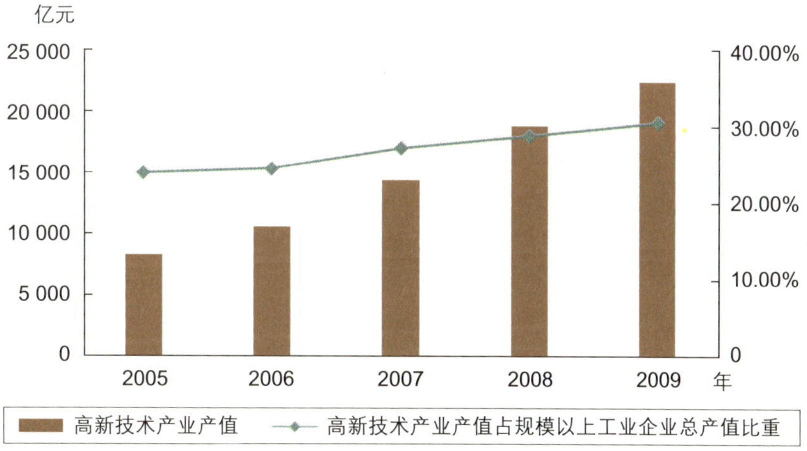

图8-11 江苏省高新技术产业发展情况

◎ 高新园区产业集聚能力增强

高新区积极推进以增强自主创新能力为主线的“二次创业”进程，按照建设创新型园区的要求，进一步推动高新园区集聚高端资源，发展高端产业。省市先后投入近6亿元，支持高新园区建成中科院苏州纳米所、医工所及连云港能源动力中心等一批国家级新型重大研发平台；投资近1亿元建立苏州高新区光电子、苏州工业园区融合通信、无锡高新区微纳传感、常州高新区动漫创意等重大产业创新支撑平台，以增强高新园区产业技术研发实力。同时，加快建设苏州工业园科教创新区、苏州科教城、无锡太湖国际科技园、常州科教城、昆山创新科技园等一批创新型核心园区，大量吸引和聚集新兴产业发展所需创新资源。全省拥有10个省级高新园区和6个国家高新园区，园区以全省0.5%的土地面积，创造了全省近40%的高新技术产业产值，60%的新兴产业产值。光伏、风电、生物医药等90%以上的新兴战略性产业也都是从高新区内成长起来，充分显示了高新园区对全省发展新兴产业的示范带动效应。

图 8-12 无锡尚德太阳能电力有限公司的生态大楼1兆瓦光伏并网电站

五、"十二五"科技发展规划的基本考虑

"十二五"是江苏省落实科学发展观、全面建设小康社会的重要时期。江苏省科技发展的总体思路是，以邓小平理论和"三个代表"重要思想为指导，贯彻落实科学发展观，以支撑发展方式转变、促进经济转型升级为主线，深入实施科教兴省和人才强省战略，着力抢占科技发展的战略制高点，着力发展战略性新兴产业，着力构筑人才高地，着力体制机制创新，加快建设"创新江苏"，在全国率先基本建成创新型省份。

第三节
浙江省

近年来，浙江省科技事业继续保持快速发展，各项工作取得了明显成效，有力促进了浙江经济社会的又好又快发展。

一、科技发展总体进展

2006年以来，在全国科技大会及全省自主创新大会的推动下，浙江各地和各部门纷纷研究制定科技发展规划，加大科技投入，出台支持自主创新政策，全省科技发展进入重要跃升期。

◎ 科技综合实力

全省综合科技进步水平指数由2005年的46.9%上升至2009年的56.42%，列全国第7位；区域创新能力上升到第5位，企业技术创新效用值居全国第2位。

◎ 科技投入

2008年R&D经费支出345.76亿元，占生产总值的1.61%，比2005年提高了0.39%，研发强度指标在2007年超过全国平均水平。2009年全社会科技活动经费支出超过720亿元，比2005年增长了124%，占GDP的比重从2005年的2.39%提高到3.15%。财政科技拨款101.3亿元，比2005年增长了102.56%。2008年，规模以上工业企业R&D经费支出283.73亿元，比2005年增长了117.57%。

◎ 科技人才队伍

2008年，全省从事科技活动人员达41.6万人，其中R&D人员16.03万人，分别比2005年增长了61.35%和100%；全省专业技术人员171.58万人，比2005年增长26.45%；规模以上工业企业科技活动与R&D人员为31.25万人和16.05万人，分别比2005年增长了63.2%和109%。全省万人R&D科学家和工程师居全国第5位。目前，全省拥有中科院和工程院院士30名，2006年以来新增3名。

◎ 创新产出水平

2006年“印水型水稻不育胞质的发掘及应用”成果获国家科技进步一等奖；2007年获国家科学技术奖29项，科技进步二等奖21项；2008年获国家科学技术奖25项，其中技术发明二等奖6项，占全国的1/9；2009年获国家科学技术奖39项，其中技术发明二等奖8项，国家科技进步一等奖1项、二等奖30项，成为有史以来获得国家奖最多的一年。2009年专利申请量达108 481件，授权量达79 945件，分别比2005年增长151%、320%，成为全国第三个专利申请量超过10万件的省份。

二、科技重大部署和成就

2008年，新一届政府提出实施“全面小康六大行动计划”，把自主创新能力提升行动计划列为首个计划，要求到2012年实现“一个突破（在自主创新的体制机制上实现新突破）、三个改变（改变创新人才不足、科技基础条件薄弱和高新技术产业发展滞后局面）、五个翻番（科技经费投入、科技活动人员、发明专利、新产品销售收入和高新技术产业产值翻番）”，使浙江科技综合实力和区域创新能力居全国前列。为保障行动计划贯彻落实，省政府建立了任务分解、定期督查制度，切实推进各项提升任务落实。大部分地市结合实际，制定并落实了当地提升行动计划，进一步推动了全省的科技进步与创新步伐。

◎ 实施重大科技专项

2006年，省政府印发《浙江省科技强省建设与“十一五”科学技术发展规划纲要》，确定集中力量组织实施26个重大专项，实现重点突破和跨越式发展。2006年以来，已组织实施重大重点项目2 548个，其中重大项目117项，在农产品选育与研究、汽车及关键零部件制造、重大机电装备等方面突破一批重大关键技术，并取得明显经济社会效益。选育成功“中浙优1号”，三年累计推

图8-13　优质香型不育系中浙A及超级稻中浙优1号的选育与产业化项目

广2 200万亩，为农民增收8.25亿元；突破了电动汽车设计、电动助力转向控制、发动机管理系统等一批关键技术，吉利、万向、青年、众泰等整车研发创制水平有了质的提高；杭氧股份有限公司应用当前最先进的空分技术，自主设计、制造五万等级化工型内压缩空分装置，项目成果获2008年度省科技进步一等奖、中国机械工业科技进步一等奖。主动设计并组织实施了“绿色化学关键共性技术研究及其在化学原料药生产过程中的应用”、“支撑全过程动漫创作关键技术研究及产业化应用示范”、“高档数字化纺织装备研发与产业化”、“日产10万吨级膜法海水淡化国产关键技术开发与示范”等6个“部省会商”重大项目和“大型船舶数字化建造关键技术研究与示范”、“大型煤化工内压缩空分装置关键技术开发”、“新型高效物流装备关键技术研究及产业化应用”等53个“厅市会商”项目。

据对近3年来实施的1 044个重大重点项目实施情况统计调查，项目实施以来累计实现产值538.31亿元，税收25.6亿元，获得国家科技进步奖20项，授权专利1 407项，其中发明专利412项，开发新产品、新材料、新工艺、新装置等1 055项，制定标准798项，培养人才8 600多人，累计新增就业51 860人。随着这些项目的全面完成和投入使用，经济及社会效益将进一步扩大和显现。

◎ 重大科技创新平台建设

按照“政府扶持平台，平台服务企业，企业自主创新”的要求，以股份制、理事会、会员制等多种形式，跨地区、跨部门、跨单位整合科技资源，启动建设了“大型仪器设备协作共用平台”等7个公共科技基础条件平台和“现代纺织及装备创新平台”等41个行业与区域科技创新平台，进一步强化公共科技服务。科技文献、大型仪器设备和实验动物3个基础条件平台已成为长三角地区公共服务平台的组成部分，现代纺织及装备创新平台成为国家纺织产业创新支撑平台建设项目主要参加单位。据对2008年底前建设的33家平台统计，现已实际投入建设资金21.68亿元，其中财政经费投入8.54亿元，共建单位自筹经费投入13.08亿元；拥有创新服务场地76.98万平方米，整合仪器设备总值31.68亿元；累计提供检测服务105万次，服务收入6.6亿元；举办技术咨询2 245场次，接受咨询约15.94万人次；加入平台服务层的企业数已达17 611家。累计承担国家级科研项目616项，资助经费合计7.35亿元；承担省部级项目1 671项，资助经费5.16亿元；与企业合作或为企业解决的技术难题4 244项，横向经费合计6.46亿元；获授权专利773项，制定国家和行业标准474项，有力地推动了全省的科技创新。

◎ 省科研创新基地（科技城）

为集聚国内外优质科技资源，提升浙江自主创新能力，促进经济转型升级，经两年多的调研论证，2009年浙江省政府第32次常务会议决定在临安青山湖规划建设“省科研机构创新基地（科技城）”。按照“特色鲜明、品质一流、作用突出”的要求，高起点规划、高标准建设、高水平管理，力争将科技城建设成为全省科技资源集聚区、高新企业孵化区、技术创新源头区、低碳经济示范区。目前，首批18家部省属科研院所正式签约入驻，浙江省政府与西安交大签订了在基地共建浙江西安交通大学研究院协议；浙江省科技厅、杭州市与中科院长春应用化学研究所签订在科技城共建新材料与绿色化工研究院协议；浙江省科技厅、临安市政府与省工行、建行、中信银行各签订了100亿元授信协议；科创基地规划、设计和道路等基础设施建设正在有序推进。

◎ 创新人才与团队培养工作

2006年以来，启动实施“百千万科技创新人才工程”、“钱江人才计划”、“新苗人才计划”、“高技能人才培养计划”等，大力支持各类人才创新创业。已选拔重点资助“151”人才25名、第一层次培养人员50名、第二层次培养人员199名、第三层次培养人员1 143名。累计支持6 250名大学生、研究生创新创业，资助207名海外回国人员创新创业。评选产生20位省特级专家，100名浙江省有突出贡献中青年专家。2008年，浙江省委、省政府印发《关于加快推进创新团队建设的意见》，提出打造300个省级重点创新团队。已启动50个创新团队培育项目，形成跨单位集聚、产学研紧密结合的研发型创新团队；浙江省教育厅确定73个高等院校创新团队，对其中15个理工类和10个人文社科类团队每年给予50万元和25万元、连续3年的支持。“十一五”以来全省通过引进大院名校共建创新载体，团队式引进高层次人才1.3万人以上，其中博士480人、海外留学归国人员100人、外国专家57人。

三、创新体系建设和重大创新政策

全面启动国家技术创新工程试点省建设。2009年11月，科技部、财政部、教育部、国资委等6部委批准浙江为首个国家技术创新工程试点省。11月25日，浙江省委、省政府以电视电话会议方式召开了大规模的动员大会，对试点省工作进行动员和部署。试点工作主要围绕提高企业技术创新能力，重点抓好一批创新型企业，建设一批公共科技创新平台，构建一批产业技术创新战略联盟，引进一批大院名校大企业共建创新载体，提升一批高新技术开发区（园区）和特色产业基地，实施一批以企业为主体的重大科技专项，推广一批重要科技成果和共性技术，造就一批企业创新人才，努力在科技强省和创新型省份建设上取得实质性进展。

◎ 科技创新载体建设

2006年以来，认定省级高新技术企业研发中心577家，企业技术中心280家；培育建设大企业技术研究院13家，省级重点实验室和中试基地55家；培育建设国家和部委级重点实验室与中试基地20家；建立省级区域科技创新服务中心62家，建立科技企业孵化器46家，新增孵化面积199万平方米。

◎ 引进大院名校共建创新载体

2006年以来，引进共建中科院长春应用化学研究所杭州分所、中科院台州应用技术研发与产业化中心、陕西科技大学温州轻工研究院等创新载体475家，新增总投资超过30亿元，引进共建的创新载体效益逐步显现。同时，积极组织开展与国防科技系统的科技合作，有400多项国防科技成果与浙江民营企业进行对接。

专栏8-4 引进大院名校共建创新载体

浙江清华长三角研究院五年来累计承担科研项目158项（其中国家级12项）、合同金额5 265万元，累计促成清华大学与浙江科技合作项目23项、合同金额近10.6亿元、项目总投资达96.1亿元。中科院嘉兴无线传感网工程中心的传感器网络产业化项目经过4年的精心孵化，已步入规模产业化新阶段，被列入2009年国家16个重大专项计划。中科院宁波材料所已圆满完成一期共建目标，支撑宁波成为国家新材料产业高技术产业基地。

◎ 科技金融工作

2008年杭州建立创业投资引导基金，当年安排2亿元。2009年省政府设立5亿元创业投资引导基金，宁波、绍兴也相继建立了创投引导基金，推动风险投资业加快发展。到2009年3月底，在浙江备案的创投企业已达60家，创投总资本超过52亿元；备案创投机构和管理团队总数均位居全国各省（市、区）第二，创投机构总数已占全国的14.6%。杭州市探索组建科技支行，已为科技型中小企业发放贷款1.02亿元；建立“创投超市”，已为69家创业企业融资1.93亿元；建立全国首个科技金融创新产品——西湖区小企业集合信托债权基金“平湖秋月”和为文化创意企业融资的“宝石流霞”债权信托产品，取得了较好成效。制定出台《浙江省专利权质押贷款管理办法》，宁波、温州、台州等地也相继出台办法，全省金融机构通过专利权质押向企业发放贷款近5 000万元。

◎ 区域科技创新

市县科技创新活动取得较大进展。2005—2007年浙江省分别组织开展了第一、二、三批科技强市县创建工作，有效推进了各县（市、区）的科技进步与创新。到2007年，全省累计有46个县（市、区）被省委、省政府批准为科技强县（市、区）；8个地市和82个县（市、区）通过全国科技进步先进县、市考核，其中8个市和37个县（市、区）被评为全国科技进步先进市、县（市、区）。浙江省以杭州为中心，宁波、嘉兴为副中心，温州、绍兴、台州、金华等中心城市各具特色的网络化、开放型区域创新体系正在形成。启动建立省部、厅市和部门会商制度。2008年，浙江省政府与科技部建立工作会商制度，在新农村建设、现代制造业、现代服务业、国家高新区建设、自主创新体制研究等6个方面开展会商。2009年启动厅市会商工作，现已与衢州、舟山等4个市建立了会商制度。

◎ 自主创新政策

浙江省科技厅会同省级有关部门及时制定落实国家出台的各项自主创新配套政策实施细则，引导企业增加研发投入，加强自主创新。建立自主创新政策落实例会制度，加大创新政策的宣传培训力度，确保企业研发费加计抵扣、高新技术企业所得税优惠等一系列政策落到实处。各级政府纷纷制定出台鼓励自主创新，促进创新创业的政策措施，科技创新政策落实情况明显改善。2008年浙江省仅企业研究开发费加计抵扣税收优惠达16亿元，高新技术企业享受税收优惠总额超过35亿元。完善浙江省科技成果奖励办法，新设立科技成果转化奖。2009年省十一届人大常委会第十三次会议通过《浙江省高新技术促进条例》，进一步规范、促进全省高新技术的研究开发、成果转化及产业化。

四、高新技术产业与高新区发展

2006年以来，浙江省以建设国家和省级高新技术产业开发区（园区）、高新技术特色产业基地为重点，以培育发展高新技术企业为抓手，滚动实施高新技术产业翻两番行动计划，推动高新技术产业迅速发展。

◎ 产业规模

2008—2009年，浙江省高新技术产业受到国际金融危机的冲击，但目前已企稳复苏，2009年产值达8 785亿元，比2005年增长97.4%。高技术产业产值2 735亿元，比2005年增长57.7%；新产品产值达894亿元，比2005年增长197%；出口交货值98.5亿美元，比2005年增长38%。2008年，生物医药产业工业总产值达61.52亿元，比2003年增长109%；出口交货值达24亿元，比2003年增长229%。

◎ 高新技术企业培育

2006 年以来，已培育国家创新型企业 11 家，试点企业 28 家，省级创新型示范企业 28 家，试点企业 193 家；新认定高新技术企业 2 873 家。一大批企业发展成为高新技术企业和科技型企业，杭汽轮集团、浙江中控、聚光科技、青年汽车、吉利集团等龙头骨干企业迅猛发展，走在行业前列。

图 8-14 吉利经济型轿车研发项目

◎ 国家和省级高新开发区（园区）、特色产业基地建设

2009 年新获批杭州现代服务业、杭州半导体照明、嘉兴无线传感网、长兴绿色动力能源、宁波新能源与节能照明、宁波北仑注塑机等 6 个国家高新技术产业化基地，宁波绿色能源与照明等 9 家基地获批国家火炬计划特色产业基地，新认定义乌市无缝针织制品及原材料等 12 家省级高新技术特色产业基地。2006 年以来，新建国家火炬计划特色产业基地 13 个，总数达 34 个；新建省级高新技术特色产业基地36个，总数已发展到68个。全年省级以上高新技术特色产业基地实现产品销售收入和利税较2005 年分别增长 170%和64%，浙江省高新园区和特色产业基地实现产值占全省高新技术产业产值 60%以上。

五、“十二五”科技发展规划的基本考虑

“十二五”是浙江建设创新型省份和科技强省的关键时期，浙江省委、省政府把提高自主创新能力作为经济建设的首要任务，作为保增长、促转型的根本措施，把科技置于优先发展的战略地

位，强化科技创新的基础条件建设，通过全局性、前瞻性、战略性的总体布局，推进浙江省科技发展步入一个以战略性跨越为特征的新阶段。

浙江科技发展的基本思路是深入实施“创业富民、创新强省”总战略，全面推进国家技术创新工程试点省建设，继续实施自主创新能力提升行动计划，进一步强化企业自主创新的主体地位，在更大范围、更高层次集聚国内外创新要素，更有效地激活创新资源，更大规模转化创新成果，大幅提高科技综合实力。浙江科技发展的基本考虑是紧紧围绕改造提升传统产业、大力培育战略性新兴产业、着力发展民生科技、提高企业创新能力、完善区域创新体系等五大战略重点，实施创新型企业培育、创新平台和载体建设、科技成果转化、高新园区基地建设、创新人才和团队建设、重大科技专项等六大科技工程，采取完善政策法规、推进体制改革、加强国内外合作、实施知识产权战略、发展科技服务业、注重综合协调等六大保障措施，力争在创新型省份和科技强省建设上取得突破性进展。

第四节 安徽省

2006年以来，安徽省认真贯彻全国科技大会精神，落实胡锦涛总书记2008年初关于“安徽教育资源比较丰富，科技实力比较强，应该在自主创新方面有更大作为”的重要讲话精神，坚持把自主创新作为全省发展战略的核心。从创建首个合肥国家科技创新型试点市到合芜蚌自主创新综合试验区，再到国家技术创新工程试点省，安徽区域创新历经三次重大战略升级，自主创新正成为安徽加快发展的一大特色、一面旗帜和一个品牌。

一、科技发展总体进展

◎ 创新步伐加快

创新主体迅速增加。安徽现拥有国家级创新型（试点）企业和新认定高新技术企业数均居中部前列，分列全国第7位和第8位。全省企业技术创新呈现出“五个70%以上”的良好发展态势，即70.6%的科研机构设在企业，73%的科技活动人员在企业，71.9%的R&D经费源于企业，75.3%的省级科技攻关项目以企业为主体承担，72%的省级科技成果出自企业。

创新产业不断壮大。2006年以来，安徽省高新技术产业一直保持年均30%以上的增速。2009

年，高新技术产业实现总产值 3 907 亿元，较上年增长 21.6%，增加值增速高于全省规模以上工业增加值 2.3%，有 9 个产品获国家首批自主创新产品认定。

图 8-15　EAST 超导托卡马克核聚变实验装置

创新能力显著提升。2009 年，安徽成为首批 3 个国家技术创新工程试点省之一。现拥有两院院士 24 名；5 个国家大科学工程、2 家国家实验室、4 家国家重点(工程)实验室；27 家国家级工程(技术）研究中心和企业技术中心、4 家国家级技术转移示范机构。2006 年以来，由安徽主持完成的近 40 项科技成果获国家科学技术奖，其中 2 项为一等奖。专利申请量、授权量在全国的位次由 2006 年的第 18、第 19 位分别上升到 2009 年的第 13 和第 12 位。

◎ **创新经验突出**

示范带动机制。通过建设合芜蚌自主创新综合试验区，皖江城市带承接产业转移示范区，示范带动全省区域创新发展；通过引领奇瑞、江淮等骨干企业发展，带动全省汽车产业整体发展。

项目拉动机制。在改造提升传统产业、培育新兴产业、发展现代农业、建设公共服务平台等方面组织实施重大科技专项，攻克一批共性关键技术，支撑引导产业结构调整。

上下联动机制。通过省部（科技部）、省院（中国科学院）、省局（国家知识产权局）会商平台，省科技工作领导小组、国家技术创新工程试点暨合芜蚌试验区工作推进领导小组，厅市工作会商等机制，形成联手推进自主创新的格局。

政策推动机制。建立省委、省政府办公厅牵头的创新政策落实督查机制，重点推动高新技术企业所得税减免、技术开发费所得税额抵扣等政策的落实。

改革驱动机制。推进投融资体制、科技教育体制、人事分配制度、土地管理制度、国有企业、行政管理体制等6项改革，完善自主创新体制机制。

二、科技重大部署和成就

◎ 做出系列重大部署

2006年以来，安徽省在组织领导、统筹协调、资金投入、工作精力等方面，进一步确立了自主创新在全省发展战略的核心地位。

召开全省科技大会。2006年4月，召开安徽省科学技术大会，做出“走创新型崛起之路，建设创新型安徽”战略部署，印发了《安徽省科技发展“十一五”规划纲要及2020年远景展望》和《关于实施科技规划纲要，增强自主创新能力的意见》。力争到2020年，科技进步贡献率达到60%以上，关键技术自给率大幅度提高，高新技术产业增加值占生产总值的比重达到20%；全社会研究开发投入占生产总值的比重达到25%，科技综合实力超过全国平均水平，进入创新型省份行列。

做出建设合芜蚌自主创新综合试验区重大决策。为贯彻落实党的十七大和胡锦涛总书记2008年视察安徽时的重要指示精神，安徽省委、省政府决定设立合芜蚌自主创新综合配套改革试验区。2008年10月，召开合芜蚌自主创新综合配套改革试验区建设动员大会，出台了《关于推进合芜蚌自主创新综合配套改革试验区工作的若干政策措施》，成立了由省主要领导任组长的领导小组，省政府每年安排5亿元试验区建设专项资金，连续5年每年安排1亿元创业风险投资引导资金。

专栏8-5 启动建设合芜蚌试验区

2009年，经报国务院，科技部、国家发改委、教育部、财政部、中科院等国家部委同意建设合芜蚌自主创新综合试验区，成立了试验区部际协调小组。同年，高新技术产业实现产值2 150亿元，占安徽省55.4%；高新技术领域新增规模以上工业企业509户，新兴产业实现产值同比增长30%。新兴产业发展加速，推进实施京东方、熔安动力、新兴铸管、普乐新能源等26个新兴产业重大项目；创新能力显著提升，三市专利申请、授权量占全省的55.6%和63.2%，新增省级以上创新型（试点）企业、高新技术企业数和新建省级以上研发机构数分别占全省的68%、60%和44%。三市设立了创业（风险）投资引导基金，启动开展了股权质押、知识产权质押、科技保险试点工作，支持合肥高新区积极申报“新三板”市场试点；一批央企来皖建立产业基地，一批国内著名企业、高校院所到试验区投资或设立分支机构。

全面部署国家技术创新工程安徽省试点工作。2010年1月，安徽省委、省政府召开国家技术创新工程安徽省试点工作动员大会，对试点工作进行动员和部署：将合芜蚌试验区工作推进领导小组拓展为国家技术创新工程试点暨合芜蚌自主创新综合试验区工作推进领导小组；到2015年，全省高新技术产业总产值、专利授权量、省级以上创新型(试点)企业和全社会研发投入较2009年增长2倍左右。

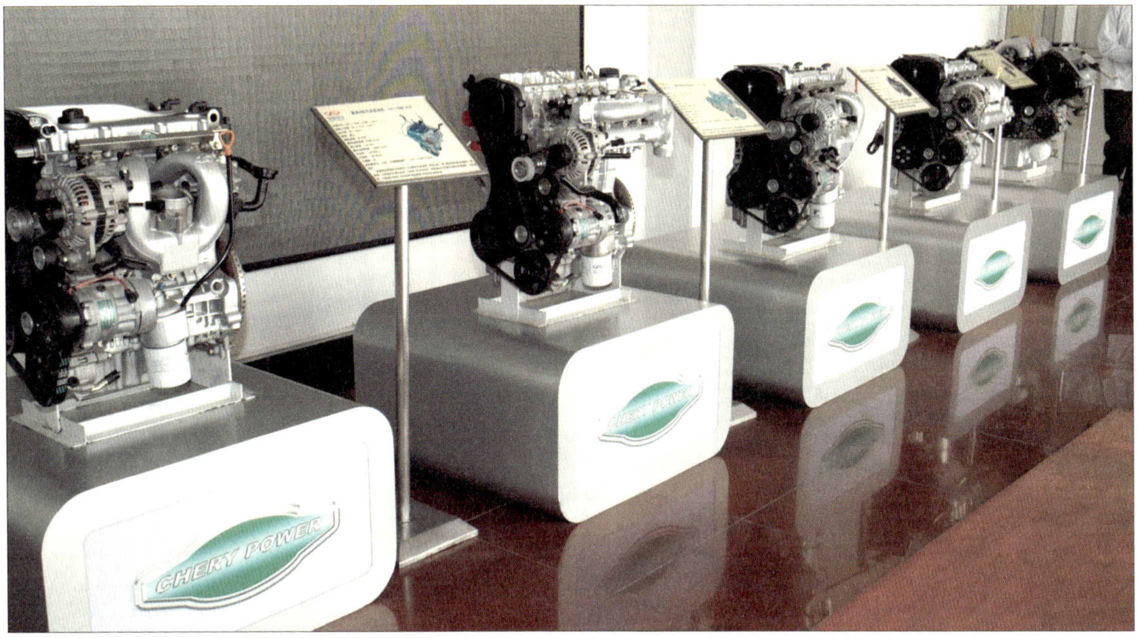

图8-16 奇瑞汽车发动机

◎ 取得四大丰硕成果

产业成果方面。2009年，安徽省高新技术产业增加值首次突破千亿元大关，达到1 094亿元，占全省工业增加值的比重达26.9%。奇瑞A3等一批整车项目开发成功，海螺集团纯低温余热发电技术、垃圾焚烧处理技术的推广应用，马钢集团高效节约型建筑用钢新产品成功研制。成为国家粮食丰产科技工程示范省，农村科技信息化建设走在全国前列，特别是农产品深加工专项的强力实施和科技富民强县工作的深入开展，全省主要农作物良种覆盖率达96%以上。

科技成果方面。2009年，安徽省申请专利量和授权量在全国位次分别较上年上升2位和6位；共有13项科技成果获国家科技奖励。量子通信、智能语音、全超导核聚变等高端研发居世界领先水平。

人才成果方面。2009年，共引进各类高端人才4 000多名，同比增长50%。中科大微尺度物质科学国家实验室、奇瑞公司被批准为国家级海外高层次人才创新创业基地。中科院、中国工程院和中国科协分别在安徽设立院士工作办公室和海智计划合肥基地。

改革成果方面。2009年安徽省地方财政科技拨款比2006年增长4倍多，财政科技投入占地方财政支出比重从2006年的0.94%上升到2008年的1.45%。科技金融创新步伐加快，省及合芜蚌三市设立创业（风险）投资引导基金，已确定参股创投基金10支，资金募集规模30多亿元。

三、创新体系建设和重大创新政策

◎ 加快技术创新体系建设

2006年以来，围绕科技支撑引领经济社会发展总目标，以推进合芜蚌试验区建设为总抓手，聚焦核心区域、核心企业、核心项目“三个核心”，强化推进企业主体、创新载体和产学研一体“三体建设”，建设创新体系。

以提升企业自主创新能力为重点，强化创新主体建设。安徽省科技厅等6部门联合印发关于加快培育创新型企业的意见。全省获批国家级创新型企业7家，试点企业11家，认定省级创新型（试点）企业114家。新认定高新技术企业990家，率先建立创新型企业科技专员制度，首批选派科技专员113名。批准设立省级（重点）实验室、工程技术研究中心、企业技术中心技术转移示范机构和科技创新公共服务平台共640多家。

以加速创新资源聚集为目标，强化创新载体建设。合肥国家科技创新型试点市示范核心区“一个中心、三个基地”建设全面启动。安徽省科技成果转化示范基地聚集了18家科技型企业和科研单位入驻。开通运营省“科技路路通”总中心、合芜蚌三市分中心和首批25家服务站。安徽（芜湖）高新技术产权交易中心和合肥、蚌埠国家专利技术展示交易中心建成运行。

以促进科技成果转化及产业化为落脚点，强化产学研一体建设。聚焦新兴产业，成立了冶金矿产资源高效开发利用、汽车电子等一批产业技术创新战略联盟。搭建产学研合作平台，成功举办中博会、合肥自主创新要素对接会、皖江城市带承接产业转移示范区产学研合作项目对接会等展会，组织高校开展产学研对接活动300多次、签约技术合同6000多项。2006—2009年共完成技术市场合同交易额116.3亿元，认定国家级技术转移示范机构4家、省级技术转移示范机构15家。

◎ 出台重大创新政策

2006年以来，制定实施《关于推进合肥国家科技创新型试点市工作的若干意见》、《关于推进合芜蚌自主创新综合配套改革试验区建设的若干政策措施》和《国家技术创新工程安徽省试点工作实施方案》等政策，形成了较为完整的政策支持体系。

加大科技投入。从2008年起连续5年每年安排1亿元、共计5亿元的创业（风险）投资引导基金支持合芜蚌试验区建设；并从2010年起每年安排2亿元专项资金支持国家技术创新工程试点工作。2007—2009年，全省财政共投入应用技术研发资金15.3亿元，引导全社会R&D投入近256亿元。

鼓励金融支持。建立完善科技和银行、担保、证券、保险等金融机构合作机制，开展了股权、商标权、专利权质押贷款等新型融资方式试点。

落实税收政策。重点推进企业研发费用所得税前加计扣除、高新技术企业税收优惠、政府采购自主创新产品等政策落实。2009年，按规定兑现政策奖励补助资金14.5亿元。

激励科技人才。设立创新人才奖，组织高等院校、科研院所与企业联合实施研究生“千人培养计划”，实施海外高层次人才引进“百人计划”，大力引进国外智力项目，支持国家级海外高层次人才创新创业基地建设，推进博士后科研工作(流动站)和留学生创业园建设。在高等院校、科研院所和高新技术企业开展职务科技成果股权和分红权激励试点。

实施政府采购。出台《安徽省自主创新产品认定管理办法（试行)》。组织编制《安徽省自主创新产品目录》。重大建设项目以及其他使用财政性资金采购重大装备和产品的项目，应优先购买列入《安徽省自主创新产品目录》的产品。对获得省自主创新产品的单位在高新技术企业认定、创新型企业认定、促进科技成果转化和相关产业化政策中给予重点支持。

四、高新技术产业与高新区发展

◎ 加快高新技术产业发展

2006年以来，安徽省以改造提升优势产业、培育战略性新兴产业为主线，坚持以企业为主体，通过规划引导、项目带动、载体支撑、政策激励，促使全省高新技术产业发展迈上新台阶。2009年全省高新技术产业实现总产值比2006年增长1倍多；增加值占全省工业增加值的比重比2006年提高2.5个百分点，占全省GDP的比重比2006年提高2.3个百分点。

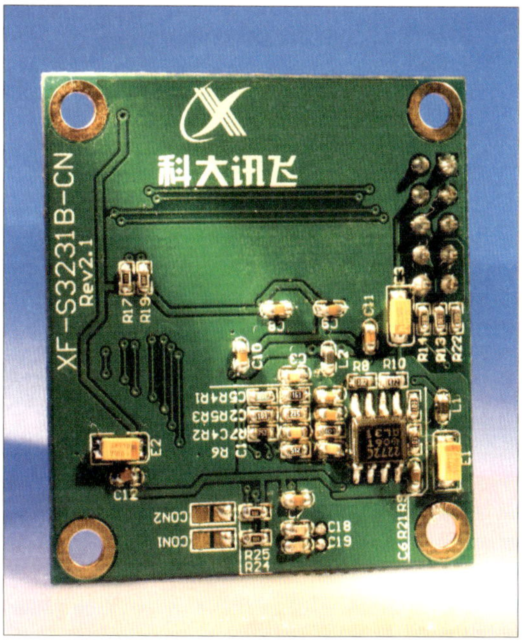

图8-17 科大讯飞自主研发的语音技术

组织实施省重大科技专项，改造提升传统产业。通过强力组织实施“节能环保汽车及关键零部件”等部分工业及高新技术领域重大专项，突破了一批重大的共性关键技术，提升了企业自主创新能力，带动了相关产业技术水平的提升。在重大科技攻关计划的支持下，奇瑞、江汽等企业加大对节能和新能源汽车的研发和生产，形成了较强的自主创新能力和自主品牌优势。合肥锻压大型数控薄板冲压液压机开发成功，海螺集团纯低温余热发电智能化集散控制系统（DCS）投入应用，丰原集团木糖醇联产柠檬酸项目已投入试生产。

瞄准新能源汽车、光伏太阳能、新材料等领域，培育扶持新兴产业。通过重点支持奇瑞磷酸铁锂动力电池等一批重大项目，设立语音产业科技创新专项等，大力促进新兴产业发展。大型数控单双动薄板冲压液压机、染料敏化太阳电池产业化、自动变速器研发等项目被列入国家重大专项、863或国家科技支撑计划。合肥“十城千辆”工作取得进展，30辆纯电动公交车国内率先集中投运，14项示范工程项目进入国家金太阳示范工程；省部共创奇瑞名牌取得新突破，工业机器人等项目获得科技部支持3 000万元。选聘30多位首席科技专家，开展新能源汽车等新兴产业发展路线图的研究，有关新兴产业技术发展指南已由省政府转发实施。

加快孵化器等创新载体建设，培育中小科技型企业。出台加快科技企业孵化器发展若干意见，开展省级科技企业孵化器认定。初步统计，全省现拥有孵化器42家，其中国家级7家，省级15家；孵化面积89.2万平方米，在孵企业1 092家，2009年新毕业企业127家。全省现有高新技术产业基地23家，其中滁州家电设计与制造基地等8个产业基地被批准为国家基地。2009年，安徽省高新技术产业基地实现营业总收入2 999.5亿元，比2006年增长4倍多。全省现有各类生产力中心44家，其中国家级示范中心6家。

◎ 积极推进高新区“二次创业”

安徽现拥有5个高新区，其中合肥芜湖为国家级，蚌埠、马鞍山、铜陵、池州、淮南（筹建）为省级。2006年以来，安徽省十分重视发挥高新区在全省区域创新网络中的支撑作用。坚持以高新技术产业为先导产业，把发展高新技术产业作为促进自主创新的重点，把提高自主创新能力作为高新区发展战略的核心，围绕培育特色优势，积极推进高新区加快“二次创业”，引导和支持高新技术产业集群化发展，积极推进产业、技术、人才资源整合，发展壮大一批创新型企业。启动合肥高新区创新型园区规划研究，稳步推进非上市股份公司转让代办系统（新三板）工作，促进中小科技企业改制。2009年，合肥、芜湖、蚌埠3个高新区拥有注册企业数3 886家，实现工业总产值、营业总收入分别达2 673亿元和2 886亿元。高新区正成为安徽发展高新技术产业的重要载体、带动全省经济结构调整和发展方式转变的强大引擎和高新技术企业参与国内外市场竞争的前沿阵地。

五、“十二五”科技发展规划的基本考虑

“十二五”是安徽省全面落实《国家中长期科技发展规划纲要（2006—2008年）》、建设创新型安徽承上启下的阶段，也是全省工业化、城镇化加速推进的关键时期。安徽科技发展的基本考虑是加速推进技术创新工程试点省建设，以合芜蚌自主创新综合试验区为主抓手，以体制机制创新为动力，以提升产业竞争力为核心，进一步突出企业主体、园区载体和产学研一体建设，取得一批产业成果、科技成果、人才成果和改革成果，在以下5个方面寻求突破：一是加快培育战略性新兴产业，重点发展新型显示、节能环保、新能源汽车、公共安全、生物技术等新兴产业，培育新的经济增长点，推动产业结构调整；二是加快培育创新型企业，推进多种形式的产学研合作，引导技术、人才、资金等要素向企业积聚，培育一批拥有自主知识产权和知名品牌的创新型企业；三是加快园区载体建设，推进合肥试点市示范核心区建设，建设一批省级高新技术产业开发区，结合皖江城市带承接产业转移示范区，建设一批特色产业基地；四是加快创新平台建设，建立科技成果研发、转化、交易和服务平台，促进创新资源的集聚、整合和共享，完善创新创业公共服务体系；五是加快培养创新型人才，抓住机遇，引进一批海外高层次创新创业人才，培养一批科技领军人才和创新型企业家，建立完善人才激励机制。

第五节 福建省

“十一五”以来，福建省委、省政府高度重视科学技术在建设海峡西岸经济区与全面建设小康社会中的引领和支撑作用，贯彻落实科学发展观，以“自主创新、重点跨越、支撑发展、引领未来”方针为指导，实施科教兴省和人才强省战略，坚持“以‘先’为志、以‘创’为行”和“海西先行，科技先行”，通过强化自主创新、注重开发知识产权和标准、推进产业集群创新、构建产学研合作创新新机制等措施，充分发挥广大科技人员的积极性、创造性，科技工作呈现出持续快速健康发展的良好态势。

一、科技发展总体进展

2006—2009年间，福建省综合科技进步水平和区域自主创新能力保持全国先进行列。在全国

科技进步考核中，通过率和先进市（县、区）授予率不断提高，保障了“十一五”规划各项发展指标的基本完成。

表 8-1　2006—2009 年福建省科技创新能力综合评价表

指标名称	2006 年	2007 年	2008 年	2009 年
	排名	排名	排名	排名
创新能力综合评价值	13	11	13	12
综合科技进步水平指数	11	8	9	11
全国市、县（市）科技进步考核情况	2005—2006 年度		2007—2008 年度	
	通过	先进	通过	先进
	59	31	73	35

◎ 科技资源投入

福建省上下认真贯彻落实《中共福建省委、福建省人民政府关于增强自主创新能力推进海峡西岸经济区建设的决定》。财政科技投入逐年增加。“十一五”期间，省本级财政安排的科学支出和科技三项费用以2005 年初财政预算4.25 亿元为基数，确保每年按不低于10%递增的目标要求，基本实现了省级财政和各市、县（区）财政科技投入的逐年增加。

表 8-2　2006—2009 年福建省财政科技经费情况表

项　目	2006 年	2007 年	2008 年	2009 年
财政科技经费拨款总计（万元）	148 449	212 670	256 281	278 903
增长率（%）	14.2	43.3	20.5	8.8
财政科技经费拨款占财政支出比重（%）	2.04	2.34	2.21	1.98

全社会 R&D 投入实现突破性增长。地方财政科技投入引导了全社会 R&D 投入结构优化与提升。2006—2009 年，全社会 R&D 经费由67.43 亿元增长到了 135.38 亿元，年均增长 26.2%，2009 年 R&D 投入占 GDP 比例突破 1%。

表 8-3　2006—2009 年福建省 R&D 投入占 GDP 比重情况

项　目	2006 年	2007 年	2008 年	2009 年
R&D 经费（亿元）	67.43	82.17	102.13	135.38
增长率（%）	14.2	43.3	20.5	8.8
R&D 经费占 GDP 比重（%）	0.89	0.89	0.94	1.11

数据来源：《福建经济与社会统计年鉴 · 社会科技篇》

科技人才队伍不断壮大。截至 2009 年底，福建省从事科技活动人员总量由 2006 年底 101 099 人增加到 167 132 人，年均增长 18.0%。全社会从事 R&D 人员工作量由 2006 年 4.02 万人年增长到 2009 年 6.33 万人年，年均增长 16.3%。

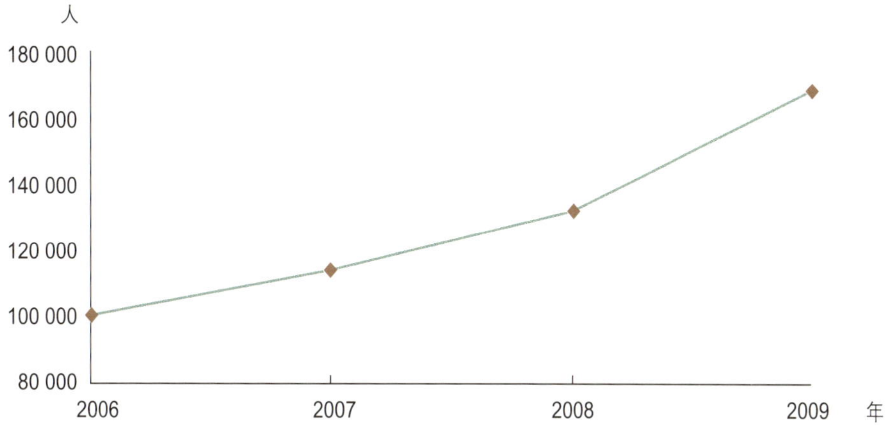

图 8-18　福建省 2006—2009 年从事科技活动人员数

数据来源：《福建经济与社会统计年鉴 · 社会科技篇》

科技基础条件不断改善。至 2009 年底，福建省各类国家级重点实验室 5 个，省级重点实验室总数达到 52 个，国家级工程（技术）研究中心 4 个，省级工程（技术）研究中心 68 个。

◎ 科技合作与交流

全面落实全国科技外事工作会议精神，以中国 · 海峡项目成果交易会、北京科博会、“9 · 8”投洽会等系列重大活动为平台。

闽台科技合作进一步深化。至 2009 年，已先后有台湾各类专家、学者 500 多批 4 000 多人次来闽考察交流、洽谈合作项目，福建省也有 200 多批 1 200 多人次赴台考察交流，并成功举办“海峡论坛”等形式多样的系列研讨会；目前，闽台两地建立起了涵盖有关高校、科研机构、科技园区和高科技企业，涉及电子信息、石油化工、精密机械、农业、海洋、气象、地震及中医药等20多个学科领域的交流合作，合作形式发展成以合作研究、共建重点实验室、共同申报科研项目等多种方式，科技产业合作纵深发展。出现了东南汽车、华映光电、翔鹭化纤、华阳电业等产业关联度强的大型台资项目，形成电子、石化、汽车、纺织等产业集群。

区域科技合作初步形成联动格局。积极参加泛珠三角区域科技合作，推进与全国知名院校之间、与兄弟省市之间、与国家在闽研究机构之间的科研合作与共建，通过项目（产品）展示推介等系列活动，促进了项目、技术、资本、人才之间的互动。

国际科技合作与交流不断深入。加强与各国在信息、生物、食品安全、环保等技术领域的交流与合作，同65个国家、地区和国际组织建立了科技合作关系；2006—2009年，福建省共有10个政府间科技合作项目获得批准。争取科技部国际科技合作计划项目共20项，经费2 698万元，比“十五”同期增长13%，初步形成了多层次、多形式、多方位的对外科技合作与交流网络。

◎ 科技产出水平

国家级奖励有较大增长。2006—2009年，福建省科技成果登记数由2006年的539项提高到2008年的614项，2009年有所回落。2009年有8个项目获国家科技奖。省级科学技术奖保持平稳增长。

表8-4　2006—2009年福建省科技成果及获奖情况

奖 项	2006年	2007年	2008年	2009年
科技成果登记数（项）	539	582	614	533
国家科技奖（项）	5	4	5	8
省科学技术奖（项）	198	200	200	204

专利申请与授权保持高速增长。2006—2009年，福建省专利年申请数增长了69.64%，专利授权数增长了75.95%。截至2009年底，福建省累计专利申请总量达113 147件，位居全国第13位。全省累计专利授权70 824件，位居全国第9位。

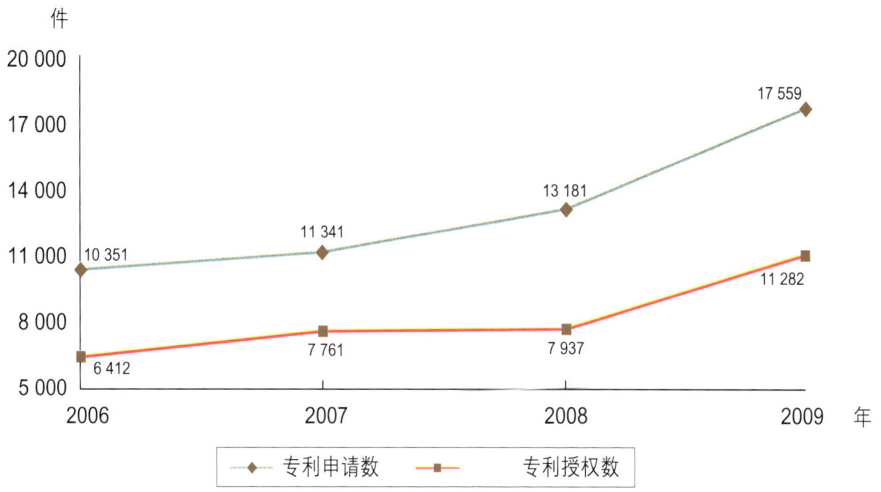

图 8-19 福建省 2006—2009 年专利申请数和专利授权数

科研学术论文水平不断提升。2006—2009 年期间，福建省科技人员在国内外发表的学术论文保持持续增长，由 2006 年的 17 896 篇增长到 2009 年的 26 111 篇，年均增长 13.2%。

表 8-5 2006—2009 年福建省科技论文和著作数

项 目	2006 年	2007 年	2008 年	2009 年
国内外发表科技论文（篇）	17 896	18 283	25 666	26 111
其中：科研机构发表（篇）	2 632	1 885	2 561	2 821
高等院校发表（篇）	15 264	16 398	18 734	18 189
其中：国外发表（篇）	1 819	2 608	2 988	4 039
国外三大检索工具收录科技论文（篇）	1 932	2 743	3 353	3 508

注：国外三大检索工具收录科技论文数为理工类高校发表科技论文被收录数；数据来源：《福建科技发展报告》、《福建经济与社会统计年鉴 · 社会与科技》。

二、科技重大部署和成就

“十一五”期间，福建省围绕“十一五”科技发展规划中确定的 9 个重点领域的 44 个优先主题、17 个科技重大专项进行重点安排，通过实施省级科技重大专项、积极启动实施区域科技重大项目，以工作机制的创新促进国家和省级科技资源向市县延伸，有效地带动了全社会自主创新能力的提升。

◎ 实施省级科技重大专项和区域科技重大项目

自 2004 年开始，福建省每年都组织立项一批科技重大专项，2006—2009 年实际立项实施 30

个科技重大专项，投入省级科技经费2.5亿元，聚集吸收社会各方面研发投入近20多亿元。通过重大专项的实施，突破了一批制约重点产业发展的关键技术瓶颈。据统计，项目承担单位共申请专利266项、授权专利127项，有231项科技成果得到推广应用，培植了12个重大项目列入国家科技支撑计划，取得了一批全国领先的新成果。2009年继续创新市县科技项目生成机制，启动50个创新性、带动性强的区域科技重大项目，组织各个层面的力量联合攻关，共同提升区域产业的科技含量和综合竞争力。

◎ 积极部署探索性与前沿性基础研究

2006—2009年间，福建省自然科学基金累计资助各类项目1 727项，经费总投入7 020万元，资助经费比“十五”期间增长18.7%。其中重点项目39项，资助经费685万元，面上项目854项，资助经费4 117.5万元，自由申请项目479项，资助经费602.5万元，高校专项计划项目158项，高校自筹经费562万元。为了培养一批优秀的、高层次的科技创新人才，2009年福建省自然科学基金开始设立省杰出青年科学基金项目，共设立杰出青年科学基金项目33项，资助经费857万元，有力地促进了福建省若干优势学科及拔尖后备人才的形成和发展。“十一五”以来，福建省获得国家自然科学基金资助的项目快速增长，共有922个项目获得资助，经费37 740.6万元，有88个项目（课题）获得国家科技部重大基础研究计划立项资助，获得资助经费达17 188万元。

◎ 推动科技特派员制度持续创新

科技特派员制度是由福建省创建的科技支农、扶农和兴农的重大措施，得到科技部和全国各地的广泛关注。“十一五”期间，福建省积极推进科技特派员工作，探索多元化的农村科技服务体系，建立科技特派员专项工作的长效机制，进一步丰富了依靠科学技术解决“三农”问题的方式方法，为海峡西岸社会主义新农村建设提供了有力的科技支撑。

武夷山市永生岩茶厂是省级农牧业产业龙头企业，省科技特派员派驻该厂后，以创建利益共同体作为突破口，开发有机茶示范基地项目、建设武夷岩茶国优新品种推广示范基地。科技特派员帮助企业做大、做强。为派驻的企业提出整改方案，成功注册外资公司，为企业迈进国际茶叶领域奠定基础，紧密联结茶农600户，茶山10 000亩、示范带动2 200户。企业逐年增加劳动力就业，农户从茶叶产业中每年增收360万元以上。利用基地开展有机茶技术培训，每年办班培训茶农200人次，技术咨询60人次。帮助企业开发有机茶示范基地500亩、从省农科院引进“黄玫瑰”、“金牡丹”等武夷岩茶国优新品种12个。推广示范基地已列为武夷岩茶国优新品种种苗采穗基地。

图 8-20 推进"科技特派员＋企业＋基地＋农户"模式

“高位嫁接、重心下移、互动联动、一体运作”农村工作机制进一步深化。截至2009年，科技特派员工作已在福建省9个设区市、75个县（市、区）得到全面开展，61个县（市、区）设立了100个省级科技特派员创业示范基地；各地市在省级科技特派员创业基地的基础上，积极设立市级、县级科技特派员示范基地；广泛动员高等院校和科研院所的高级科技人员带技术、带成果投入到示范基地的建设。目前，已累计派出科技特派员13 443人次，实施科技开发项目3 462项，带动建立市级科技特派员示范基地116个，县级科技特派员示范基地44个，示范推广新技术922项，引进新品种2 077个，带动农户5.7万户。

番茄是龙岩市新罗区江山乡的主导蔬菜，当地科技特派员建立了蔬菜示范基地，通过引种、试验、示范、培训，使大量新品种、新技术在该乡得到推广应用，解决了种植常规番茄等蔬菜品种，外观品质差、病害严重、产量低、销路不好的问题。2006—2009年，科技特派员给江山乡示范基地带来投资50多万元，建立大棚100亩，每年示范品种40多个，推广应用品种有10个，辐射面积5 000亩，带动农户500户，基地每年利润达30多万元。农户称“科技特派员是我们蔬菜种植户的‘智多星’，引领我们走上了致富的道路”。

图 8-21 科技特派员进行蔬菜技术培训

图 8-22 科技特派员进行蔬菜技术现场指导

三、创新体系建设和重大创新政策

“十一五”期间，福建省围绕构建“良性互动、有机统一、具有福建特色的区域创新体系”战略目标要求，继续深化科技体制改革，逐步完善区域创新政策法规体系，充分发挥政府的主导作用，充分发挥市场在科技资源配置中的基础性作用，充分发挥企业、科研机构、大学的主体作用，创新型省份建设取得可喜进展。

◎ 区域创新体系建设进展及成效

企业技术创新主体基本确立。实施技术创新（引导）工程，开展高新技术企业和自主创新产品认定，鼓励和引导科技人员服务企业，推动产业技术创新战略联盟构建，大力培育引领创新的科技型企业。截至 2009 年底，福建省累计重新认定高新技术企业 902 家，181 家省级创新型（试点）企业，已拥有国家级研发机构 30 个、省级 108 个。2009 年，福建省规模以上工业企业中科技活动人员数为 109 389 人，较 2006 年增加了 71.89%；工业企业 R&D 经费投入达到了 114.43 亿元，占全社会 R&D 经费的 84.53%。

知识创新能力得到逐步增强。拥有一批人员素质较高、技术力量雄厚、创新能力较强的高等院校和科研机构，福建省共有在闽院士 15 人、国家有突出贡献中青年专家 79 人、省优秀专家 322 人、闽江学者 49 人、长江学者 13 人、享受国务院特殊津贴专家 2 229 人，在福建省高层次知识创新人才队伍中具有举足轻重的地位。

科技创新服务平台不断得到健全。一批重要成果平台已形成品牌效益，2009 年全省共签订各类技术贸易合同 4 799 项，技术贸易合同成交金额 26.23 亿元，第五届“6 · 18”项目成果对接创历史新高达 5 008 项。这些平台建设与运行，有效地整合、集成优势科技资源，为产业进一步升级和可持续发展提供支撑。

顶层设计与管理能力不断得到增强。通过构建“大科技、大协作、大开放”创新工作格局来盘活海峡西岸经济区内、区外的创新要素流动，先后建立了省政府与科技部、国家知识产权局的工作会商制度，与中国科学院开展了省院科技创新合作，牵头创立了海西科技协作联盟，建立全省科技工作联席会议制度，较好地形成了上下联动、左右协调、开放合作，适应大科技发展要求的政府宏观管理体系，有效实现了全省科技统筹协调管理能力的提升。

◎ 重大区域政策法规建设及成效

科技创新政策环境不断改善。2006年，福建省委、省政府颁布了《中共福建省委福建省人民政府关于增强自主创新能力推进海峡西岸经济区建设的决定》、《福建省中长期科学技术发展规划纲要（2006—2020年）》和《福建省科学技术发展第十一个五年规划纲要》，确立了2020年建成创新型省份的发展战略目标，精心构建具有福建特色的区域创新体系，构筑四大科技服务平台体系。截至2009年底，已颁布33个政策性文件，激励自主创新政策体系加快形成，科技工作环境得到有效改善。包括企业研发费用税前加计扣除、高新技术企业认定、金融支持福建省企业自主创新、政府采购自主创新产品等在内的激励创新重点政策措施，在引导和扶持企业加强技术创新活动中，已开始显现其杠杆效应，有效引导全省科技事业的健康快速发展。

“大政策”及时催生。《关于贯彻国务院发挥科技支撑作用促进经济平稳较快发展的实施意见》、《关于贯彻国家知识产权战略纲要的实施意见》等重大政策文件的出台，进一步突出了科技工作在国民经济发展中的地位，使得科技支撑在应对金融危机、转变经济增长方式中作用不断凸显，功能不断提升。

四、高新技术产业与高新区发展

“十一五”期间，福建省高新技术产业以提高自主创新能力、发展高新技术产业为主线，进一步加大对高新技术研究与开发的投入力度，推动全省高新技术产业的发展，特别是高新区的持续发展和形成品牌带动效应。

◎ 高新技术产业发展

2006年以来，福建省工业高新技术产业产值占工业总产值的比重从2006年的24.8%上升到2009年的52.1%。高新技术产业产值和高新技术产业增加值年均增长率分别为20.14%和20.70%。2009年福建省高新技术产业产值为5 182.17亿元，比2006年增长了73.39%；高新技术产业增加值达到1 403.86亿元，比2006年增长了75.82%。2009年福建省高新技术产业化指数居全国第6位，高新技术产业增长对经济增长的贡献率为16.9%。

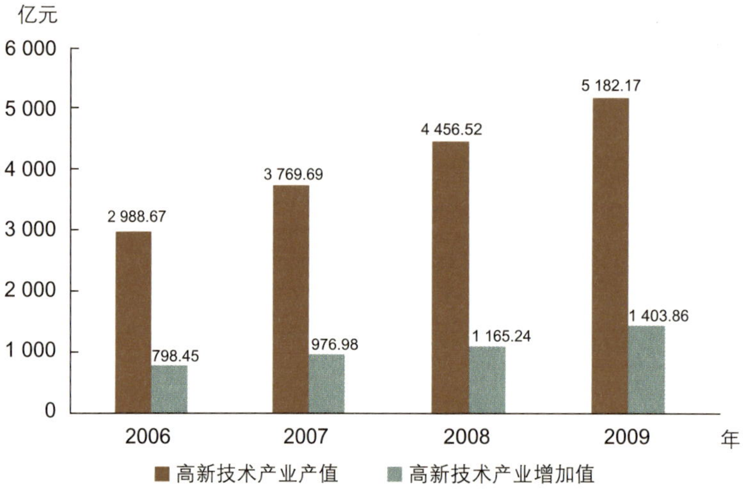

图 8-23　福建省 2006—2009 年高新技术产业基本情况

数据来源：《福建科技年鉴》

◎ 高新区发展

2009 年，福建省已有 2 个国家级高新技术产业开发区和 4 个省级高新技术产业开发区。2009 年，国家级高新技术产业开发区的高新技术产业产值为 1 247.09 亿元，比 2008 年增长 4.4%，占全省高新技术产业产值的比重为 24.1%；增加值 316.18 亿元，比 2008 年增长 11.0%，占全省高新技术产业增加值的比重为22.5%。省级高新技术产业开发区的高新技术产业产值为151.19亿元，比 2008 年增长 3.2%；增加值 39.27 亿元，比 2008 年增长 12.4%。

五、“十二五”科技发展规划的基本考虑

“十二五”时期，福建省科技工作将全面贯彻落实《国务院关于支持福建省加快建设海峡西岸经济区的若干意见》和省委、省政府重要战略部署，以加快推进经济结构调整和发展方式转变为主线，着力推动体制机制创新，加快区域创新体系和创新能力建设，大力培育战略性新兴产业，为加快推进海峡西岸经济区建设、引领经济社会发展走上创新驱动的科学发展轨道提供科技支撑。科技发展的主要思路是：把管理创新与体制机制建设同步推进，把促进科技发展与解决民生问题同步推进，把源头创新与突破产业瓶颈技术同步推进，把科技创新平台和创新能力建设同步推进。以发展为主线，继续健全完善区域创新体系，推进自主知识产权的应用研究和产业化，实现在较高水平上的技术跨越。

第六节 江西省

按照建设创新型国家总体战略部署，江西省提出了“自主创新，建设创新型江西”的战略。2006年6月，部署实施了《江西省中长期科学和技术发展规划纲要(2006—2020年)》，出台了《关于实施科技规划纲要，增强自主创新能力的决定》和《关于实施〈江西省中长期科学和技术发展规划纲要(2006—2020年)〉的若干配套政策》，采取了包括“六个一工程”在内的一系列强有力的举措，科技工作面临新的发展机遇。

一、科技发展总体进展

◎ 科研机构

江西省现有各类科技机构580个，其中省属独立科研院所58个、企业所属248个、高校所属64个。部分驻赣及中直单位科研机构科研实力较强，如昌飞公司、洪都、中国直升机研究所（602所）等。组建了109个重点实验室和工程技术研究中心（国家级4个），产生了50个以高新区为代表的科技园区（国家级10多个），形成了6个国家级新材料产业基地和13个特色农业基地。

◎ 人才队伍建设

江西省企事业单位专业技术人员总数70余万人，专业从事科技研发人员7.28万人，科学家和工程师4.8万人。新世纪以来共产生3位院士，省主要学科学术和技术带头人培养计划经过连续10年的支持，培养和稳定了111名专家。

◎ 科技经费投入

2009年，江西省研究与试验发展经费支出为78.8亿元，占生产总值1.04%；2008年全省财政科技拨款总量11.14亿元，占财政支出比重0.92%。2009年，江西省本级财政科技经费占财政支出的2%，并要求市县财政科技投入达财政支出的1%。

◎ 科技产出情况

高新技术产业产值年均增加20%～30%，2009年高新技术产业总产值1 935.2亿元，高新技术产业增加值613.2亿元，占GDP的8.1%；江西省专利申请和授权数分别为5 224件和2 915件，同比增长39.5%和27.0%；技术合同成交额9.9亿元，增长27.6%。

◎ 特色和优势领域

部分领域如闪速炼铜、光伏产业、有色金属新材料、航空、高技术陶瓷、生物技术与遗传育种、中医药现代化等，列入国家“863”计划、科技支撑计划等行列。继续实施科技部挂点井冈山的科技扶贫工作。

◎ 科技进步与创新的环境

制定了江西省中长期科技发展规划纲要以及相关的配套政策。坚持实施科技大开放战略，与芬兰合作建设共青数字生态城，与长三角、泛珠三角、海西建立协作联盟，与环渤海经济圈开展一系列科技合作。加强知识产权工作，江西省财政设立了专利专项资金，颁发了《江西省专利促进条例》。与国家知识产权局建立了省局工作会商机制，各设区市及部分县设立了知识产权管理机构。

二、科技重大部署和成效

2009年6月，出台了《关于科技创新“六个一”工程的实施意见》，决定在2009—2015年围绕江西崛起新跨越战略和鄱阳湖生态经济区建设，主攻10个优势高新技术产业、培育100个创新型企业、实施100项重大高新技术成果产业化项目、建设10个国家级研发平台、办好10个国家级高新技术产业特色基地、组建100个优势科技创新团队。

◎ 推动“六个一”工程实施

成立了以省长任组长的“六个一”工程领导小组（办公室设在省科技厅），省直各部门组成了实施机构，全省11个设区市和1/3县（市、区）健全了组织协调体系。

◎ 强化“六个一”工程部署

围绕“六个一”工程的总体要求和任务分工及《江西省十大战略性新兴产业发展规划》，进一步加快推动光伏、风能核能、新能源汽车及动力电池、航空制造、半导体照明、金属新材料、非金属新材料、生物医药、绿色食品、文化及创意十大战略性新兴产业的发展。印发了《江西省国家科技创新研发平台建设规划、江西省高新技术产业特色基地建设规划、江西省优势科技创新团队建设规划和江西省创新型企业建设规划》的通知。

◎ 保障“六个一”工程贯彻落实

江西省政府制定了配套政策。印发了《江西省实施科技创新“六个一”工程若干配套政策》，配套政策包括加大政府财政科技投入、落实税收激励政策、强化金融支持、落实政府采购支持、加大建设用地支持力度等共5个方面内容。

9个设区市出台了贯彻落实意见。新余、上饶、南昌、宜春、抚州、赣州各设区市结合本地实际，都制定了贯彻意见。12个有关部门制定了实施细则。江西省科技厅、省财政厅、省发改委、省工信委等省直有关部门制定了一系列《实施科技创新"六个一"工程配套政策》实施细则，如《江西省自主创新产品认定管理办法（试行）》和《江西省自主创新产品政府采购管理办法（试行）》等。

◎ 重大活动

召开了首届世界低碳与生态经济大会暨技术博览会。2009年11月，世界500强企业有240多家参加了博览会，签约143个项目，总投资达到1 046.95亿元，发布了"南昌宣言"，确定了世界低碳与生态经济大会暨技术博览会将永久落户南昌。举办了中国景德镇国际陶瓷博览会和高技术陶瓷论坛。2009年10月的论坛，共签约国内外项目39个，金额近60亿元人民币。举办了江西技术、人才、项目对接会。2009年10月对接会上签订了省校科技合作、金融投资支持、共建国家级研发平台等战略性合作协议19项，技术成果产业化合作项目100项，项目投资额105.64亿元，签约金额90.64亿元。举办了江西省中高级人才招聘会暨光伏产业人才招聘大会。138家企业和5 000余名中高级人才参加了2009年10月的招聘大会。

◎ 实施进展

在新兴产业推进上取得新的成绩。光伏产业形成了完整的产业链，增长速度位居全国前列，半导体照明产业规模迅速扩张，形成了自有的知识产权体系，南昌航空城已经开工启动，核能、新能源汽车及动力电池研发和产业化取得许多新成果。风电企业快速成长，金属新材料和非金属新材料成为省工业重要支柱产业。

图8-24　南昌高新区LED代表企业——江西晶能光电公司LED芯片生产线

在创新型企业、平台、基地和团队建设上取得新的突破。落实国家级创新型企业和试点企业10家，新组建了国家光伏工程技术研究中心，批准了国家新能源科技示范城和国家航空产业基地。核资源与环境重点实验室、现代中药研发中心相继成为国家培育的研发平台。宜春锂电、新余螺杆膨胀动力机、吉安风电设备已被批准成为国家级高新技术产业基地。

在政策落实上取得新成效。江西省级财政科技拨款2010年按财政支出的2%实行预算。全年研发加计抵扣减免金额达到6.64亿元，认定自主创新产品2批613项。

一批重大项目投入“六个一”工程。江西省政府继续整合2亿元财政资金，扶持32个高新产业重大项目，投入3 000万元启动了光伏、半导体照明和油茶三个重大科技专项。省级科技经费安排“六个一”工程项目329项，经费11 260.3万元，占总三项费的61.1%。

在对外开放上成效显著。2009年，共引进具有博士学位以上的人员360余人，较2008年增长40%，选派了10名“百千万人才工程”一、二层次专家赴国外相关大学和科研院所研修。

在科技与金融结合上取得新的进展。2009年8月，江西省科技担保公司落实了国家开发银行26.5亿元贷款用于“六个一”工程的项目，积极推行联保、企业互保、仓单质押等业务模式，为全省58家新能源、新材料、生物医药、现代农业、先进制造和现代服务等领域的企业，提供贷款担保金额达8.2亿元。

三、创新体系建设和重大创新政策

（一）创新体系建设方面的主要实践

◎ 科技支撑鄱阳湖生态经济区建设

利用鄱阳湖生态经济区规划上升为国家战略，组织实施《鄱阳湖生态经济区科技创新规划》，以生态牌、科技牌、开放牌作为主要抓手，建设鄱阳湖生态经济区科技创新体系。

◎ 积极推进创新型城市建设

建设国家创新型试点城市。南昌、景德镇被科技部定为国家级创新型试点城市，实现发展方式、体制机制、科技产业、社会文化等领域的全面创新。建设国家新能源科技示范城。新余市形成了光伏产业、风电产业和节能减排设备制造业的三大新能源经济板块，2009年被科技部批准为国家新能源科技示范城。与芬兰共建中芬共青数字生态城市，运用新的理念和做法，解决能源、环保、废物处理、人和大自然平衡的问题。

◎ 大力推进科技入园工作

以全面推进科技“五入园”为重要抓手，开展科技人员入园入企和技术人才项目三对接活动。

截至2009年，江西省94个工业园区有68家生产力促进中心进驻，为6 431家企业提供咨询服务13 877次，培育科技型企业734个，联系科研机构1 112个，联系专家5 571名，引进国内技术项目近千个，国际合作项目26个。为企业增加销售收入39亿元，解决就业53 906人。

建设国家级生态工业园的国家级高新区。南昌高新区在"既要金山银山，更要绿水青山"的可持续发展思路指引下，坚持高新技术产业和创建独特生态园区并举的发展战略。2010年4月，被批准进入"建设国家生态工业示范园区"行列。

推动农村科技特派员和农业科技示范园建设。江西省已有32个县开展了科技特派员工作，2 436名科技特派员深入农村一线，实施科技开发项目1 389项，与农户建立经济共同体803个，直接培训农民31万人次，创办企业1 126个。南昌国家农业科技园和井冈山农业科技园2个国家级农业科技园区以及鄱阳湖水产科技园等16个省级农业科技园的园区入驻企业达295家，带动9万多名农民增收，实现年产值77亿元，年利润10.6亿元。

（二）在人才、产学研、金融、区域科技合作方面的重大创新政策

◎ 政策制定基本情况

2006年7月，继《关于实施〈江西省中长期科学和技术发展规划纲要（2006—2020年）〉的若干配套政策》后，出台了《实施科技创新"六个一"工程的若干配套政策》、《江西省落实国家促进自主创新成果产业化若干政策实施办法》、《关于加强科技金融结合促进科技创新和高新技术产业发展若干意见》等50多项配套政策。

◎ 人才政策

实施优惠政策引进国内外优秀高层次专业技术人才来赣工作。对于符合条件的人才给予科研开发、工资福利、生活补贴、住房、医疗保健等方面的优惠政策，鼓励技术要素参与收益分配。为支持和鼓励科技人员创新创业，出台了《江西省留学科技人员经费管理暂行办法》和《江西省鼓励技术要素参与收益分配试行办法》。在创新人才建设方面，开展了江西省"十大科技创新人物"评选表彰活动，对3位中国工程院院士授予"江西省科技创新特别奖"。确定了135位学科带头人培养对象和63名青年科学家（井冈之星）培养对象，组建了41个省优势科技创新团队，共引进博士学位以上的人员360余人。

◎ 产学研合作政策

围绕主攻十大战略性新兴产业，制定了《江西省推动产业技术创新战略联盟构建与发展的实施方案》，探索长效稳定的产学研结合机制。

◎ 科技金融政策

2009年下发了《关于加强科技金融结合促进科技创新和高新技术产业发展若干意见》，成立了由江西省财政出资省科技厅管理工作的江西省科技担保有限责任公司；省科技厅与中国出口信用保险公司南昌营业管理部、中国人民财产保险股份有限公司江西省分公司、平安养老保险股份有限公司江西分公司、奥仕泽中国投资发展有限公司等金融机构签署了战略合作协议，与省国开行议定了为省科技型企业发放50个亿贷款资金的计划。

四、高新技术产业与高新区发展

2006年以来，江西省遵照“自主创新、支撑发展、实现跨越、引领未来”的科技方针，以科学发展观为统领，以围绕“发展高新技术产业，运用高新技术改造传统产业，营造高新技术产业发展的良好环境”为主线，大力发展高新技术与高新区。

（一）高新技术产业高速发展

江西省高新技术产业形成了电子信息、光机电一体化、生物医药和医疗器械、新材料四大优势领域。2009年底，四大领域合计实现产值1 719.4亿元，增加值552.5亿元，占全部高新技术产业的88.85%和90%。以赛维为龙头的光伏、电器机械及器材制造业实现增加值占高新技术产业比重过四成。

领域内民营企业家数、实现产值和完成出口交货值等数据都接近五成。仁和集团、江西济民可信药业等成为发展高新技术产业的生力军。

江西省14家大型高新技术企业实现产值155.5亿元、增加值53.3亿元，分别增长47.5%和56.7%，占全省高新技术产业总产值和增加值的比重为25.1%和26.8%。

南昌市和新余市领跑全省高新技术产业。截至2009年，实现增加值155.68亿元和68亿元，占江西省高新技术产业的25.3%和11.09%。除南昌市和新余市外，全省各设区市增加值超过50亿元的还有萍乡、赣州和九江市。2009年，宜春市制定了实现锂电产业1 000亿元的规划。

江西省已有南昌国家级高新区和赣州、景德镇、星火化工省级高新区3个，以及农业科技园、民营科技园、大学科技园、留学生创业园53个；有南昌半导体、新余光伏新材料、萍乡和鹰潭新材料、九江星火有机硅、景德镇陶瓷新材料和赣州稀土稀有新材料等特色产业基地7个。产业特色由过去的电子信息、生物工程和新医药、新材料、机电一体化、环保等五个特色领域产业群体，逐步发展到现在的新能源、新材料、生物医药、先进制造和现代服务等领域。

2009年，高新技术产业增加值占GDP和规模以上工业的比重达8.1%和23.5%，拉动GDP和规模以上工业增加值增长4.1个和11.1个百分点。

图 8-25　南昌国家高新技术开发区

（二）积极扶持高新区成长，推进高新技术产业发展

2006年以来，大力推进高新区以增强自主创新能力为核心的"二次创业"，重点加强了对南昌国家高新区、景德镇高新区、赣南高新区、九江星火工业园和新余高新区四个省级高新区的指导。

◎ 抓好实施重大工程

实施制造业信息化工程，促进以信息化带动工业化战略步伐。开展以"甩图纸"为标志的设计制造一体化、无纸化和以"甩帐表"为标志的企业信息流、物流、资金流及经营管理业务集成应用的"两甩"应用示范工程。截至2009年，25家示范企业和48家推广企业新增产值近90亿元。新产品开发周期缩短25%，新产品交货周期缩短25%；销售收入增长近20%，利润增长17%，全员劳动生产率提高近21%，总体成本约降低10%。

实施技术创新引导工程，进一步提升企业核心竞争力。开展高新技术企业认定和高新技术产品"双高"认定工作，与江西省国资委、省总工会联合下发技术创新引导工程实施方案，开展技术创新引导工程。在各行业、各种类型的企业中选择100家创新能力强、创新业绩明显、创新潜力大的企业作为试点企业，积极引导航空、汽车、有色金属、电子器件、生物医药、食品、化工建材等六大支柱产业形成产学研战略联盟，联合开展重大项目的集成创新和引进先进技术的消化吸收再创新设立"技术创新引导工程"专项资金。

◎ 抓好重大项目实施

积极组织全省申报国家科技项目。2006年以来，共有61个项目被科技部列入（工口）国家科技支撑计划和国家863计划，争取经费2.781 2亿元。

实施高新技术产业重大项目。2007年以来，根据《江西省政府关于整合财政资金扶持高新产业发展的实施意见》的精神，会同省发改委和省经贸委，围绕信息技术、新材料、先进能源、生物医药和现代中药、先进制造和现代农业等重点领域，以政策扶持和资金扶持的方式，联合实施了“省高新产业重大项目”。

五、“十二五”科技发展规划的基本考虑

“十二五”期间科技发展总体思路是：以邓小平理论和“三个代表”重要思想为指导，全面贯彻落实科学发展观，紧密围绕江西崛起新跨越战略和鄱阳湖生态经济区建设，按照“自主创新、重点跨越、支撑发展、引领未来”的科技工作方针，深入实施中长期科技规划纲要和科技创新“六个一”工程，以科技支撑和引领鄱阳湖生态经济区建设为中心，以提升十大优势战略性新兴产业的自主创新能力为重点，以推动创新型企业发展、实施重大科技项目、建设国家级创新平台、培育高新技术产业特色基地和建设优势科技创新团队为重要支撑，以体制机制创新为动力，着力构建具有江西特色的区域科技创新体系，突破制约经济社会发展的重大关键技术，加大科技成果向现实生产力转化的力度，通过大力提升江西省自主创新能力，支撑和引领经济发展方式转变，带动产业结构调整和优化升级，为建设创新型江西提供强有力的科技支撑。

第七节 山东省

2006年以来，山东省认真贯彻全国科技大会精神，紧紧围绕省委、省政府的重大战略部署，大幅度提高自主创新能力，加快创新型省份建设。

一、科技发展总体进展

2009年，面对国际金融危机的严重冲击，山东省全省上下坚持以科学发展观为指导，认真落实胡锦涛总书记对山东工作的总要求，创新型省份建设迈出坚实步伐。

◎ 自主创新能力

2009年共取得重要科技成果2 364项，专利申请和授权量分别达6.69万件和3.45万件。获国家科技奖励33项，获得1项国家技术发明一等奖，获得2项国家科技进步一等奖。

◎ 高新技术产业

规模以上项目高新技术产业固定资产投资2 433.35亿元，占规模以上项目工业固定资产投资比重为26.11%；高新技术产业产值2.36万亿元，占规模以上工业比重达到32.94%。

◎ 创新平台建设

成立中国科学院青岛生物能源与过程研究所、烟台海岸带可持续发展研究所。国家级工程技术研究中心18家，企业国家重点实验室达到10家，居全国首位。国家级国际科技合作基地增至9家。院士工作站合作项目年度销售收入43.23亿元。

◎ 企业技术创新主体地位

拥有国家级创新型（试点）企业26家，省级创新型（试点）企业51家。规模以上企业共建立省级以上创新平台1 400余家。首批20家产业技术创新战略示范联盟顺利启动并初见成效。

二、科技重大部署和成就

坚持以支撑发展方式转变和经济结构调整为中心，大力实施自主创新成果转化重大专项，推动山东省经济尽快走上创新驱动的发展轨道。

◎ 启动实施自主创新成果转化重大专项

围绕山东省重点发展的15个产业群、14条产业链，带动产业结构调整，截至2009年，累计投入省自主创新成果转化资金4亿元，带动地方匹配资金1.60亿元、银行贷款41亿元、企业自筹资金60.76亿元，实施项目145项，累计实现销售收入276.77亿元，新增就业人员24 985人；产生专利申请931项，软件著作权41项，已授权29项；获得技术标准126件，其中国家技术标准37件。

◎ 科技奖励取得突破

2009年，共获科技成果2 364项，东岳离子膜、海尔无尾电视、浪潮桌面万亿次计算机等一批重要科技成果在全国居于领先地位。其中，获国家科技奖励成果33项。中国海洋大学管华诗院士的“海洋特征寡糖的制备技术”获得国家技术发明一等奖；如意集团、南车四方获得国家科技进步一等奖；浪潮集团“高效能服务器和存储创新工程”项目获企业技术创新工程奖（全国仅7家）。

专栏8-6 “海洋特征寡糖的制备技术（糖库构建）与应用开发”获得国家科技大奖

由中国海洋大学管华诗院士领衔完成的项目“海洋特征寡糖的制备技术（糖库构建）与应用开发”荣获2009年度国家技术发明一等奖，实现了山东省乃至全国海洋、水产领域国家技术发明一等奖零的突破。构建了国内外第一个海洋糖库，库中的海洋特征寡糖已在国内外广泛应用，为糖化学及糖生物学研究的开展提供了大量的模板分子；发现了特征寡糖的某些构效关系规律，建立了寡糖的定向分子修饰技术；开发了四个上市海洋新药和四个处于不同临床阶段的一类海洋新药及相关功能制品，为中国海洋制药业的兴起与发展奠定了坚实的基础；特征寡糖为医药、食品、化妆品、军工及农业等行业提供了活性寡糖原料，将为新产业的形成提供坚强技术支持，延长了海水养殖产业链。

◎ 实施重大项目培育工程，争取国家科技计划项目取得重大突破

积极争取并组织承担国家重大科技项目，2009年全省共争取国家各类科技计划项目达600余项。中小企业创新基金设立10年，累计承担国家科技型中小企业技术创新基金项目801项，资助600余家企业，争取国家资金5.2亿元，安排省级资金1.5亿元，拉动企业、社会投入40亿元。济南市被确定为首批国家创新型试点城市。

三、创新体系建设和重大创新政策

坚持把科技创新平台建设作为科技发展的战略重点，聚集一批新兴产业、培养和吸纳一批创新创业人才、培育造就一批创新人才团队、承担一批国家计划项目，努力推动行业科技进步和区域科技创新。

◎ 创新载体建设

一是编制了《黄河三角洲国家可持续发展实验区建设规划》，黄河三角洲高效生态经济技术创新示范区被列为国家可持续发展试验区。二是山东信息通信技术研究院开局良好。截至2009年，共有22个研发团队进驻研究院开展研发工作，引进核心专业技术人才150人，覆盖集成电路、高效能服务器、海量存储、机器人等10多个领域。集成电路研发团队在DRAM、RFID、EDA器件建模工具软件等方面达到国际或国内领先水平，实现了在集成电路设计与研发从无到有的重要突破。三是国家级工程技术研究中心建设取得新突破。2009年新增加威海广泰空港地面设备、潍柴国家商用汽车动力系统总成、金正大国家缓释肥等3家国家级工程技术研究中心，总数达到18家。四是重点实验室建设取得新进展。山东冠丰种业的主要农作物种质创新实验室、鲁南制药的中药制药新技术实验室等5家实验室被评为企业国家重点实验室，山东省企业国家重点实验室达到10家。黄河三角洲可持续发展研究院、鲁南煤化工工程技术研究院、山东省鲁南工程技术研究院等

3座综合研究机构开建，成为支撑引领地方经济的技术研发平台。

◎ 企业技术创新主体地位

鲁南制药、丛林集团等6家企业被认定为国家级创新型企业，威海广泰空港设备、青岛高校软控等11家企业被认定为国家创新型（试点）企业，省级以上创新型企业达到77家。山东省被科技部确定为技术创新工程试点省，出台了《山东省关于构建产业技术创新战略联盟的实施意见》，启动了花生、氟硅材料、新型纺织、马铃薯等首批20家产业技术创新战略示范联盟。

◎ 国内外科技合作层次

2009年，与中科院重新签订全面战略合作协议，中科院驻鲁科研院所增加到3个。潍柴动力、国家海洋局海洋一所等5家单位被科技部批准为国际科技合作基地。设立了60家山东省院士工作站，进站院士70人，合作项目年度销售收入达到43.23亿元。

◎ 区域创新体系建设

一是科技兴县（市）工作取得显著成效。在2007—2008年度全国科技进步考核工作中，山东省（青岛除外）136个市、县（市）、区通过全国科技进步考核，58个市、县（市）、区荣获全国科技进步考核先进县（市）荣誉称号（受表彰数居全国第二），108人被评为全国县(市)科技进步工作先进个人。诸城市等5个县（市、区）被国家批准为科技富民强县试点县，获国家财政700万元经费支持。二是实施科技特派员示范工程成绩突出。建立了科技服务“三农”的新型农业科技推广服务体系，被授予全国科技特派员工作省级优秀组织管理单位荣誉称号，78名同志被科技部授予“优秀科技特派员”荣誉称号。

◎ 农业领域积极实施重大科技工程

推进国家“粮食丰产科技工程”重大科技专项实施，“良种工程”取得重大突破，“济麦22”小麦新品种亩产789.9公斤，创造了中国冬小麦单产最高纪录；重点支持的登海种业、希森集团和布莱凯特牧业科技公司培育的紧凑型超级夏玉米、脱毒新品种马铃薯和肉食黑牛等新品种的研究、育种和推广取得重大进展。全国农村信息化科技示范省建设已被国家科技部、工信部和中组部明确列入第一批启动范围。

◎ 社会领域努力支撑可持续发展

出台了《关于加快建设资源节约型社会科技支撑体系的意见》，建立了日照、东营等5个国家级可持续发展实验区；“国家综合性新药研究开发技术大平台”正式落户山东省，建成“一区六基地二十个示范企业”为主要内容的现代新药研究与成果转化体系。

◎ 知识产权工作扎实推进

一是强化知识产权执法体系建设。起草了《山东省知识产权促进条例》，2009年被山东省人大常委会列入地方立法计划。在全国第一家成立了省级专利行政执法总队，开展了“雷雨”、“天网”知识产权执法专项行动；国家知识产权局在山东省设立了7个维权援助中心和举报投诉中心；省局和6个市局进入国家“5 · 26”工程首批试点，基本形成了司法保护与行政保护并行运作的新机制。二是进一步提升知识产权管理能力。与山东省财政厅共同修改了《山东省专利发展专项资金管理办法》，首次把国家专利金奖和省专利奖列入奖励范畴。省市县三级政府用于专利资助的资金累计达1.3个亿，2009年山东省专利申请量和授权量分别为66 857件和34 513件，发明专利申请量和授权量分别占全部专利申请量和授权量的20.91%和8.30%。三是加大试点示范工作力度。推出《知识产权工作推进计划试点方案》，在区域、行业、企事业单位三个层面进行知识产权试点。2009年，青岛市、东营市和潍坊市被批准为国家知识产权工作示范城市，国家示范城市达到4个，试点城市6个。

◎ 深化科技管理体制改革

一是积极争取，科技投入大幅度增加。2009年，山东省级财政科技投入7.502亿元，比上年增长29.7%。二是建立与国家重大科技计划的衔接配套机制。集成资源组织实施省重大项目。三是优化完善科技计划管理体系。进一步明确各类计划的承担主体、扶持重点、管理办法，运行高效，研究、开发、转化、服务一体化的科技计划支撑体系。

◎ 探索创新科技奖励工作新举措

2009年，在部分专业领域开展了省外评审试点，增加了一等奖项目的现场考察。调整了奖励结构，在山东省科技进步奖中设立了“企业科技创新”和“山东省与中科院科技合作创新”项目，重点奖励产学研联合创新和企业自主创新，促进科技成果的转移和转化。增加了高等次奖项的数量，自然科学奖、技术发明奖和科技进步奖一等奖的数量由29项增加到42项。

◎ 从方法入手培育科技创新思维

被科技部批准为全国创新方法工作试点省，制定了“山东省创新方法工作实施方案”，先期在3个市、10家企业和2所高校开展了创新方法工作试点。规范创新基础研究工作。深化自然基金、博士基金的评审制度改革。设立了杰出青年基金专项和联合专项，引导社会加大对基础研究的投入。

◎ 科技发展环境得到了进一步优化

2009年争取国家自然科学基金超过2亿元，同比增长15%。出台了《关于发挥科技引领和支撑作用促进经济社会平稳较快发展的实施意见》、《山东省高新技术产业自主创新行动计划》、《关于推进新能源汽车发展的意见》等政策。3年投入20亿元，拉动市、县、各类金融和投资机构、企业配套投入600亿元以上，重点培植新能源、新型数字化装备、新材料、高端电子信息等十大领域的战略性新兴产业。

四、高新技术产业与高新区发展

坚持优化政策环境，加快高新区“二次创业”步伐，大力培育战略性新兴产业，高新技术产业实现又好又快发展。

◎ 推进战略性新兴产业发展

出台了《山东省高新技术及产业自主创新行动计划》，明确山东省政府将在今后3年投入20亿元，拉动市、县、各类金融和投资机构、企业配套投入600亿元以上，瞄准国际产业发展方向，立足山东省基础优势和特色的重点行业，重点培植新能源、新型数字化装备、新材料、高端电子信息等十大领域的战略性新兴产业，提升山东省企业的核心竞争力，促进发展方式转变和产业结构调整。积极引导企业、金融机构等加大投入，尽快形成一批产业集群，推进全省战略性新兴产业快速发展。

◎ 高新技术产业快速发展

加强指导、落实政策、强化统计调度，促进了产业结构的优化升级和高新技术产业的发展。2009年山东省高新技术产业实现产值2.36万亿元，占规模以上工业比重达32.94%，比年初提高2.21个百分点。全省规模以上项目高新技术产业固定资产投资2 433亿元，占规模以上项目工业固定资产投资比重为26.11%；规模以上高新技术产业实现增加值6 125亿元，17个市高新技术产业全部实现增长。

图8-26 山东长星风电科技有限公司成套风电设备生产线

◎ 推进创新型园区建设

加快高新区“二次创业”步伐，进一步优化全省高新区发展规划布局，加强高新区特色园区和特色产业基地建设，完善各类技术创新平台，推动企业创新联盟建设，坚持引进消化吸收再创新和孵化培育相结合，努力实现创新能力和高新技术产业规模的同步提升。威海、潍坊高新区率先进入创建国家创新型科技园区试点行列。淄博高新区功能玻璃特色产业基地、潍坊高新区动力机械特色产业基地、威海高新区办公自动化设备特色产业基地、聊城有色金属材料及制品产业基地等4家基地被科技部批准为国家火炬计划特色产业基地，全省国家火炬计划特色产业基地达到28家。

◎ 启动一批科技试点示范工程

积极参与实施“金太阳”示范工程，东营光伏太阳能有限公司、济宁矿业集团有限公司两个大型并网光伏发电项目和山东华艺集团有限公司等4个用户侧并网发电项目，列入国家首批“金太阳”示范工程；实施“十城千辆”行动计划，济南市被列为新能源汽车首批“十城千辆”示范城市，2009年推广应用新能源公交车200辆；实施“十城万盏”行动计划，潍坊市被列为国家首批“十城万盏”半导体照明应用试点城市。

◎ 科技、金融联动机制初步形成

2009年争取中央财政2 000万元资金资助，与有关机构合作发起设立山东省科技创业投资基金（首期基金规模1亿元），首批项目已经投资运作。制定了《山东省科技风险投资资金委托管理机构考核办法（试行）》，扩大了资金规模，2009年度新增1 200万元。与山东省发改、财政部门共同设立总规模为10亿元的省级创业投资引导基金，目前已签署第一批拟投资10家创业投资机构的投资协议，出资金额1.8亿元。积极争取济南、潍坊、威海高新区获得中关村科技园区代办股份转让试点资格。确定了46家高新技术企业列入创业板上市重点培育企业名单。

五、“十二五”科技发展规划的基本考虑

“十二五”将认真落实《国家中长期科技发展规划纲要》，坚持自主创新，着力破解山东经济社会发展难题，加快培育战略性新兴产业，推动发展方式转变，积极探索创新驱动模式，引领山东省经济社会走上内涵式发展道路。主要思路是：以党的十七大精神为指导，以促进经济结构调整和发展方式转变为中心，进一步优化科技政策环境，强化技术创新联盟和科技创新平台建设，大力提升科技自主创新能力，努力推动科技成果转化，积极培育战略性新兴产业，着力加快创新型山东建设步伐，为率先全面建成小康社会，实现富民强省新跨越提供强有力的支撑。

第九章

华中地区科技工作的进展与成就

“十一五”期间，华中地区各省（河南省、湖北省、湖南省）围绕社会经济发展中的关键技术问题，着力提高自主创新能力，着力科技体制改革，区域创新体系建设取得积极进展，区域创新能力得到有效提升，2009年河南省、湖北省、湖南省综合科技进步水平在全国分别排第26、第9、第15位。

其中河南省通过实施51项重大科技专项，带动了电子信息、生物及新医药、新材料和新能源等新兴产业的快速发展，推进了装备制造、有色冶金、化工等主导产业的转型升级，强化了农业科技创新与民生科技创新；湖北省以东湖国家自主创新示范区建设为契机，大力推进湖北自主创新体系建设，并实施科技投融资专项行动、产学研结合专项行动、创新型企业建设专项行动、农业科技创新体系建设专项行动、科技型中小企业成长路线图计划等五大科技专项行动，建立和完善了面向现代农业产业链的技术创新支持体系、面向工业现代化和高新技术产业发展技术创新支持体系、面向民生科技的技术创新体系、知识创新体系等“四大创新体系”，积极引导和促进创新要素向经济发展一线聚集，将科教优势转化为发展优势；湖南省大力实施建设创新型湖南战略，突破产学研结合机制，突出新型工业化、现代农业、节能减排和民生科技四个重点方向，实施“电动汽车”、“风电装备”、“超级杂交稻”、“区域循环经济”、“高品质铝”等60个科技重大专项，科技创新能力和高新技术产业得到迅速发展。

第一节 河南省

"十一五"以来，河南省全面贯彻落实科学发展观，深入实施科教兴豫和人才强省战略，不断加强自主创新体系建设，扎实推进科技进步与创新，为促进全省经济社会又好又快发展提供了强有力的科技支撑。

一、科技发展总体进展

"十一五"以来，河南省科技事业取得长足进步，自主创新能力显著增强，科技创新为建设创新型河南，促进两大跨越和实现中原崛起不断做出新的贡献。

◎ 科技投入

2009年，河南省全社会研究开发费用达到149亿元，比2008年增长20.1%；全省财政科技投入35.5亿元，比2008年增长16.68%。"十一五"以来河南省全社会研究开发费用和财政科技投入都实现了28%以上的年均增长率；不断创新科技投入机制，财政科技投入的引导、示范、放大作用日益显现；企业的研发投入所占比例逐步加大，企业逐步成为研发投入的主体。

◎ 创新能力

全省拥有各类科技活动机构1 900个，从事科技活动人员22.65万人，比2005年增长了43.3%。拥有省级以上企业研发中心达到930家，其中国家级58家，包括国家重点实验室5家，国家工程技术研究中心9家；省级企业研发中心872家，初步形成了以国家级为龙头、省级为骨干、市级为基础三级层次分明、结构合理的梯次发展体系。

◎ 创新成果

2009年，全省专利申请量达到19 589件，比2005年增长118%，专利授权量首次突破万件大关，达11 428件，比2005年增长205%。获国家科技奖励连创新高，2009年获得国家科技进步奖25项，其中特等奖1项，一等奖3项，获奖质量和数量均再创历史新高。签订技术合同3 915份，成交金额26.38亿元，全省共实现技术合同免税额5 000多万元。

表 9-1 近年来河南省获国家科技奖励情况

奖项	2005 年	2006 年	2007 年	2008 年	2009 年
河南省获奖总数（项）	14	13	22	15	25
其中：特等奖（项）			1	1	
一等奖（项）		1	2		3
二等奖（项）	14	12	20	14	21

◎ 创新环境

省委、省政府不断健全政策法规体系，贯彻落实国家相关政策，加强体制机制创新，自 2006 年召开全省科技大会以来，陆续制定、颁布了增加科技投入、建设人才队伍、税收优惠、金融支持和保护知识产权等一系列的政策措施，努力营造促进科技事业发展的良好环境，迅速激发了全社会共同关注、尊重和支持科技创新的巨大活力。

二、科技重大部署和成就

为贯彻全省科技大会精神，落实《河南省中长期科学和技术发展规划纲要（2006—2020 年）》的总体部署，围绕全省经济社会发展重点领域，整合科技资源，启动实施河南省重大科技专项，以突破一系列对整体提升产业竞争力具有全局性影响、带动性强的优势产业发展的关键共性技术，带动形成和壮大一批特色鲜明、比较优势明显的新主导产品和新兴产业，大幅提升全省在这些领域的自主创新能力和市场竞争力。截至 2009 年，已投入财政科技资金 3.08 亿元，实施了 51 项重大科技专项，引导企业投入研发经费 27.37 亿元。

◎ 带动新兴产业快速发展

以高新技术企业为依托，以电子信息、生物及新医药、新材料和新能源为重点，积极开发高新技术及产品，加速产业化，培育发展壮大新兴高新技术先导产业，推动全省战略新兴产业跨越式发展，促进经济增长走上创新驱动的轨道。中硅高科实施的千吨级多晶硅产业化技术研究开发项目，掌握了自主知识产权核心技术，打破了发达国家技术封锁和市场垄断，标志着中国多晶硅产业化核心技术取得重大突破。洛阳尚德实施的高效晶体硅太阳电池产业化技术项目，技术水平居国内领先。乐凯二胶承担的紫激光计算机直接制版材料项目，有效提高全省胶印版材行业在国际市场的竞争力，打破西方发达国家的市场垄断。

专栏 9-1　风力发电产业技术创新战略联盟

为打造新兴产业集群为目标，积极探索建立产学研紧密结合的新机制，2009年组织成立了风力发电产业技术创新战略联盟。风电联盟以许继集团有限公司为龙头，以洛阳轴承集团、南阳防爆集团、郑州机械研究所等13家企业和科研单位为主要成员，以中国平安集团为战略投资者，联合清华大学、沈阳工业大学等共同组建，建立起优势互补、协同创新和互利共赢的战略合作关系，共同突破风电产业发展的技术瓶颈，打造风电整机及零部件新兴产业集群。截至2009年，风电产业技术创新战略联盟组织实施的风力发电成套装备重大科技专项进展顺利，许继集团与中国大唐河南分公司签订了大唐三门峡风电场项目2.0MW风电机组供货合同及合作协议；洛阳双瑞风电叶片有限公司生产的2MW－45.3m风力发电机组叶片已通过德国劳氏船级社（GL）认证；新大方的轮式风电吊机研制成功；洛阳LYC轴承的1.5MW、2.0MW偏航、变桨、主轴轴承已实现了批量生产。

◎ 助推主导产业转型升级

依靠科技进步改造传统产业，加快研发和推广应用一批既能扩大内需又能形成新的经济增长点的自主创新技术和产品，带动产业结构调整和发展方式转变，以装备制造、有色冶金、化工等工业主导产业为重点，以骨干企业为依托，加强自主创新和产学研结合，大力开发新技术、新产品、新工艺和新装备，进一步拉长产品和产业链条，促进结构调整和产业升级。郑州煤矿机械集团实施的大采高高可靠性液压支架及电液控制系统，开发出世界最大采高的7米液压支架，并攻

图 9-1　郑州煤矿机械集团开发的世界最大采高的7米液压支架（成排）

克了核心技术电液控制系统。南阳二机石油装备集团实施的数字化超深井石油钻井装备研发及产业化，开发出具有数字化、网络化、智能化控制技术的超深井钻机。

中信重机实施的褐煤提质工艺技术及装备研究，以神华集团内蒙古50万吨褐煤提质工艺生产线工程为依托，已完成首批订单4台设备的生产任务，每年可推向市场10套褐煤提质生产线，高压成型机160台，占国内市场份额80%以上，居同行业主导地位；研发出采用世界最先进的滑环电机驱动方式的12.2米×10.9米自磨机，以及采用目前世界技术标准最高、直径最大重载齿轮的7.9米×13.6米球磨机，已成功中标澳大利亚SINO铁矿项目，使中信重机真正掌握了世界矿业装备高端技术，正式进入世界矿业高端市场。宇通集团通过实施节能与新能源城市客车研发及产业化，研发的混合动力城市客车中标杭州和郑州公交路线，已投入试运行。洛玻集团承担的超薄电子玻璃浮法生产设备和工艺，开发出0.55毫米超薄浮法玻璃，获得国家科技进步一等奖。

◎ 强化农业基础地位

以省、市、县三级农业科研机构和涉农高等院校为骨干，充分发挥民营科技企业和农业产业化龙头企业的作用，以粮食安全、畜禽安全为核心，推动农业科技创新，加快农业科技进步，推动农业结构调整，发展壮大现代农业。洛阳普莱柯公司承担的“家禽主要疫病新型诊断技术及新型疫苗研究与开发”共获得国家级新兽药5项，部分新产品达国际领先水平，填补了国际兽用生物制品领域的重大空白，其他3项新产品填补了国内兽用生物制品领域的重大空白；建立了禽流感H9亚型三联、四联灭活疫苗中鸡传染性支气管炎病毒组分的效力检验标准和检验标准操作规程，被列为国家疫苗检验标准，填补了国内空白。产品推广应用于全国30个省（区），一针多防，河南禽群的年平均死亡率降低3%～5%，减少社会经济效益损失10亿元以上，提高了农业比较效益，为打造全省生物及新药产业提供了重大技术支撑。

专栏9-2　粮食核心区建设科技支撑工程

围绕国家粮食生产核心区建设需要，大力实施粮食核心区建设科技支撑工程，重点开展超级小麦等新品种选育及产业化研究，重点培育推广全省两大粮食作物新一代的主导品种——小麦新品种“百农矮抗58”、“郑麦366”和玉米新品种“浚单20”。两大粮食新品种在国家“粮食丰产科技工程”中创造了小麦、夏玉米百亩连片一年两熟平均亩产1 770.5公斤、万亩连片一年两熟平均亩产1 548.6公斤的黄淮海平原单产纪录，为全省粮食总产连续第四年稳定在千亿斤做出了重大贡献，提升了河南作为全国第一小麦生产大省的持续发展能力，为河南乃至全国粮食生产的持续稳定增长提供技术支撑。

◎ 服务民生科技发展

加强民生科技创新，以人为本，围绕人口与健康、公共安全、城镇化与城市发展等重大领域，攻克一批重大公益技术和共性关键技术，获取一批具有自主知识产权的重大科技成果，提升民生领域的创新能力，使科技创新更多的惠及民生，同时推动相关产业发展。河南东泰制药有限公司承担实施的喜树碱类抗癌药全合成工艺研究及产业化，在世界上率先实现了喜树碱全合成法的工业化生产。华兰生物公司通过实施甲型H1N1流感疫苗、治疗性乙肝疫苗、流脑（四价）多糖疫苗等重大科技专项，使华兰生物成为全国首批批量生产甲型H1N1流感疫苗的企业之一，成为中国最大的疫苗生产基地之一。天冠集团承担的年产3 000吨秸秆纤维乙醇关键技术研究及产业化示范专项，在秸秆原料预处理工艺和提高纤维质原料糖化所用多种酶活方面实现了突破，居国内领先水平，并建设了国内首条每年3 000吨规模的秸秆乙醇示范生产线，为打造全省生物能源产业提供了技术支撑。

三、创新体系建设和重大创新政策

◎ 制定政策措施和发展规划

河南省委、省政府对科技创新工作十分重视，2006年召开全省科技大会，相继出台了《中共河南省委、河南省人民政府关于增强自主创新能力建设创新型河南的决定》、《河南省中长期科学和技术发展规划纲要》、《河南省“十一五”科学技术发展规划》和《河南省人民政府关于加强企业研发中心建设提高企业创新能力的意见》。2008年，为应对全球金融危机，大力提升全省产业科技创新能力，省委、省政府召开了全省科技创新促进产业发展大会，出台了《关于加强科技创新促进产业发展的意见》。2009年，河南省委、省政府又明确把“自主创新体系”列入河南省“一个载体，三个体系”重大战略举措，召开全省自主创新体系建设大会，颁布《河南省自主创新体系建设和发展规划（2009—2020年）》，把自主创新作为经济结构调整和发展方式转变的中心环节，并将“自主创新体系建设工程”列为省政府“五项工程”之一。

◎ 实施企业创新能力培育科技工程

加快以工程技术研究中心、重点实验室为主的企业研发中心建设，进一步提高企业研发中心建设质量。全省企业研发中心建设体系逐步完善，初步形成了以国家级为龙头、省级为骨干、市级为基础三级层次分明、结构合理的梯次发展体系。中信重工的“矿山重型装备”、中铁隧道的“盾构与掘进技术”、洛耐院的“特种耐火材料”、郑州机械所的“钎焊材料”、洛玻集团的“浮法玻璃新技术”等5家实验室被批准为国家重点实验室。2009年，许继集团、开封茂盛粮机、洛阳惠中兽药分别获批“高压直流输变电设备”、“粮食加工装备”和“兽用药品”国家工程技术研究中心。

2009年，全省国家级创新型（试点）企业已增至14家，数量居中西部各省前列；省级创新型（试点）企业已达140家。全省创新型（试点）企业研发投入和新产品贡献率分别达到全省大中型企业平均水平的5.1倍和6倍。

◎ 推进创新型产业集聚区建设

为切实增强全省产业集聚区自主创新能力，推动产业集聚区走创新驱动发展的道路，制定了《河南省人民政府关于加快建设创新型产业集聚区的实施意见》和《河南省创新型产业集聚区管理办法》，积极培育创新型产业集聚区。充分发挥产业集聚区企业的主体作用，促进以企业为中心的产学研用有机结合，推动产业集聚区体制创新、机制创新和技术创新。充分发挥创新型产业集聚区对其他产业集聚区的高端辐射和带动引领作用，不断提高产业集聚区的科技创新能力和整体发展水平。

◎ 实施创新型科技人才队伍建设工程

2007年，启动实施“创新型科技人才队伍建设”工程，着力加强全省领军人物、创新团队和人才梯队建设。设立了以培养两院院士后备人才为目标的“中原学者计划”，每年培育3～5名中原学者；同时设立了科技创新团队、杰出人才和杰出青年计划。重点培养了107个以科技拔尖人才为核心的创新型科技团队和573名科技创新人才。加大人才引进力度，“千人计划”、“百人计划”已取得初步成效。省政府连续3年评选了全省科技界最高奖——省科学技术杰出贡献奖，对6位杰出科技人员实行了重奖，进一步在全省形成了尊重知识、尊重人才、尊重创造的良好社会氛围。

◎ 推动建立社会化科技投融资体系

积极与金融机构和风险投资机构合作，推动银企对接，2009年筛选了31家高新技术企业的78个项目与有关银行成功实现对接，正式签订合同53个，总金额达60.48亿元，为全省科技企业和高新区的发展提供资金支持。制定出台《河南省企业研究开发费用认定管理实施意见（试行）》，引导支持企业加大科技投入，使企业研究开发费用加计抵扣税收优惠政策得以落实，预计每年可激励企业投入研发经费100亿元以上。制定《河南省高新技术企业认定管理实施细则》，积极落实高新技术企业税收优惠政策。与中国银行、民生银行、浦发银行签订科技金融战略合作协议，贷款授信额度1 000亿元，支持全省科技企业和高新区的发展。

四、高新技术产业与高新区发展

◎ 高新技术企业发展强劲

全省认定高新技术企业达389家。2009年全省规模以上高新技术产业实现工业增加值1 522亿元，同比增长18%；河南省在电子信息、生物医药、新材料等领域已形成技术和市场优势，成为全国重要的超硬材料、多晶硅和电池生产基地。

◎ 建设国家创新型园区

充分发挥高新技术产业开发区的辐射带动作用，推进高新技术产业发展。2009年，全省11家高新区实现工业增加值806亿元，同比增长20.5%，显示出了较强的抗危机能力。郑州国家高新区作为全国首批国家创新型科技园区获科技部批准并正式启动建设，洛阳高新区创新型园区试点方案也顺利通过专家论证。积极指导，协助安阳、高新区做好申请升级为国家级高新区工作。大学科技园建设取得新进展，总投资70亿元的河南省国家大学科技园（东区）项目于2009年9月在郑州高新区奠基。

图9-2 郑州高新技术产业开发区成为全国首批国家创新型科技园区

◎ 推进高新技术特色产业基地建设

高新技术特色产业基地工作取得新突破，洛阳硅材料及光伏等3家基地被科技部批准为国家高新技术产业化基地。新乡生物医药、郑州智能仪器仪表等6家产业基地被认定为河南省高新技术特色产业基地，2009年全省高新技术特色产业基地内企业数达2 212家，工业总产值1 375亿元，工业增加值419亿元。焦作汽车零部件特色产业基地被科技部批准为国家火炬计划特色产业基地，全省国家火炬计划特色产业基地已达6家。

◎ 实施高新技术产业化项目

为进一步加快全省高新技术产业化步伐，2009年省政府投入6 000万元新设立了河南省高新技术产业化专项资金。针对全省经济转型升级的战略需要，将装备制造、新能源、生物及新药等产业作为项目支持的重点，已先后组织评选"节能与新能源城市客车研发与产业化"、"低热值褐煤提质新技术及装备的研究与开发"、"硬岩盾构成套装备关键技术研究及应用"、"高温气冷堆核电锻件技术研究与产业化"等2批高新技术产业化项目共67项，拉动引导企业和社会总投资近60亿元，达产后预计年新增销售收入260亿元，利润37亿元。

五、"十二五"科技发展规划的基本考虑

"十二五"期间，河南省将以科学发展观为统领，按照"自主创新、重点跨越、支撑发展、引领未来，推动中原崛起"的指导方针，深入实施科教兴豫、人才强省和自主创新跨越发展战略。以提升全省经济社会发展的竞争力、满足人民群众发展需求为根本目的，以应用开发研究为重点，以集中资源实施重大科技专项为重要抓手，突破关键核心技术，解决全省经济社会发展中的突出难题，打造新兴产业，振兴提升传统产业，支撑现代产业体系建设。把自主创新体系建设作为加快经济发展方式转变的重要着力点，以企业、科研机构、高等院校等为主体，以企业研发中心、重点实验室、产业集聚区及其他各类科技园区等为载体，以创新体制机制为动力，建设全省自主创新体系。依靠自主创新体系建设和自主创新能力的提高，加快经济结构调整和发展方式转变，从而实现跨越式发展，建设创新型河南，加快中原崛起，推动中原经济区建设。

第二节 湖北省

"十一五"期间，在湖北省委、省政府的正确领导下，全省科技系统按照"自主创新、重点跨越、支撑发展、引领未来"的方针，紧紧围绕科技优势向经济优势的转化，大力提高自主创新能

力，加快推进创新体系建设，深化科技体制机制改革，科技事业取得重大进步，创新型湖北建设取得阶段性进展。

一、科技发展总体进展

湖北是科教大省，高等学校和科研机构数量众多，科技创新实力较强，在光纤通信、激光、空间地理信息、病原微生物、植物功能基因等若干研究领域居全国领先地位。近年来，湖北努力发挥自身特色和优势，积极融入国家科技战略、参与创新型国家建设，支撑地方经济社会又好又快发展。2009 年，武汉市被国家发改委批准为“高新技术综合性产业基地”，东湖新技术开发区被国务院批准为“国家自主创新示范区”，标志着湖北已成为国家自主创新的重要基地。

◎ 科技综合实力稳步提升

“十一五”期间，全省科技发展面向产业发展需求，攻克了一大批产业关键共性技术，光电子设计与制造、光纤制造、下一代光通信等领域掌握了一批具有自主知识产权的核心技术，数字化设计与制造技术、网络技术、现代管理技术在企业中的应用取得较大进展，武钢的取向硅钢有力地带动了中国机电、电子及国防工业技术和产品的升级换代。科技兴农步伐不断加快，红莲型杂交稻、高产优质抗逆杂交油菜等一批先进技术有力地促进了农业增效与农民增收。科技促进社会可持续发展成效显著，中药现代化、新药创制、重大疾病防治、重大污染防治、循环经济等关键技术研究均取得重要突破。

“十一五”期间，全省科技综合实力稳步提升。截至 2009 年，全省拥有国家实验室 1 家、国家重点实验室 14 家、企业国家重点实验室 2 家、国家工程技术研究中心 13 个、国家工程研究中心 5 个、国家级企业技术中心 27 个，国家级科技创新的平台数量位居中部地区之首。根据 2009 年全国科技进步统计监测报告显示，湖北科技进步指数在全国排名第 9，较“十一五”初期提升了 2 个名次。

◎ 科技创新人才队伍实力雄厚

全省现有各类科学研究和开发机构 1 493 多家，普通高校 87 所，科技活动人员超过 20 万人，在鄂中国科学院和工程院院士 57 名。2009 年，全省承担国家自然科学基金项目经费 4.2 亿元，国家科技部科技计划项目经费 8.7 亿元，位居全国第四位；2008 — 2009 年全省承担国家科技重大专项（民口）项目经费 8.2 亿元，承担国家科技重大专项（军口）项目经费达 22.25 亿元。充分表明湖北已成为国家自主创新的重要力量。

◎ 科技创新成果不断涌现

“十五”以来（2001—2008年），全省共取得省级重大科技成果6 027项，评出并授予省级科技奖励2 361项，共有138项科技成果获国家科技奖励。2009年，全省共获得国家科技奖励37项，获奖数居全国各省市第三位（仅次于北京、上海两市）。万名科技活动人员论文数达到3 598.82篇，居全国第六位。“十五”以来（2001—2008年），全省累计申请专利86 900多件，2009年全省专利申请量突破27 206万件，居全国第八位、中部地区之首。

二、科技重大部署和成就

近几年，湖北省科技厅紧紧围绕省委、省政府确定的“推动湖北科教资源优势向经济发展优势转化”这一全省科技工作的总目标，调整工作思路，积极引导和促进创新要素向企业和经济发展一线聚集，加大科技计划调整和科研院所转制两项改革工作，实施“五大专项行动计划”，着力提升全省科技创新能力。

（一）东湖国家自主创新示范区建设

继北京中关村之后国务院批准东湖新技术开发区建设第二个国家自主创新示范区。国务院赋予东湖国家自主创新示范区股权激励试点、科技金融改革创新试点等改革创新、先行先试的政策，并批准建立由科技部牵头、国务院14个部委局参加的部际协调机制。这是湖北经济社会发展的又一重大机遇，对于发挥科技支撑作用、促进中部崛起具有重大而深远的意义。湖北省科技厅将举全省之力建设东湖国家自主创新示范区，力争用10年左右时间，在东湖高新区培养集聚一批优秀创新人才特别是产业领军人才，研发和转化一批国际领先的科技成果，做强做大一批具有全球影响力的创新型企业，培育一批国际知名品牌，全面提高东湖高新区自主创新和辐射带动能力，推动东湖高新区在21世纪前20年再上一个新台阶，使之成为特色鲜明、实力雄厚、国内一流、国际知名的科技发展试验区、先进产业聚集区、自主创新示范区、改革开放先行区。

（二）全面深化全省科技体制改革

◎ 深化科技计划管理改革

为了引导和促进科技资源向经济建设的一线聚集，湖北省科技厅按照“面向需求、找准关键、设计目标、整合资源、建立体系”的总体要求，对科技计划进行了重大调整，全面启动了科技计划管理改革。一是科技计划目标调整。根据湖北省产业发展现状、技术需求和发展需要，将科技计划的目标从原有的重点培植科技资源、孵化科研成果转变为重点培育企业创新能力，建设科技创新示范基地，加快建立创新体系。二是科技计划资金流向调整。科技计划资金的流向由过去的主要流向高校和院所，调整为主要流向企业，资助企业的科技创新活动，分摊企业的创新成本，让企业成为承担科技计划的主体。由企业牵头组织产学研相结合的创新团队，承担科技计划任务。三是科技投入方式调整。省级科技计划项目支持方式由主要为“前资助”调整为“前资助”、“后补助”、创业投资引导等多种方式并行。四是立项管理程序调整。在原有的计划管理程序上增加各业务处提交立项建议报告和立项评估的程序，使项目确定过程更加科学严谨。五是科技计划类别调整。减少计划层次类别和交叉重叠，加强计划的相互衔接，整合资源，实现效能最大化。

◎ 推动科研院所产权改革

省科技厅将直属的省化学研究院列为全省科研院所改制、改革试点单位，研究确定了“转制、改制、上市一并设计，转制、改制一步到位”的总体改革思路，并成功将其整体改制成混合所有制、非国有控股的股份制企业（华烁科技股份有限公司），这是全省科研院所体制改革的一次重大突破和有益尝试，为全省科研院所转改制提供成功示范。同时，完成了省建筑材料工业设计研究院改革重组工作，成立了由中国技术进出口总公司控股、建材院职工参股组建的“中技国际工程有限公司”并已进行工商注册，2009 年 12 月 28 日，新公司正式挂牌。省建材院改制是央企、省企“高位嫁接”的成果，走出了全省科研院所改革发展的新路。

（三）实施五大科技专项行动

◎ 科技投融资专项行动

近两年来，面向战略性新兴产业发展需求，全省积极推动建立科技与创业投资相结合、科技与银行信贷相结合的科技投入机制。建立和完善了财政科技投入与银行贷款、企业投入、社会资金参与相结合的多元化科技投融资体系。2009 年，省创投引导基金累计出资 9 000 万元，分别与境内外知名创投机构合作设立了 5 只创业投资基金，基金规模达 11 亿元，政府财政资金实现了 10 倍以上的放大效应；省内新成立和正在设立的创业投资公司（基金）近 30 家，管理的资金规模达到 30 亿元以上。2008—2009 年，境内外创投机构在全省共完成了 60 余项投资，投资额近 11 亿元。

◎ 产学研结合专项行动

从组织上、制度上促进产学研结合，加强科技资源向企业聚集，加快建设以企业为主体、产学研结合的技术创新体系，努力提高战略性新兴产业的自主创新能力。以骨干企业为龙头，以解决产业共性技术、形成产业核心竞争力为目标，在中药材种植与开发、激光医疗器械、磷资源开发与利用、太阳能光伏与半导体、数控机床、油菜加工等行业和领域，建立了一批产业技术创新联盟。以高校、科研院所的重点实验室为基础，以引导高校科研工作与全省地方经济社会发展有机对接为目标，建立了一批面向全省经济社会发展技术需求的产业技术创新基地。以中小企业为重点，以承接科技成果转化、提高企业技术创新能力为目标，鼓励企业与高校或科研院所组建了一批校企共建研发机构。

◎ 创新型企业建设专项行动

组织制定了《湖北省创新型企业建设试点工作方案》，在全省遴选了150家具有创新能力和创新需求的中小企业，明确创建目标与任务，综合运用科技计划立项、融资服务、人才支持等多种方式，开展创新型企业建设工作，力争通过3年的建设，培育一批拥有创新产品和持续创新能力的创新型企业，提升全省企业的自主创新能力和产业竞争力，营造全省企业自觉走创新型发展道路的社会氛围。

◎ 农业科技创新体系建设专项行动

突出产业目标和产业链理念，改革农村科技计划管理思路和方式，促进建立产学研合作长效机制和产业上下游联动创新机制。按照“一县一产业一基地”布局，建设100家与优势特色农业板块经济对接的科技创新示范基地，引导科技人员联基地驻基地，与基地建设主体企业建立务实高效的长期合作关系；集中力量支持100家农业龙头企业加强技术创新能力建设，提升农产品精深加工水平，延长农业产业链，带动上游种养殖业的标准化、组织化发展；稳定支持50个高水平科技团队开展源头创新，增强产业发展后劲；深入实施科技入户工程和农民科技培训工程，建设完善以信息化为支撑手段的农业科技推广服务体系，引导和支持科技特派员基层创新、创业，提升科技服务社会主义新农村建设的能力和水平。

◎ 科技型中小企业成长路线图计划

进一步调整现有财政科技投入结构，增加对科技型中小企业技术创新的财政支持力度。继续发挥省级创新基金的作用，引领中小企业开展产学研结合和技术创新。积极争取国家项目和国家科技型中小企业成长路线图计划“示范区”专项试点，以促进建立特色产业技术创新联盟和特色产业集群为重点，推动建立同行企业技术创新协调机制。

三、创新体系建设和重大创新政策

（一）建设区域技术创新体系，切实支撑区域经济社会发展

为更有效地引导科技资源向工业、农业、社会发展、节能减排和资源综合利用等全省经济社会发展的主战场集聚，促进科技与经济更紧密地结合，将湖北的科教优势转化为发展优势，全省提出了建立“四大创新体系”的工作目标：

建立和完善面向现代农业产业链的技术创新支持体系。一是建设以农业科技创新示范基地为主要平台的高效种养技术创新示范体系；二是建设以农业科技创新示范企业为主体的农产品加工技术创新体系；三是建设以高校和科研院所为主要依托的农业科技源头创新体系；四是建设以新型农技服务组织和手段为主要支撑的农业科技推广服务体系。

建立和完善面向工业现代化和高新技术产业发展技术创新支持体系。一是在光电子信息、新材料、先进制造、新能源等四大高新技术产业领域中，组织一批重大项目，突破一批关键技术，带动一批企业发展。二是进一步优化创新创业环境，大力支持科技企业孵化器的建设。三是通过建好一批企业工程技术中心，整合科技资源，搭建企业的技术支撑平台，使之成为企业持续发展的源泉。

建立和完善面向民生科技的技术创新体系。一是针对湖北省的多发病和地方病，组建一批省级医学临床研究中心。二是围绕生物医药、资源环保等战略新兴产业建立以企业为主体，产学研相结合的技术创新体系。三是围绕生物医药、环境保护、节能减排、循环经济、公共安全等组织一批重大项目，突破一批关键技术，积极开展先进技术的推广应用与示范，推动社会经济的可持续发展。

建立和完善知识创新体系，为可持续发展提供支撑。一是支持大专院校、科研院所建设国家实验室、国家重点实验室，争取进入国家创新体系。二是支持一批有条件的企业争取建设企业国家重点实验室和国家工程研究中心。三是加大省自然科学基金的投入力度。

（二）进一步改善科技进步与创新的政策环境

近年来，全省先后制定出台了《中共湖北省委、省人民政府关于发挥科技支撑作用，促进经济平稳较快发展的实施意见》、《省人民政府关于深化改革、创新机制，加速全省高新技术产业发展的意见（试行）》、《中共湖北省委、省人民政府关于增强自主创新能力，建设创新型湖北的决定》，修订通过了《湖北省科学技术进步条例》，在科技工作领导、科技投入及激励自主创新的优惠政策等方面有了新的突破。

集成资源，加大投入。湖北省科技厅代拟了《湖北省人民政府关于创新科技投入机制的若干意见》，待省政府常务会议通过后即将实施，通过调整科技投入结构，创新科技投入方式，积极落实用于各项科技支撑措施的投入，充分发挥财政科技投入的引导、示范、放大效应，建立和完善财政科技投入与银行贷款、创投资金、企业投入相结合的多元化科技投融资体系，着力突破科技创新和高新技术产业发展的资金瓶颈，充分发挥科技在应对金融危机、促进经济平稳较快发展中的作用。

加大对自主创新产品推广应用的政策支持。加快出台和落实鼓励企业自主创新的优惠政策。认真执行企业研究开发费用税前加计抵扣政策、技术转移税收优惠政策、自主创新产品政府采购和首台首购等相关财税优惠政策。科技、财政、税务部门成立专班，联合办公，加快高新技术企业的认定工作，推动高新技术企业税收优惠政策的落实，提高企业自主创新的能力，促进产业结构调整，增加企业竞争力。

对服务企业、基地的科技人员给予政策支持。制定和落实激励科技人员深入企业、基地的支持政策。科技人员在被选派服务企业、基地期间，原单位应保留其职务、工资福利和岗位，并将科技人员服务企业、基地的业绩作为晋升职务、职称的重要依据。在企业创新岗位任职的科技人员个人收入补贴和工作经费由省财政专项支持。允许科技人员按照国家法律、法规及相关政策分享创新收益。落实《科技进步法》和《湖北省人民政府关于深化改革创新机制加速全省高新技术产业发展的实施意见》，制定职务科技成果股权激励的政策细则，对做出贡献的科技人员按照规定实施期权、技术入股和股权奖励等形式的股权激励。

四、高新技术产业与高新区发展

围绕“增强创新能力，培育高新技术企业，建立高新技术产业发展的技术创新支撑体系”的总体目标，采取切实有效的政策和措施，突破性发展高新技术产业，全省高新技术产业规模快速壮大，结构不断优化，对全省经济增长的贡献不断提高。

（一）高新技术产业平稳较快发展

2009年，全省完成高新技术产业产值4 037.54亿元，较上年增长20%；完成高新技术产业增加值1 331.1亿元，同比增长20.5%，占工业增加值的比重达到28.1%，占GDP比重达到10.37%；实现利税373.7亿元，较上年增长26.3%。其中，四大重点高新技术领域共实现增加值1 117.93亿元，占全省高新技术产业增加值的比重达到83.99%，新材料产业实现增加值292.64亿元，增长－4.6%；电子信息产业实现增加值253.12亿元，增长31.2%；生物医药产业实现增加值98.8亿元，增长20.8%；先进制造产业实现增加值473.37亿元，增长26.9%。

（二）高新技术产业开发区实现快速发展

高新区作为区域创新体系的重要组成部分和发展高新技术产业的重要基地，对区域经济发展的贡献不断增强。全省共建有国家级高新区2个，省级高新区12个，构筑了沿江高新技术产业带的基本框架。2009年，全省14个高新区高新技术产业实现工业总产值1 715亿元，同比增长

21.97%，实现高新技术产业增加值569.01亿元，同比增长22.26%，分别占全省的42.47%和42.75%。形成了以武汉东湖新技术开发区为龙头，各高新区光电子信息、生物、新材料、新能源与高效节能、先进制造等产业竞相快速发展的态势。

五、“十二五”科技发展规划的基本考虑

“十二五”期间，湖北省将坚持以科学发展观为指导，全面贯彻国家“自主创新，重点跨越，支撑发展，引领未来”的科技工作指导方针，进一步以增强自主创新能力为核心，着力加强科技创新体系建设，调整创新体系结构，提高创新效率；着力突破产业关键共性技术，提高产业技术水平，增强核心竞争力；着力加快高新技术产业发展，培育战略性新兴产业，引领带动经济转型升级；着力推进体制机制创新，优化创新环境，释放科技生产力。深入推进创新型湖北建设，全面提高科技对经济、社会和区域发展的贡献率，为促进全省发展方式的根本转变，切实走上创新发展轨道提供强大的科技支撑。到“十二五”末，全省自主创新能力进一步增强，科技创新环境明显优化，基本建立具有湖北特色的科技创新体系。面向高新技术、农业和民生发展的技术创新体系进一步健全，知识创新水平稳步提升，科技支撑引领经济社会发展能力显著增强，创新型湖北建设实现较大突破。

第三节
湖南省

2006年，湖南省委省政府作出了建设创新型湖南的战略部署，决定把实施科教兴湘、建设创新型湖南作为经济社会发展的主导战略和首要任务，提出了“创新引领、科技支撑、跨越发展、惠及民众”的要求。“十一五”期间，全省科技系统围绕建设创新型湖南目标，着力提高自主创新能力，着力创新体制机制，着力解决经济社会发展中的重大关键技术难题，切实巩固和扩大科技优势，并努力将科技优势转化为经济优势，推动全省经济社会又快又好发展。

一、科技发展总体进展

2006年以来，湖南省委省政府认真贯彻党中央、国务院关于建设创新型国家的战略部署，着眼于湖南省发展力和竞争力的不断提升，大力实施建设创新型湖南战略，在科技创新和高新技术

产业发展方面超前部署，大胆探索，取得了明显成效。

科技投入不断增长。全社会R&D经费从2006年的53.6亿元，增加到2008年的114.7亿元。2008年，企业R&D经费支出94.39亿元，占全省的77.96%。

科技人才持续增加。2008年，全省拥有各类专业技术人员129万人，比2006年增加10万人；科技活动人员15.12万人，其中科学家、工程师为10.29万人，分别比2006年增加2.1万人和1.5万人。

科技条件日益改善。截至2009年底，全省拥有各类科技机构1 665个。其中，省级以上重点实验室数量达到92个，比2006年增加39个；省级以上工程技术研究中心达到94个，比2006年增加51个。与清华、北大、中科院等9所院校签订了省校（院）战略合作协议，成立了中科院湖南技术转移中心。新建了省工业设计创新平台、省竞争情报中心等一批公共创新服务平台，为企业创新提供了优质服务。

科技产出形势喜人。"十一五"以来，湖南省取得各类科技成果3 900多项，涌现出杂交水稻育种技术、千万亿次超级计算机系统、A型地铁列车、碳/碳航空制动材料、膨胀土地区公路建设成套技术等高水平的重大科技成果，有85项获得国家科技奖励。2009年，全省获得专利授权8 309件，比2006增长48.2%，其中发明专利授权1 752件，是2006的3倍多，居中部第一位。2006—2009年，全省高新技术产品产值年均增长33%，2009年达4 500.9亿元。

科技进步统计监测显示，2006—2009年，湖南省综合科技进步水平在全国的排名上升2位，列第15位。其中，科技进步环境水平上升4位，科技投入水平上升1位，高新技术产业化水平上升1位，科技促进经济社会发展水平上升4位。

二、科技重大部署和成就

湖南省的科技工作坚持瞄准经济社会发展主战场，着力构建产学研结合创新机制，集中优势资源，重点突破经济社会发展中的重大技术难题，取得显著成绩。

◎ 应对国际金融危机

2009年，面对国际金融危机对经济社会发展带来的严峻挑战，湖南省认真贯彻党中央国务院的决策部署，把加强科技创新作为应对时艰、抢抓机遇的重要举措。一是研究制定落实国务院9号文件实施方案。根据国务院《关于发挥科技支撑作用促进经济平稳较快发展的意见》文件精神，出台了《湖南省人民政府关于发挥科技支撑作用促进经济平稳较快发展的实施意见》，确定了支撑重点产业调整和振兴、加快推广应用先进技术、加快发展高新技术产业集群、大力增强自主创新能力、大力服务企业和基层、加快发展民生科技、加强科技人力资源建设六个方面的重点任务，并迅速组织实施。二是积极调整经费支出结构。2009年科技经费重点用于促进经济平稳较快发展上，突出支持新型工业化、现代农业、节能减排和民生科技等重点领域的科技创新。三是着力优化项目布局。对当前扩内需、保增长能产生直接作用、已有较好基础、可尽快形成具有市场竞争力产品的项目，予以优先投入；对项目实施中取得的能带动形成新的市场需求、改善民生的成熟技术和产品，加大其产业化、商业化和规模化应用力度。四是组织开展广大科技人员深入基层服务企业活动。动员组织近万名科技人员深入企业一线，累计攻克关键瓶颈技术213项，400余项先进适用技术成果得到转化或产业化。五是加快高新技术产业发展。2009年，全省高新技术产业产值达4 500.9亿元，同比增长23.1%（按可比口径计算），对保持湖南经济健康快速发展做出了重要贡献。

◎ 产学研结合创新

湖南省把建立以企业为主体、市场为导向、产学研相结合的技术创新体系作为推进自主创新的重点。2008年省委、省政府召开了全省产学研结合创新大会，成立了由省委副书记任组长的湖南省促进产学研结合协调领导小组，负责研究和协调解决全省产学研结合中重大突出问题。各市州也都成立了以市州委政府主要领导任组长的产学研结合协调领导小组，形成了全省上下齐抓产学研结合的良好格局。出台了《关于促进产学研结合增强自主创新能力的意见》，提出了14条政策措施，取得了四大突破：一是政府采购向产学研结合创新产品和服务倾斜。对拒绝接受或不优先购买列入目录的自主创新产品的，财政不予支付采购资金，已支付资金的要予以追回。二是首次将两个“70%”予以明确。即知识产权和科技成果作价入股，占股比例由双方共同商定，最高比例可达到公司注册资本的70%；成果持有单位最高可以从技术转让（入股）所得的净收入（股权）中提取70%的比例奖励科技成果完成人。三是实施企业创新杰出人才计划。对引进到全省企业工作的优势产业发展急需的高端人才，可纳入全省优秀专家评审范围，统一给予表彰和奖励。四是高等院校和科研院所教学科研人员承担企业委托项目与承担政府计划项目给予同等待遇，政府各类科技计划明确将市场需求作为应用性科研项目选题、立项、评价的重要指标。同时，设立省产学研结合专项引导资金，省政府3年安排资金5亿元，用于支持产学研结合重大成果转化、关键技术与共性技术中间试验、工程化验证等引导投入。

◎ 实施科技重大专项

为整合全省科技资源，集中力量解决全省经济社会发展中的重大技术需求，2006—2009年，湖南省按照“突出重点，有限目标；集中投入，稳定支持；完善机制，滚动发展”的总体思路，突

图 9-3 A 型地铁列车

出新型工业化、现代农业、节能减排和民生科技四个重点方向，遴选实施了 60 个科技重大专项。四年来，累计攻克关键技术瓶颈 272 项，获得新产品 397 个，新增产值 200 亿元，新增利税 25 亿元。如，“电动汽车”专项突破了镍氢动力电池、驱动电机等技术瓶颈，有 535 台混合动力公交车在长株潭投入运营，节能与新能源汽车示范推广数量、营运范围和里程、节油减排量和获得国家补贴资金数均居全国第一。“风电装备”专项攻克了机组气动性能、载荷计算、强度分析等一系列关键技术瓶颈，形成了从关键零部件生产到整机制造的比较完备的风电产业链，确定了在全国的领先地位。“超级杂交稻”专项开展了分子育种技术研究，首批新研制的不育系材料已开始试种，有望提前 2～3 年完成第三期亩产 900 公斤目标。“区域循环经济”专项，突破了固体废物梯级利用等关键技术，累计减排废渣 170 万吨、废水 220 万吨，极大地减轻了湘江流域环境治理压力。“高品质铝”专项，使每吨产品电耗减少近 1 000 度，提前两年实现国家关于电解铝的降耗目标，该技术在行业推广后，每年可节电 120 亿度，相当于葛洲坝水电站的年发电量。

三、创新体系建设和重大创新政策

近年来，湖南省重点从创新主体、创新机制、创新环境等三个层面着手，积极推进区域创新体系建设。

◎ 企业的创新主体地位

鼓励和支持企业建立研发机构，湖南省企业国家重点实验室数量居全国第四位。积极开展高新技术企业认定工作，2008—2009年，全省新认定高新技术企业总数达到940家，2009年新认定企业获得减免所得税近20亿元。2006年，启动实施省创新型企业试点工作，省级创新型（试点）企业数达67家，其中17家成为国家创新型（试点）企业。为改善企业融资环境，省政府于2007年出资成立湖南高新创业投资有限公司，已投资企业项目18个，直接投资3.5亿元，带动社会投资30多亿元。同时，不断扩大科技型中小企业创新基金规模，推动中小企业创新发展，基金规模近1.5亿元。开展自主创新产品认定和政府首购与订购工作，鼓励和支持企业创新。这一系列措施，有效地激发了企业创新动力，极大地提升了企业创新能力。2009年，湖南省R&D活动人员76.42%分布在企业，R&D经费投入企业占77.96%，82%的职务发明专利为企业创造，企业正逐步成为技术创新投入、研发和应用的主体。

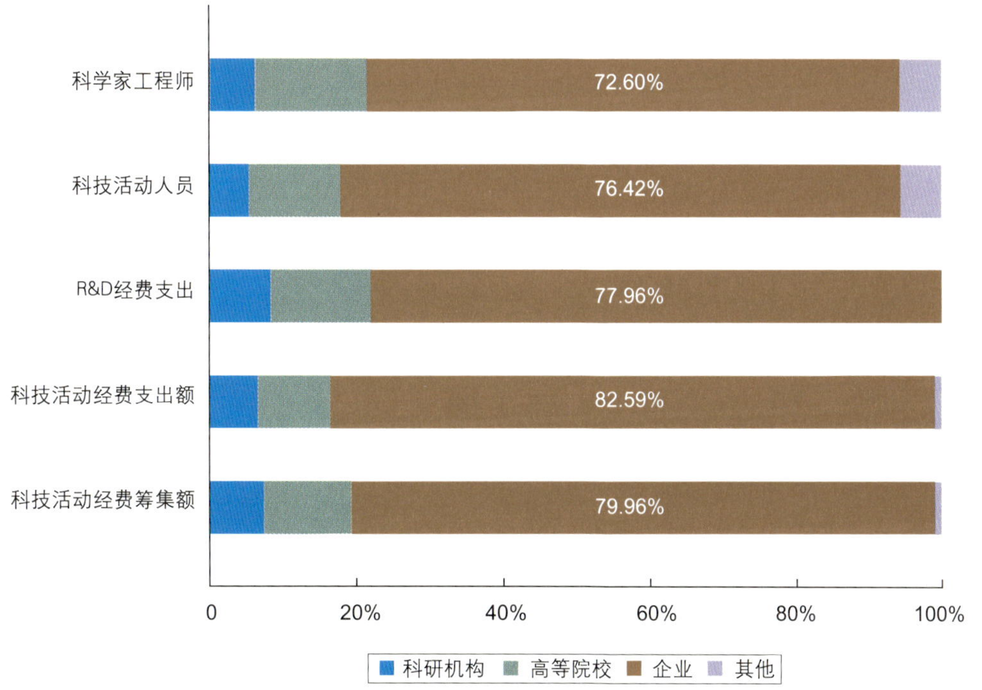

图9-4　2008年湖南省各执行部门科技投入情况

◎ 产学研结合创新机制建设

鼓励以企业为牵头单位，在优势特色产业领域建立以长期性、紧密型、市场化为基本特征的产学研技术创新战略联盟，合力突破一批产业发展的共性技术、核心技术。2009年，已组建了36个产业技术创新战略联盟，其中国家级的2个，省级的10个，市州级的24个。同时，鼓励和支持现有工程技术研究中心、重点实验室等公共科技创新平台，向企业开放，为企业服务。积极推动产学研对接，省政府与清华、北大、中科院等签订了9个战略合作协议，各市（州）、县（市）及企业与省内外高校共签订合作协议（合同）1 700多项。大力支持产学研结合创新项目。2009年，安排产学研结合专项引导资金5 000万元，重点支持了首批36个项目，带动社会投资30多亿元。

大力推进科技成果转化应用。2006年以来，组织实施了300余项科技成果推广计划。着力加强技术市场建设，成立了湖南省技术产权交易所，全省14个市（州）都建立了常设技术市场和技术合同认定登记网络。中南大学、湖南大学成功获批国家首批技术转移示范机构。2009年，全省组织发动了近万名科技人员深入基层服务企业，已有400多项先进适用技术成果在企业实现转化。

◎ **创新环境**

积极完善法规政策体系。自2006年以来，根据《科技进步法》、《湖南省科学技术进步条例》和其他法律法规，颁布实施了《湖南省高新技术发展条例》1部地方性法规，出台了《关于增强自主创新能力建设创新型湖南的决定》、《湖南省人民政府贯彻落实国务院关于实施〈国家中长期科学和技术发展规划纲要（2006—2020年）〉若干配套政策的政策措施》等7个政策性文件，制定了《湖南省科技重大专项管理办法》等科技管理方面的规范性文件20多个，激励创新、支持创新的法规政策体系逐步完善。

创新奖励机制。修订并重新发布了《湖南省科学技术奖励办法》，增设了自然科学奖、技术发明奖两个奖励类别，通过加强对原始性创新成果、高端人才、企业技术创新的奖励，充分调动广大科技人员和企业投入科技创新主战场的积极性。

加强科技进步考核。充分利用考核来引导地方政府抓好科技工作。在2009年全国县（市、区）科技进步考核中，全省申请考核的县（市、区）达123个，比上次考核增加近1倍，其中90个通过科技部考核，33个被评为先进，皆为历年之最。

加大科普力度。截至2009年底，全省建有国家级、省级科普基地72家。精心组织每一届科技活动周，打造了“湖南科技活动周暨科技博览会”、“省直厅级干部报告会”、“企业技术创新电视抢答赛”、“党政一把手谈第一生产力电视专栏”等一批全国独创的科普品牌，参与科技人员和受益群众逐届增加，2009年科普活动周组织发动科技人员8万多人，受益群众达400多万人。

推动对外交流合作。进一步扩大国际合作范围，已同30多个国家建立了比较稳定的科技合作交流关系。加强区域合作，与港澳台的科技合作与交流进一步拓宽，与澳门科学技术委员会签订了合作协议。

四、高新技术产业与高新区发展

湖南省将发展高新技术产业和建好高新区作为转变经济发展方式、推动经济健康快速发展的重要环节来抓，着力将科技优势转化为经济优势，科技对经济发展的支撑和引领作用明显增强。

◎ 高新技术产业

出台了《湖南省"十一五"高新技术产业发展规划》和《湖南省高新技术产业五年行动计划(2008—2012)》，按照"新兴产业规模化、优势产业高端化、特色产业集群化"的发展思路，推动高新技术产业快速发展。

支撑传统优势产业抢占价值链高端。围绕传统产业面临的技术难题，大力开展科研攻关，为传统产业做大做强可持续发展提供了可靠技术支撑。如，高强度钢和优质宽厚板生产关键技术的突破，助推湖南钢铁产品的调整和优化；酶法剥皮和脱囊衣技术的成功研发与应用，大大提高了柑橘罐头加工的自动化程度和产品卫生质量。2009 年，湖南省高新技术改造传统产业产值达 1 681.7 亿元。

推动特色产业集群发展。如长沙的工程机械产业，拥有中联重科、三一重工、山河智能等行业优势企业，其中"中联重科"列世界工程机械 50 强第 19 位，是世界第一大混凝土机械制造商，2009 年高新技术产品产值突破 300 亿元；软件产业聚集了软件、服务外包、信息服务等各类企业 1 200 多家，拥有中部省份唯一的国家软件产业基地。

大力发展战略性新兴产业。着力推进风电装备、太阳能光伏、高性能金属等 5 个千亿产业工程以及电动汽车等 10 个百亿产业工程建设，努力培育新的经济增长点。据统计，2009 年，风电、轨道交通、电动汽车、太阳能光伏、航空航天材料及关键零部件、生物工程等新兴产业产值达到 1 200 亿元，占全省高新技术产业产值的 26.7%。

2006—2009 年，全省高新技术产品产值年均增长 33%，比"十五"期间快 6 个百分点。2009 年，全省实现高新技术产品总产值 4 500.9 亿元，是 2006 年的 2.38 倍；实现增加值 1 427.1 亿元，是 2006 年的 2.39 倍；高新技术产品占全省 GDP 的比重达 11.0%，比 2006 年提高 3 个百分点；高新技术产品总产值和增加值提前一年超额完成"十一五"规划目标。

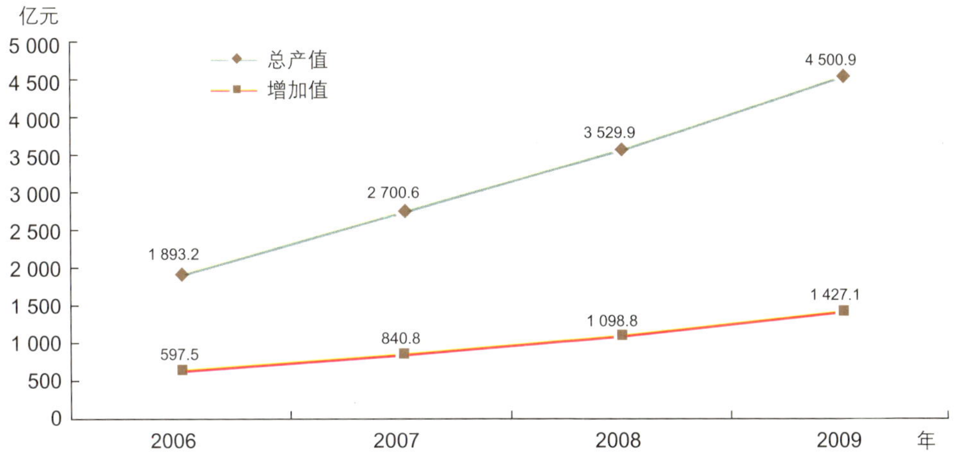

图 9-5　2006—2009 年湖南省高新技术产业发展情况

◎ 高新园区建设水平

长沙国家级高新区已成为中西部地区首个部省共建的“创新型园区”，株洲国家级高新区正在创建“国家生态工业示范园区”，湘潭高新区也于2009年成功升格为国家级高新区，使湖南拥有的国家级高新区数量增加到3个。

高新区经济效益进一步提高。2009年，5个高新区（湖南另有衡阳、益阳2个省级高新区），实现技工贸总收入2 860.7亿元、高新技术产品产值2 081.5亿元、高新技术产品增加值664.6亿元、出口创汇18.4亿美元，主要指标增长速度均在30%以上。全省高新区高新技术产品产值、增加值、出口创汇分别占全省的46.2%、46.6 %和54.6%。长沙、株洲、湘潭高新区高新技术产品增加值对本市GDP的贡献率分别为10.2%、16.7% 、7.1%。高新区每平方公里产出GDP达4 900万元，是全省平均水平的80倍左右。

高新技术企业快速壮大。截至2009年底，全省高新区年产值超亿元的高新技术企业300多家，其中过10亿元的44家，过100亿元的3家。高新区在高新技术企业数量和经济规模上占全省高新技术产业的一半左右，有效发挥了引领示范和辐射带动作用。

高新区创新体系日益完善。到2009年底，全省高新区已与100多所大学、科研机构建立了产学研合作关系，有700多家企业设立了研发机构，建立了60多家国家和省级工程（技术）研究中心，建有博士后工作总站和企业博士后科研工作站26家；拥有孵化器14家，孵化场地127万多平方米，在孵企业1 500多家。

五、“十二五”科技发展规划的基本考虑

加快转变经济发展方式的大背景，为科技工作提供了更加广阔的舞台；加快培育战略性新兴产业的新要求，更是为科技工作发挥支撑与引领作用提供了新的方向和载体，科技工作肩负的责任重大而光荣。“十二五”期间，湖南将以邓小平理论和“三个代表”重要思想为指导，深入贯彻落实科学发展观，坚持“自主创新，重点跨越，支撑发展，引领未来”的指导方针，围绕湖南国民经济和社会发展战略需求，按照“创新驱动，引领两新；高端发展，支撑两型”的总体思路，统筹经济社会发展和科技创新，统筹技术创新和产学研结合，统筹项目、人才、基地，统筹区域县域科技发展，统筹机制创新与开发引进，全面推进以企业为主体，产学研相结合的技术创新体系建设，加强创新基地和人才队伍建设，着力突破产业高端技术、前沿技术、民生技术，重点实施“科技前沿抢占工程”、“战略性新兴产业培育工程”、“企业技术创新工程”、“科技创新基地建设工程”、“科技惠民支撑工程”、“科技成果转化与产业化工程”、“高层次创新型科技人才培养工程”，支撑和引领湖南经济社会发展向创新驱动型转变。

第十章

华南地区科技工作的进展与成就

“十一五”以来，华南两省一区按照《国家中长期科学和技术发展规划纲要（2006—2020年）》的要求，将自主创新作为促进经济社会发展的核心动力，不断加大科技投入，加速高新技术产业和高新区发展，积极创建具有地方特色的区域创新体系，科技在地方经济社会发展中的支撑引领作用愈发凸显。由于省情不同，华南两省一区在依靠科技促进地方经济社会发展中面临的形势不同、挑战不同，但是，每个省区均根据各自的实际情况，开创性地探索出了一条符合自身条件的自主创新之路。例如，广东省在已有的较为完善的产业基础上，着重推动自主创新能力和产业竞争力“双提升”的发展战略，特别是在金融危机爆发后，加强了企业与科研机构的产学研结合，开展创新联盟建设，实施企业科技特派员行动，加快推进科技与金融结合，积极落实科技型中小企业贷款项目；广西以建设“创新型广西”为目标，突出重点优势产业的科技创新能力提升，在汽车制造、蔗糖生产等行业领域取得了一批自主创新重大成果，同时，区域创新体系建设成效显著，北部湾成为重要区域创新增长极，与东盟国家的区域合作也不断增强；海南省在农业科技创新领域取得显著成效，农业科技110成为科技服务“三农”体制机制创新的重要亮点，有力推动了海南热带现代农业的发展。

第一节
广东省

“十一五”以来，围绕“建设创新型广东”，实施“大科技、大开放”战略，把自主创新作为促进经济发展方式转变的核心推动力，抢抓推动自主创新能力和产业竞争力“双提升”的重大战略机遇，科技工作进展顺利，取得较大成就。

一、科技发展总体进展

广东省推动自主创新工作取得一系列新进展、新突破，亮点纷呈，效益显著，有力支撑引领全省经济社会又好又快发展。

◎ 自主创新能力

重大基础研究和原创性能力建设取得重大突破，涌现出一批国内领先、国际一流的科技领军人物和创新团队。广东省专利产出在全国长期位居前列，2009年全省专利申请量达12.56万件，其中发明专利达3.22万件，分别比2006年增长了38.3%和51.0%，发明专利在专利产出结构的比重显著上升。广东省技术市场交易日趋活跃，2009年技术市场合同成交金额突破200亿元，居全国第三。

◎ 科技创新投入

一是R&D人员增速快，四年翻了一番。2005—2008年，从12.21万人发展到24.00万人，年均增速为25.3%。其中，2005年科学家和工程师10.35万人，2008年20.96万人，分别占R&D人员的84.8%、87.3%；每万人口中从事R&D人员从2005年的15.46人到2008年达到25.10人。二是科技活动经费内部支出快速增长。2005—2008年，广东省科技活动经费内部支出呈快速增长态势。从2005年456.36亿元以年均增速18%增长，到2008年底达到844.65亿元，增长了1.85倍。

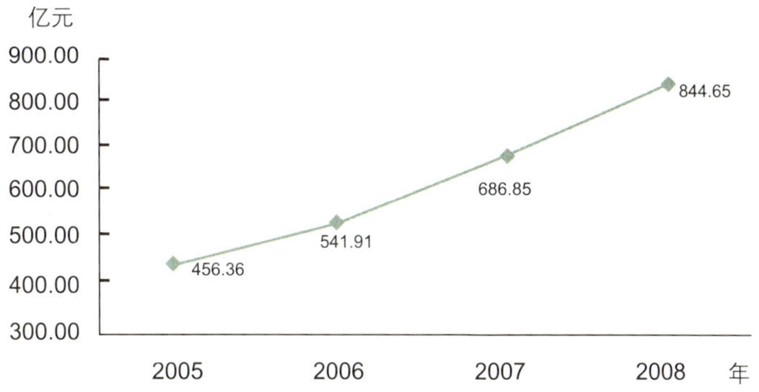

图10-1 2005—2008年全省科技活动内部支出

◎ 科技产业

一是高新技术产业快速增长。2009年，广东省高新技术产品产值达2.6万亿元，比2006年增长66.7%，占工业总产值比重提高至30%以上，不但继续在全国保持领先地位，且在广东省产业结构中的地位逐步上升，为产业结构调整起到了良好的带动作用。二是高新技术产品技术水平表现为国内领先或先进。2008年，广东省高新技术产品（不含深圳数据）中国内先进的产品占44.4%，国内领先的产品约占20.5%。三是战略性新兴产业加快发展，新能源、绿色照明、生物医药、海洋、环保等战略性新兴产业不断发展壮大。其中，广东LED照明企业2 600多家，LED封装产量约占全国的70%，约占全世界的50%。

◎ 区域创新体系

一是实验室体系已初步形成，至2009年广东省国家重点实验室累计达到10家，省重点实验室达到123家，省公共实验室达到18家，省重点科研基地达25家，基础研究实力进一步增强。二是企业技术创新平台迅速发展。截至2009年，广东省共建有省级工程中心415家，设有博士后工作站近70个，与国内外300多个高校和科研机构开展产学研合作。据不完全统计，广东省工程技术研究开发中心每年投入研发经费100多亿元，累计承担各级各类科研项目1 400多项，获得科研经费近8亿元，争取国家科研经费1.5亿元，承担或参与制定国家标准、行业标准300多项，发表论文1 000多篇，研制开发新产品、新装备、新材料、新工艺6 000多个（台、套）。每年获专利授权2 100多件，其中发明专利150多件，获省部级以上奖励300多项。每年新产品销售收入近1 000亿元，约占企业销售收入的30%，实现利润近120亿元，带动企业实现总产值3 000多亿元。

◎ 科技全面支撑经济社会发展

一是改造提升传统产业效益突出。截至2009年，“产业共性技术”重大科技专项，投入资金1亿元，带动社会总投资超过12亿元，在轻工机械装备、电器、陶瓷等支柱产业突破一系列共性技术瓶颈，提升了产业创新能力和竞争力。组织实施专业镇产业联盟、创新支撑等行动，省级专业镇累计达296个。组织国家重点建设高校与广东省100多个专业镇进行对接，提升服装、五金、建材、灯饰、造纸等传统产业的竞争力。在广东省产业转移园建立了一批技术支持中心，为实施“双转移”战略提供科技支撑。二是建设农村信息直通车等科技工程。目前，广东全省已建成2万多个镇村级信息服务站点，覆盖了省内大部分行政村，惠及3 000多万农民。三是社会民生领域的科技支撑能力逐步提高。在重大疾病防治、环保资源、清洁生产、公共安全等领域获得了一批科技创新成果并得到推广应用。四是科技在防灾救灾工作中发挥了关键作用。如在2008年初南方低温雨雪冰冻灾害中，广东省科技部门及时组织专家筛选先进实用的应急技术和制定应急方案，为防寒抗冻恢复生产提供了重要的科技支撑。

二、科技重大部署和成就

◎ 加速省部省院产学研合作

一是省部产学研合作再创佳绩。组织推动200多所全国高校（其中国家重点建设高校90多所）参与省部产学研合作，入粤参与研发和成果转化的省外高校专家教授3 000多名，开展产学研合作项目6 000多项。省部产学研结合专项资金共投入4亿元，支持项目672项。建立产学研结合示范市（区、镇）、研发基地和产业化基地64个，带动地方财政投入达25亿元，引导企业投入达250亿元。推动38家高校和科研院所联合广东省106家行业骨干企业新建了7个产学研创新联盟，累计已组建31个省级创新联盟，集成创新成效进一步显现。截至2009年底，通过省部（院）合作，累计实现产值7 000多亿元，新增利税累计近千亿元。二是省院全面战略合作迅速高效推进。制定了《广东省人民政府中国科学院全面战略合作规划纲要》，投入专项经费1亿元，安排省院合作项目188项，引导中科院68个直属科研机构、近百个单位与广东近千家企业开展了形式多样的产学研合作。中科院与广东联合开展未来5～10年重点产业战略装备发展规划研究。“散裂中子源项目”、“超级计算”、“云计算”、“龙芯”等重大项目进展顺利。推动中科院400多项科技成果在广东实现转移转化，新增产值130亿元以上，新增利税超过20亿元。

◎ 科技应对国际金融危机行动

一是在全国首推省部企业科技特派员行动计划，帮助企业提升自主创新能力和实现产品升级。在省部产学研合作框架下，率先提出并实施企业科技特派员行动，大规模组织国家重点建设高校、科研院所科技人员进驻企业第一线，帮助企业解决技术难题和提升自主创新能力。二是大力推广应用自主创新重大产品，拉动消费和发展新兴产业。联合省建设厅和重点市县，采用“企业+用户+银行”的金融创新模式，实施“千里十万”大功率LED路灯产业化示范推广工程。三是加快推进科技与金融结合，迅速落实科技型中小企业贷款项目，解决融资难问题。广东省科技厅与国家开发银行广东省分行签署科技与开发性金融合作协议以来，逐步建立和完善业务运行服务体系，制定了《广东省科技型中小企业融资担保风险准备金操作细则（试行）》等配套政策，并进一步与招商银行广州分行签订了科技与金融合作协议，积极帮助科技型中小企业融资。同时，在省部产学研合作框架下，积极推进广东高新技术产业投资基金的筹建工作。四是加快落实国家和省各项扶持科技型企业政策，帮助企业度过“寒冬”。加快推进高新技术企业认定工作，2008年重新认定高新技术企业1 440家，新认定高新技术产品829个，累计认定1 656个，促进了国家和省有关优惠政策的落实。

专栏 10-1 广东省科技型中小企业融资担保风险准备金

广东省科技型中小企业融资担保风险准备金（以下简称风险准备金）设立于2007年，规模暂定1亿元，由省科技厅与国家开发银行广东省分行合作开展，营造和优化广东自主创新投融资环境，缓解科技型中小企业融资难的矛盾。风险准备金主要用于支持广东省科技型中小企业融资担保工作的开展，主要包括：拉动银行加大对科技型中小企业贷款；对放款银行或担保机构科技型中小企业贷款损失进行补偿；扶持科技型中小企业信用担保体系建设；政府与国家开发银行和各担保机构合作，促进增加科技型中小企业的贷款数量；省科技厅和省财政厅确定的需要支持科技型中小企业融资发展的其他事项。

◎ 重大科技专项

从2008年起，广东省启动实施“节能减排与可再生能源”、“创新药物的筛选评价”和“产业共性技术”三个重大科技专项。“节能减排与可再生能源”重大科技专项已研发推广重大节能新产品22个，创造直接经济效益达29亿元，预计每年可节约标准煤超过280万吨，减排二氧化碳和二氧化硫分别达740多万吨和5万多吨，直接回收工业有机废气8 000多吨，对完成广东省“十一五”节能减排约束性指标和建立现代产业体系发挥重要的示范作用。组织9家医药龙头企业、高校和科研院所组建华南新药创制中心，对构建行业公共创新平台的新机制、新模式进行了积极探索。坚持以方法创新为先导组织实施重大科技专项，制定和实施建筑陶瓷、铝产业等产业技术路线图计划。

专栏 10-2 重大科技专项

广东省重大科技专项是指针对全省重点领域、重点产业的重大科技需求，开展重大关键共性技术攻关、重大成果转化、重大战略产品开发、重大科技示范工程以及科技创新平台建设，对经济社会发展起重大支撑和引领作用的省级科技专项计划。2008年起，广东启动实施了“节能减排与可再生能源”、“创新药物的筛选评价”和“产业共性技术”三个重大科技专项，已经取得良好效果。

◎ 十大创新工程

采取集中投入、滚动安排的方式，突出重点，协同作战，加快实施“百强创新型企业”培育、重点产业技术创新平台建设、主体科研机构建设、粤港澳创新圈建设、绿色照明、科技服务业培育等十大创新工程，提升了广东省科技综合实力，扩大了投资拉动内需。

◎ 科技创新平台建设

华南新药创制中心获国家批准组建“华南综合性新药研究开发技术大平台”，即将被列入国家级技术创新服务平台，成功跻身国家生物医药重大创制平台行列。华南理工大学“国家组织功能重建工程技术研究中心”、华南农业大学“国家航空育种工程技术研究中心”、省农科院组建国家重点实验室均已通过科技部论证，预计可获准立项，届时全省国家工程技术研究开发中心总数将达到20家。

◎ 科普宣传与创新文化建设

科普基地建设取得重大进展。按照“国内领先、国际一流”的目标要求，广东科学中心建设项目顺利完成。自2008年9月26日开馆以来，已经接待了40多万名观众，包括多位国家领导人，社会各方反响良好。目前，广东省共有省级以上青少年科技教育基地138家，其中国家级9家。连续第17年组织开展全省“科技进步活动月”活动。大力营造尊重人才、激励创新的社会氛围，首次颁发了广东省科学技术突出贡献奖。开展了“改革开放30年广东科技10件大事评选”活动，近6万名社会公众参与投票评选，进一步强化了全社会的科技意识。

图10-2 广东科学中心于2008年9月27日正式对外开放

三、创新体系建设和重大创新政策

◎ 采取措施加快区域创新体系建设

一是加快公共科技创新平台建设，支撑服务产业发展的能力日益增强。截至2008年，广东省省级工程中心总数达337家，比2006年新增了70家，覆盖了电子信息、石油化工、家电等支柱产业。其中，美的集团在省级工程中心的基础上组建了中央研究院。二是不断加强科技基础条件平台建设。截至2009年，累计建设国家重点实验室10家，省级重点实验室123家，省级公共实验室18家，组建了一大批院士工作室和博士后工作站等创新平台，不断增强应用开发和原始创新能力。三是积极创新国际科技合作模式。组建"广东—独联体科技合作联盟"，建立长效合作机制。加强国际科技合作基地建设，累计建设11个国家级和24个省级国际科技合作基地。开展"科技外交官服务行动"，帮助解决广东省企业和科研单位国际科技合作渠道少、联络手段单一及信息获取困难等问题。

◎ 继续深化粤港澳科技合作

设立粤港共建科技创新平台专项，重点扶持再生医学联合重点实验室、自动化科学与工程联合研究中心、粤港区域大气复合污染综合防治技术与控制策略联合研究中心等平台建设，进一步促进粤港科技紧密合作。建设粤港科技创新园，打造南沙科技创新园、莞港松山湖科技园等多功能、国际化创新园，在惠州开展粤港共建高新区试点工作，进一步完善建设"深港创新圈"的政策措施。继续开展关键领域重点突破项目招标，广东省投入财政经费3.4亿元。与台湾产业界加强在信息通讯、新材料、农产品技术等方面的科技合作。积极引进港台LED产业芯片、外延片等关键技术研发机构，促成美国科锐、香港晶科、台湾晶元和奇力等企业已经或即将落户广东。

◎ 不断优化自主创新环境

一是创造性落实促进企业自主创新政策。目前广东省已有1 000余家企业享受到了研究开发费用加计扣除政策，已落实的企业研发费抵扣额由去年的15亿元提升到50亿元，抵扣力度仅次于上海位居全国第二。二是自主创新产品政府采购政策的制定与落实工作走在全国前列。组织认定了130项产品为"2009年广东省第一批自主创新产品"，其中119项产品被列入2009年第一期《广东省政府采购自主创新产品清单》；第二批276项自主创新产品认定工作基本完成，有力推动自主创新产品享受政府采购优惠政策。三是科技立法和规划研究工作取得重要进展。积极推动《广东省自主创新促进条例》立法准备工作，该立法项目已被列入了省人大常委会五年立法规划一类项目和2010年立法预备项目。四是以新思路、新方法完成"十二五"科技发展规划系列研究，已经完成和正在制定的产业技术路线图共18个，并将扩展到广东省20～30个重点产业。五是新一轮科研体制改革取得实质性突破。联合省编办制定出台了《关于深化科研体制改革的意见》，加快开展组建工业、农业、社会发展和现代服务业四个主体科研机构的可行性研究。

四、高新技术产业与高新区发展

◎ 大力推进高新技术产业发展

软件、新能源、环保、海洋、智能交通等领域高新技术研究开发及产业化快速进展，高新技术产业总体发展水平继续保持全国领先地位。2009 年，广东省高新技术产品产值 2.6 万亿元，高新技术产品出口超过 1 393.74 亿美元，出口额继续位居全国第一。高新技术企业和高新技术产品的认定取得新突破，全年新认定广东省高新技术企业 1 263 家，累计 3 094 家，总数居全国第二。国家级创新型企业累计达 13 家。组织实施“百强创新型企业”培育工程，项目资助经费超过 1.8 亿元，共认定了 135 家百强创新型企业培育工程示范企业，预计 2009 年全年总产值增长超过 800 亿元，申请专利 2 000 件，新增就业岗位 2 万个。

◎ 加强高新区建设，推进高新区“二次创业”

加大对高新区的支持力度，着力把高新区建设成为高新技术产业集聚、人才集聚、研究开发能力集聚、产学研集聚的“四位一体”基地。2009 年，出台加快高新区发展的意见，推动高新区和高新技术企业发展迈上新台阶。目前，广东国家级高新区已建成了一批有迫切需求的科技创新载体，搭建了以大学、科研机构、企业研发中心、工程技术中心、企业孵化器、科技中介机构、大学科技园为依托的创新平台，形成了研发、中试、生产一条龙的成果转化链。至 2009 年，广东省高新区增加值达 3 100 亿元，同比增长 23.4%，出口额达 850 亿美元，同比增长 33%，成为在金融危机中高新技术产业逆势增长的重要基地。

五、“十二五”科技发展规划的基本考虑

结合未来一段时期广东省的战略部署，“十二五”时期要主动做好自主创新工作的“十个谋划”：一是谋划创新型企业成长路线图，培育创新型企业梯队；二是谋划产业技术路线图，提升优势传统产业创新能力；三是谋划战略性新兴产业培育，促进高新技术产业跨越式发展；四是谋划高新技术产业生态建设，促进高新区新一轮大发展；五是谋划行业产学研创新联盟建设，提高产学研合作水平；六是谋划引进独联体国家技术，提高技术引进创新能力；七是谋划科研体制机制改革，激发科研机构创新活力；八是谋划高层次人才引进，高标准建设科技人才队伍；九是谋划自主创新政策体系建设，优化自主创新制度环境；十是谋划科技政策执行能力建设，提高科技系

统对自主创新的执导能力。

第二节
广西壮族自治区

“十一五”以来，遵循“自主创新、重点跨越、支撑发展、引领未来”的科技指导方针，结合广西经济社会发展的需要，深入实施“科教兴桂”和“人才强桂”战略，以建设创新型广西为目标，以提高自主创新能力为核心，以实施广西创新计划为抓手，加快创新体系建设、加强重点区域和重点产业技术创新，大力发展高新技术产业，科技创新有力地促进了广西经济社会平稳较快发展。

一、科技发展总体进展

广西不断夯实科技基础，集成科技资源，形成创新合力，科技创新扎实推进，科技发展迈上了新台阶，在促进经济社会发展方面发挥着越来越重要的作用。

◎ 财政科技投入

积极构建多元化、多渠道、多层次的科技投入体系，全社会科技创新投入不断增加。2005—2008 年，广西地方财政科技拨款、科技经费筹集总额、R&D 经费投入分别以年均 20.6%、31.7% 和 18.8%的速度增长，到 2008 年分别达到了 14.35 亿元、88.31 亿元和 33.48 亿元。

◎ 科技人才队伍

深入实施“人才强桂”战略，出台了《广西北部湾经济区 2008—2015 年人才发展规划》等一系列人才政策，以自治区重点实验室、人才小高地等平台为载体，加强高层次人才和团队建设，稳定发展科技创新队伍。科技活动人员、科学家工程师分别由 2001 年的 4.72 万人和 3.16 万人增加到 2008 年的 6.75 万人和 4.79 万人，年均增长率分别为 5.2% 和 6.1%。自治区人才小高地对高层次人才引进发挥了积极作用，全区 32 个自治区级人才小高地，引进了包括 46 名院士在内的 2 465 名高层次人才到广西服务和工作。

◎ 专利申请量及专利授权量

认真贯彻落实《国家知识产权战略纲要》精神，持续推进企业知识产权试点和县区知识产权试点，加强国家知识产权局专利局南宁代办处和广西知识产权维权中心等服务平台建设，积极制定并落实各种激励政策，全区专利申请量和授权量继续保持稳定增长势头。2006—2009年，全区专利申请14 425件，年均增长14.9%，专利授权8 279件，年均增长23.3%。

◎ 优秀科研成果

优秀科研成果不断涌现，科技成果质量不断提高，对促进经济社会发展发挥了积极作用。"高原型特种轮式装载机"等一批科技成果获得国家和自治区科技进步奖。"高原型特种轮式装载机"的成功研发，攻克了高寒缺氧条件下的低温冷起动和高原型适应性散热系统等关键技术，解决了工程机械在海拔4 500米以上低温、缺氧、高辐射等高原极端环境下使用乏力的世界性难题，技术成果处于国际领先水平，为青藏铁路等国家重大工程建设发挥了重要的作用。"桑蚕良种开发与应用"项目首创化性遗传互补技术，成功解决了亚热带桑蚕育种世界性难题，培育出两广二号等优良蚕种，创造了年产蚕茧产量和蚕品种市场占有率等6个全国之最，为华南地区生产可剿4A～5A高档生丝的优质茧、全面提高茧丝质量发挥了重要的作用。"十一五"以来，广西取得省部级以上登记科技成果1 969项，其中应用技术成果1 800项，占总数的91%。共签订技术合同1 293项，技术合同成交金额6.38亿元。

二、科技重大部署和成就

围绕着提高自主创新能力，加快创新型广西建设，做出了一系列重大部署，在推动区域创新能力跃升方面取得了重大成就。制定实施了《广西壮族自治区中长期科学和技术发展规划纲要(2006—2020年)》和《广西壮族自治区科技发展"十一五"专项规划》，提出了"提高自主创新能力，走创新跨越之路"的发展战略，对广西未来15年的科技进步事业做出了全面的规划部署。2008年，根据建设创新型国家的要求和加快广西发展的需求，广西做出了"增强自主创新能力，建设创新型广西"的战略部署，提出要大幅度提高科技进步对经济发展的贡献率，促进发展方式转变，使创新成为驱动广西经济社会发展的主导力量，走出一条具有广西特色的创新发展之路。

◎ 工业科技创新

重点围绕汽车、有色金属、制糖等广西千亿元产业技术创新，组织实施了一批重大科技攻关项目，在重点领域取得了一批达到国内领先水平的科技成果，进一步提升了广西产业核心竞争力。集成创新提升了广西汽车产业技术水平，促进产业快速发展。2009年，广西汽车总产量突破百万辆大关，达118万辆，约占全国总量的9%，排在全国第4位。上汽通用五菱汽车股份有限公司着力技术创新，提升了产品市场竞争力，成为中国首家年度产销超百万辆的单一企业，生产的微型汽车占国内市场达47%，产销量连续4年全国第一。广西是全国最大的蔗糖生产基地，蔗糖产量占全国60%以上，制糖综合技术全国领先，压榨抽出率、煮糖回收率、糖分总回收率等主要技术经济指标达到国际先进水平。广西是全国有色金属重点产区之一，产业技术水平国内领先，产业链不断延伸，高附加值产品比重不断扩大。广西钢谷有色金属交易中心已成为全国乃至世界有品牌影响力的交易中心。

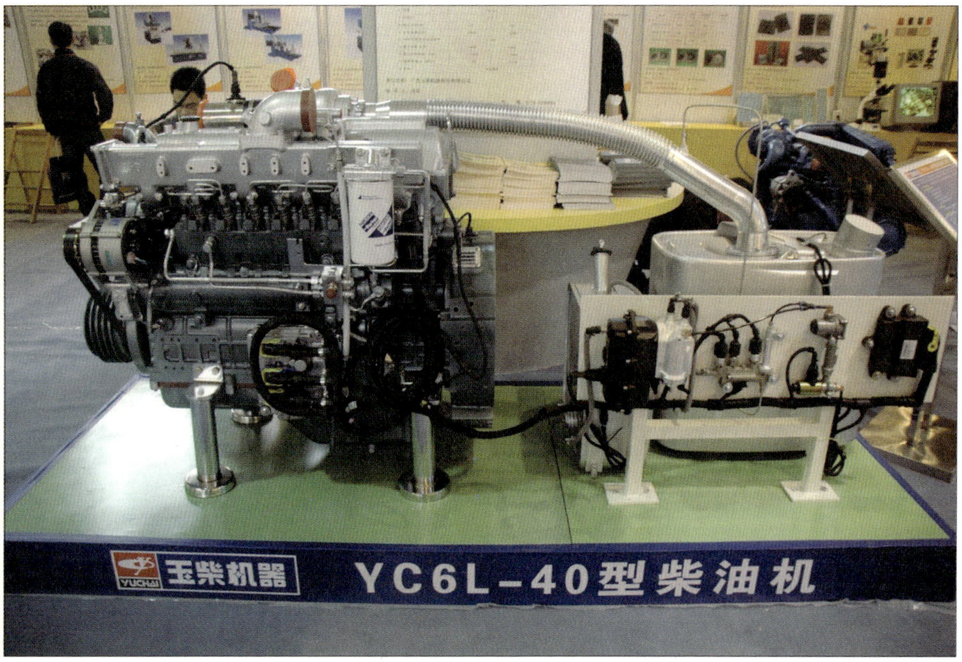

图 10-3　玉柴自主研发的国内首台拥有自主知识产权的欧Ⅳ柴油发动机 YC6L-40

专栏 10-3　广西玉柴机器股份有限公司加快企业自主创新能力建设

广西玉柴机器股份有限公司注重创新发展，一直将产品技术发展放在突出位置，始终坚持“生产一代、研发一代、谋划一代”，形成了以自主研发技术为核心，对接世界前沿技术、借力外部、服务内部的强大研发平台，成功开发出一批具有较高水平的新产品和新技术，确立并巩固了其在全国行业中的领先地位。近年来，玉柴连续开发出国内首台欧Ⅳ及欧Ⅴ柴油发动机、可再生空气混合动力发动机等一批拥有自主知识产权的产品。先进的技术、卓越的品质成就了玉柴，目前，玉柴机器有限公司已成为中国最大的内燃机生产企业，玉柴先后被评为中国十大最具影响力企业、中国企业500强、中国500最具价值品牌、中国动力第一品牌等。

◎ 农业科技创新

重点围绕水稻、甘蔗、桑蚕、畜牧水产等特色优势产业，开展新品种选育、先进技术推广和科技成果转化等工作，取得了明显的成效。成功育成华南稻区第一个米质达国标一级优质米标准的感光型水稻新品种“百优838”；培育的“桂糖28号”甘蔗新品种是中国目前甘蔗品种中糖分最高的品种之一；在国内首次构建了罗非鱼耐寒品种的资源库和基因库；引进选育出一批木薯优良新品种，提高了木薯良种覆盖率和木薯产量，广西木薯产量已占全国总量的70%以上。水牛繁殖技术达到国际先进水平，先后成功培育出世界首例胚胎分割—性别鉴定试管水牛、世界首例亚种间克隆水牛和世界首例冷冻胚胎克隆水牛。科技进步使广西在甘蔗、木薯、桑蚕、速丰林、水牛等产业处于全国领先地位。

专栏 10-4 以科技创新促进广西甘蔗产业快速发展

广西甘蔗总产量占全国总量的60%以上。近年来，通过实施“糖料蔗新品种选育及节本增效栽培技术研究”等一批重大科技项目，加快了新品种培育和栽培技术研发的进程，培育出“桂糖26号”、“桂糖28号”等一批糖料蔗优良新品种，突破了甘蔗茎尖脱毒健康种苗技术等一批产业关键技术，有效地解决了台糖品质退化、抗病害能力下降、产量降低等问题，逐步改变了中国甘蔗品种单一、台糖一统天下的局面，提升了中国甘蔗种植生产水平，增加了农民收入和财政收入，为全国食糖生产安全提供技术和品种保障。

◎ 科技支撑北部湾经济区建设

围绕广西北部湾经济区的功能定位和产业发展需求，编制了《科技支撑广西北部湾经济区发展规划》和《广西北部湾经济区国家高新技术产业带规划》，部署了一批重大科技项目，不断夯实北部湾经济区科技创新基础，加强北部湾海洋生态与环境保护研究，有力地助推了北部湾经济区开放开发和可持续发展。一是创新资源聚集能力不断提升。目前北部湾经济区聚集了广西80%的高校和科研院所，50%的自治区重点实验室，科技活动人员总量占广西全区50%，R&D经费支出占全区40%。二是高新技术产业快速发展。北部湾经济区国家高新技术产业带建设加快推进，高新区建设保持快速发展。2009年，南宁和北海两个高新园区实现工业增加值和工业总产值分别同比增长18.64%、19.19%。建立了中国—东盟科技企业(南宁)孵化器、北部湾(北海)电子信息产业孵化器。

◎ 与东盟国家科技交流与合作

以推进中国—东盟科技合作与技术转移服务平台建设为重点，组织实施“热带亚热带优势农作物品种繁育技术研究与示范”等重点项目，积极推进广西百色国家农业科技园区建设，加强中国—东盟博览会科技专题展、科技合作基地、科技成果转化网络等载体建设，初步建立了与东盟国家科技合作的长效机制，与东盟国家在水稻、水产、中医药等产业领域科技合作不断加强，科技进步提升了产品技术含量和市场竞争力，促进了广西与东盟国家的贸易快速发展。2009年，广西对东盟国家进出口额达到49.5亿美元，比2007年增长70.1%，在对东盟贸易在全国排在前十位，广西成为了中国全面深化与东盟国家合作的桥头堡。

◎ 自主创新环境

一是建立有效的科技会商制度。与科技部正式建立部区工作会商制度，实施了“一平台两基地”等五个会商议题重大项目，促进了糖业、有色金属、生物质能源等特色优势产业发展，增强了科技支撑广西北部湾经济区发展能力。为了聚集全区科技资源，解决各市重大的产业科技问题，科技厅与7个市建立了厅市会商制度，积极探索解决区域创新发展的问题，并积极扩大会商区域和会商内容。二是完善科技工作统筹协调机制。科技部门紧紧围绕提高自主创新能力，建设创新型广西的战略目标，建立了有效地沟通协调机制，重点在信息交流、计划协调、预算协调、重大项目组织等方面加强合作，充分发挥各部门在推动创新中的职能作用，进一步强化了科技工作统筹协调。三是科技与金融结合不断加强。为促进企业自主创新，2007年科技厅与国家开发银行广西区分行等7家银行共同签署了“共同推进企业自主创新合作框架协议”，初步建立起政府搭台、企业主体、科银结合推进企业自主创新的体系，共同推进企业科技项目成果产业化，提升产业竞争力。初步构建了风险投资机制，成立了广西首家科技创业投资公司。

◎ 科技服务企业卓有成效

全面落实广西壮族自治区政府开展“服务企业年”的总体部署，以实施技术创新工程为抓手，引导各类创新要素向企业集聚，帮助企业增强自主创新能力和市场竞争力。一是产业技术创新战略联盟建设进展顺利，在汽车零部件、铝工业、中药等领域组建了7家产业技术创新战略联盟，推动了产学研联合创新。二是“企业科技特派员工程”扎实开展，自治区下派200名企业科技特派员到企业从事创新创业活动，国家和自治区支持企业科技特派员项目经费达3 000万元。三是“创新型企业示范工程”启动实施，已认定首批41家广西创新型试点企业。柳州两面针股份有限公司等5家企业被列为国家创新型试点企业。柳州工程机械股份有限公司和柳州欧维姆工程有限公司2家企业被评为国家创新型企业。“企业科技帮扶专项服务行动”稳步推进，帮助企业争取国家科技型中小企业创新基金项目43项，获国家资助2 473万元。获得国家农业科技成果转化资金项目14项，获国家资助1 040万元。

三、创新体系建设和重大创新政策

围绕着科技支撑经济社会发展，近年来，广西大力加强创新体系建设和自主创新政策法规的建设，为自主创新营造良好的氛围。

◎ 广西创新体系

一是加强技术创新体系建设。以建设广西千亿元产业研发中心为重点，推进产业研发中心、工程技术研究中心、企业技术中心等技术创新平台建设。在14个千亿元产业和4个新兴产业，建设了23个千亿元产业研发中心，认定了78家自治区级工程技术研究中心、127家企业技术中心。二是加强科学研究体系建设。重点建设19家自治区重点实验室、40家博士后“两站”、1家依托企业建设的国家重点实验室、1家国家地方联合工程实验室，加强对现有自治区级科研院所建设发展。三是加速科技中介服务体系建设。生产力促进中心体系建设取得新成效，广西被科技部确定为全国生产力促进中心体系建设重点省行动试点之一，全区生产力促进中心已发展到104家，数量居全国第四，其中国家级示范生产力促进中心7家。

◎ 促进自主创新的政策法规

全面贯彻落实《中华人民共和国科学技术进步法》，开展《广西壮族自治区高新技术产业开发区条例》修订工作和《广西壮族自治区科学技术进步条例》修订的预研工作。出台了《广西壮族自治区实施知识产权战略意见》、《广西北部湾经济区2008—2015年人才发展规划》和《广西壮族自治区人民政府关于加快实施千亿元产业重大科技攻关工程的决定》等文件政策，开展中长期规划纲要及其配套政策实施情况调查，加强科技政策宣传，积极推动高新技术企业税收优惠政策和企业研发费用加计扣除等相关政策落实，为创新型广西建设营造良好的政策环境。

四、高新技术产业与高新区发展

“十一五”以来，广西加强高新技术企业培育和认定，着力营造产业发展环境，加快推进广西北部湾经济区国家高新技术产业带建设，广西高新技术产业持续较快发展，电子信息、生物工程及生物医药、新材料、海洋生物等产业规模不断壮大，特色日渐明显，成为广西经济的重要增长点。

◎ 高新技术企业

截至2009年，广西已有185家企业通过国家高新技术企业认定备案，涌现出一批在国内具有较强影响力的高新技术企业。桂林星辰电力电子有限公司、北海银河高科技产业股份有限公司已成为“神舟”系列载人飞船重要研制配套单位。柳州工程机械股份有限公司在产品研发水平和产品技术性能方面保持行业领先地位，已成为中国工程机械行业的排头兵。柳州欧维姆建筑机械有限公司在同行业中预应力产品品种规格最全，生产规模最大，发明和实用新型专利最多，其主导产品产量、质量均居国内同行首位，占国内市场覆盖率65%，还出口到东南亚、日本和美国。

◎ 高新区建设

2009年，桂林、南宁、柳州、北海4个高新区工业总产值达到1 470.49亿元，总收入1 595.92亿元，总利税171.98亿元，出口创汇9.57亿美元。北海北部湾电子信息产业基地、南宁中国—东盟科技企业孵化基地、南宁软件园等建设初具规模，各高新区通过吸纳周边地区的企业、高校、科研机构的资金和技术，提供核心技术和上游产品，吸引银行、风险投资等中介机构进区经营，有力地促进了区域经济的发展。

◎ 高新技术产业集群

桂林、南宁、柳州、北海4个高新区集聚了电子信息、生物工程及生物医药、新材料、海洋生物等行业重点企业，产业规模不断发展壮大，逐渐成为广西特色优势产业研究开发和产业化基地，产业集群特征不断凸显。广西北部湾国家高新技术产业带建设步伐加快，为实现高新技术产业快速发展和辐射带动全区产业发展提供新的机遇。工程机械高新技术产业化基地、预应力机具高新技术产业化基地被认定为国家级高新技术产业化基地。

图10-4 广西柳州工程机械股份有限公司研制的高原型特种轮式装载机

五、“十二五”科技发展规划的基本考虑

“十二五”是实现全面建设小康社会战略目标的关键时期，是落实国家和广西中长期科技规划纲要、建设创新型广西进程中承上启下的重要时期，也是科技支撑经济发展方式转变、推动广西科学发展、和谐发展、跨越发展的重要时期。“十二五”期间，广西将坚持以科学发展观为指导，全面贯彻国家“自主创新、重点跨越、支撑发展、引领未来”的科技指导方针，围绕建设创新型广西的发展目标，实施创新驱动、科技支撑战略，大幅提高自主创新能力，走创新跨越之路。突出建立以企业为主体的技术创新体系，重点支撑产业和重点区域发展，大力发展战略性新兴产业，引进与创新并举，积极推进重大技术创新突破与科技成果转化，为把广西建成国际区域经济合作新高地和中国沿海经济发展新一极提供强有力的科技支撑引领，促进经济社会又好又快发展。

第三节 海南省

2006年全国科技大会以来，在省委、省政府的正确领导下，海南省深入贯彻实施“科教兴琼”战略、“人才强省”战略和“大企业进入、大项目带动、高科技支撑”发展战略，有效应对国际金融危机的冲击，保持了经济平稳较快发展，科技在全省经济发展中起到了较好的支撑引领作用。

一、科技发展总体进展

海南省科技工作根据省委、省政府和科技部的工作部署，加强科技创新能力建设，围绕产业发展、社会发展、改善民生抓科技，充分发挥科技的支撑和引领作用，科技工作取得了明显进展。

◎ 实施科技投入政策法规

2006年，颁布实施《中共海南省委、海南省人民政府关于推进科技创新的实施意见》，提出“2007年省本级财政科技投入要实现大幅度增长，‘十一五’期间每年增幅明显高于财政经常性收入增幅”。2009年，省重点科技计划专项经费比2008年增长了53.8%。2008年，颁布实施《海南省人民政府关于鼓励支持和引导中小企业和非公有制经济发展的若干规定》，提出“省财政在科技三项经费基数之外，每年再安排500万元用于扶持中小企业技术创新（由省科学技术厅具体负责实施）”，根据该条的要求，2008年海南省设立了科技型中小企业技术创新资金，并制定了管理暂行办法。

◎ 实施区域创新政策法规

2006年，制定并实施《关于进一步推进市县科技进步的若干意见》，提出“落实科技进步目标责任制。从2007年起，将科技进步目标责任考核纳入市县领导班子和主要领导干部政绩及地区经济社会发展考核内容，推动乡镇领导任期科技进步目标责任制，促进形成全社会重视支持科技的良好环境”。《若干意见》的实施，加快了市县的科技进步，推动了区域科技创新体系的建设。2007—2008年，全省22个市、县（区）有13个市、县（区）通过全国科技进步考核。

◎ 实施高新技术产业发展政策法规

2009年，制定并实施《海南省促进高新技术产业发展的若干规定》，首次提出设立高新技术产业发展专项资金，新增科技投入2 000万元，为高新技术企业、项目、产品提供贷款贴息、省级政策性补助或奖励，支持技术创新平台和孵化器建设等。该政策规定：海南省高新技术企业一经认定，一次性获得奖励50万元。高新技术项目、产品自认定之日起3年内，按照贷款年日均余额的1%给予贴息，单项产品、项目最高贴息额度不超过30万元。企业承担国家工程实验室、国家重点实验室和国家工程技术研究中心建设任务，并在本省区域内建设实施的，给予投资额30%的配套扶持，最高额度不超过100万元。企业承担973和863等国家科技项目（课题），在本省区域内建设实施的，给予20万元配套扶持。企业承担省级重点实验室、工程中心建设任务，给予20万元配套扶持。该政策把引导和鼓励企业真正成为技术创新和研发投入的主体作为核心内容，对高新技术企业扶持的力度超过以往，进一步激发了企业的技术创新活力，推动了全省高新技术产业的发展。

二、科技重大部署和成就

围绕“提高自主创新能力，建设创新型海南”这条主线，全面实施热带生物资源、新医药、新材料、电子信息、生态与环保、新能源、社会发展七大研发专项；在农业、林业、畜牧业、水产业、建筑业、节能等领域引进推广一批新品种和新技术；着力发展种子种苗、新医药、林浆纸一体化、石油天然气、汽车、热带农产品加工六大科技产业；加快构建研发、科技成果转化、科技服务、科学普及及科技合作与交流五大科技自主创新平台；强化落实加强领导、营造良好社会氛围、加强人才队伍建设、加大科技投入力度、创新体制、实施知识产权战略等六项措施。科技工作焕发出新的活力，科技事业取得新的成就，主要体现在如下几个方面：

◎ 推动高新技术产业优化升级

通过实施“大企业进入、大项目带动、高科技支撑”发展战略，促进高新技术产业的发展，生物医药、新材料、油气化工等技术领域的产业集群初见端倪。2009年，海南省通过国家认定的47家高新技术企业全年实现工业总产值115.8亿元。海口国家高新区、海南生态软件园、三亚创意产业园建设步伐加快。2009年，海口高新区入园建设项目35个，总投资48亿元，比去年增长30%。海南生态软件园已完成投资3.1亿元，有58家IT企业和高科技研发中心签约入园。三亚创意产业园已完成投资9.11亿元，有10家IT企业和高科技研发中心进驻。

◎ 推动热带现代农业加快发展

将农业科技110与科技特派员、星火计划、农业科技成果转化项目、科技支撑计划、科技富民强县专项行动计划等紧密结合，突破一批关键技术，促进海南省热带花卉、冬季瓜菜、南繁育种、水产养殖等产业的发展。2009年，全省花卉种植面积7万多亩，销售总额近6亿多元；冬季瓜菜种植370万亩，产值约70亿元；冯家湾和椰林湾星火产业带培育南美白对虾苗超200亿尾，成为全国最大南美白对虾苗生产基地；水稻、西瓜和甜瓜育种分别为7万亩、6万亩和5万亩，年产值超过20亿元。

◎ 推动农村科技服务体制机制创新

农业科技110是海南省科技服务“三农”机制和体制创新，是农村科技推广、培训和科学普及的平台，深受农民欢迎。自创建以来，通过多种形式和渠道对基层科技管理人员和农业技术人员进行农业技术、电脑应用技术、信息应用与发布等培训，有效整合和利用全省科技资源，建设了

图10-5 海南省农业科技110指挥中心办公大楼

一支快速高效、服务热情的农村科技人才队伍，培养了一批有文化、懂技术、会经营的新型农民，为建设社会主义新农村提供了强有力的科技支撑。2009年，实现农业科技110服务全省乡镇覆盖。全省新建和改造服务站163个，服务站总数达259个，全省所有乡镇都建有1个以上服务站，实现农业科技110服务全省覆盖，提前两年实现中央提出的在乡镇普遍建立农业科技服务机构的目标。2006年来，共计培训农民150多万人次，受益人数达500多万人次。

◎ 科技创新能力得到提高

设立国家非织造材料工程技术研究中心和国家热带重要作物工程技术研究中心，标志着海南科技创新体系纳入国家科技创新体系建设。建成省级工程技术研究中心42家，省级重点实验室24家。海口、三亚、万宁、琼海、琼中、美兰等6个市县（区）获得"全国科技进步先进县（市）"奖励，有13个市县（区）通过全国科技进步考核。由省内单位牵头完成的"中国橡胶树主栽区割胶技术体系改进及应用"、"海南琼西地区金矿勘察评价"和"天然橡胶标准化加工技术研发集成及应用"等3个项目分别荣获2006—2008年度国家科技进步二等奖，此外由省内科研单位共同参与的"凡纳滨对虾引种、育苗、养殖技术研究与应用"等3个项目获得国家科技进步二等奖。2006年以来，全省共评出省级科技进步奖216项，科技成果转化奖56项。截至2009年12月底，全省专利申请累计8 261件，2009年全省专利申请量首次突破千件大关，达到1 040件，专利授权630件，与2008年同比增长了19.1%和84.6%。

三、创新体系建设和重大创新政策

◎ 科技创新体系建设基本情况

一是加强重点实验室、工程技术研究中心建设。组建了24家省级重点实验室和44家工程技术研究中心，其中2家国家级工程技术研究中心。二是建设科技成果转化平台。2009年，省科技厅联合10部门印发了《关于推动海南省产业技术创新战略联盟工作的意见》，建立了热带花卉和南药两个产业技术创新战略联盟。三是建设科技服务平台。以资源共享为目标，启动了大型科学仪器协作共用平台建设工程，成立了大型科学仪器协作共用平台工作领导小组、办公室以及专家咨询委员会等管理机构，起草了《海南省大型科学仪器协作共用及专项资金管理办法》及《海南省大型科学仪器协作共用平台管理考核和资金补贴办法》，并建立了海南省大型科学仪器协作共用门户网站。海南省大型科学仪器协作共用平台于2008年正式投入运营，第一批入网仪器达到95台套，总金额5 030元，第一批入网单位达到12家，实现了全省大型科学仪器资源共享。2009年，省大型科学仪器协作共用平台为500多家企业提供了测试服务。四是建设科学普及平台。建设海南虚拟科技馆，丰富海南省虚拟科技馆馆藏内容，增强网站互动功能，目前馆藏图片达到了2 300多万张，视频220多段，科普新闻及科普知识2 500多条，新增加了5个多媒体交互动画；建设了海口西海岸热带森林科技馆、三亚京润珍珠科技馆、三亚古生物自然科技馆等9个专业科技馆。

◎ 重大创新政策

出台了《中共海南省委 海南省人民政府关于推进科技创新的实施意见》、《海南省促进高新技术产业发展的若干规定》、《海南省人民政府关于鼓励支持和引导中小企业和非公有制经济发展的若干规定》、《关于加强技能人才工作的暂行规定》、《海南省吸引高层次专业技术人才暂行办法》、《海南省引进高层次创新创业人才办法（试行）》等一批科技政策、法规和规章，在发展高新技术产业、促进高新技术成果转化、发展民营科技企业、保护知识产权、引进人才等方面明确相关政策，从资金信贷、税收、用地等方面对技术创新和高新技术产业发展予以优惠扶持，大大改善了海南省科技发展的政策法制环境。

◎ 重要创新亮点

一是建立科技活动月制度。自2005年起建立海南省科技活动月制度，整合多方资源和力量，在每年5月份组织开展一系列群众性的科普宣传活动，提高公众科技素质。现已成功举办了6届，成效和影响一届比一届大，成为具有海南特色的科普工作新品牌。2006年以来，参加单位1 600多个，开展活动2 000多项，受益人数达450多万人次。

图10-6 在海南省第六届科技活动月开幕式上获奖代表领奖

专栏 10-5 建立科技活动月制度

从2000年开始，科技部在全国范围内将每年5月的第3周定为科技活动周，但由于时间短，满足不了各乡村、各基层对科技知识越来越多的渴求。从2005年开始，经省委、省政府批准，海南在全国率先试点创办科技活动月，在每年5月份组织开展一系列群众性的科普宣传活动，在全社会普及科学知识，传播科学思想，倡导科学方法，弘扬科学精神，提高全民的科学素质。通过科技活动月，广泛地传播了科技、文化、卫生、法律等知识，推广了一大批先进实用技术，极大地增强了全社会的科技意识，为提高劳动者的科学文化素质，加快海南社会经济发展，促进社会主义新农村建设，发挥了积极作用，产生了良好的影响。

二是创建虚拟科技馆和专业科技馆。为弥补海南省没有实体科技馆的缺憾，科技厅利用互联网、多媒体等高科技手段，建设海南虚拟科技馆，以全省特色资源和科普教育基地为主要内容，以网络为平台开展科普宣传教育活动，投资少、见效快，影响大，已成为科普工作的创新模式。2007年，发布了《海南省专业科技馆认定管理办法（试行）》，依托现有资源，发动社会力量，建设了海口西海岸热带森林科技馆、三亚京润珍珠科技馆、三亚古生物自然科技馆等一批专业科技馆。2009年，新建生物多样性、南药、兰花、野生灵芝等4个专业科技馆，海南省专业科技馆总数达到9个。通过开展形式多样的科普活动，进一步在全社会形成爱科学、学科学、讲科学、用科学的良好氛围。

专栏 10-6 创建虚拟科技馆

海南虚拟科技馆是利用科技手段，发挥互联网优势，在全国首创的科普教育新模式。于2004年10月开始建设，2005年5月，一期工程启动，开辟了植物馆、海洋馆、生态馆、动物馆等4个馆；2006年5月，二期工程开馆，增设了工业馆、交通馆、信息馆、航天馆和能源馆等5个新馆；2007年，虚拟科技馆第三期工程新增了天文馆、机器人馆、人文馆、地理馆4个新馆及一个互动社区。省科技厅还联合省教育厅，利用各大中小学现有的计算机设备，在该省大、中、小学及青少年活动中心分别建立了160多个海南虚拟科技馆展示中心，在农村科技示范村、农业科技110服务站分别建立了70多个虚拟科技馆展示窗口。虚拟科技馆共开辟了16个分馆和一个互动社区，新增加了5个多媒体交互动画，馆藏图片达到了2 300万多张，视频220多段，科普新闻及科普知识2 500多条。虚拟科技馆已成为传播现代科技的重要载体和科普工作的重要平台，成为青少年思想道德教育的重要基地，深受社会各界的好评和欢迎。

三是加强科技对外合作与交流。省政府与科技部建立了部省会商制度，与中国科学院建立科技合作关系，与多个国家开展科技合作，成功举办了首届（博鳌）中国农业科技创新论坛。与英国、法国、巴西、美国等国科研机构开展项目合作。与澳大利亚、哥斯达黎加等科技代表团进行交流，寻求合作。组织科技代表团访问泰国、越南等国家，签署了合作协议，不断加强与东盟的科技合作交流。

四、高新技术产业与高新区发展

海南建省办经济特区后，高新技术产业从无到有，从弱到强，逐步发展壮大。特别是2006年全国科技大会以来，依托资源特色和生态环境优势，采取一系列有效措施，大力发展高新技术产业并取得显著成效。

◎ 高新技术产业发展

生物与新医药、新材料、先进制造等高新技术产业保持着良好发展态势。医药产业在近年来金融危机的严峻形势下逆势上扬，全省医药产业总产值连续3年保持较快增长，成为全省工业增加值增幅最大的工业行业；新材料产业发展迅速，如海南赛诺实业有限公司依靠自主研发，发展成为我国最大的涂布膜和烟用薄膜的供应商，全球第二个可以生产多种涂布薄膜的企业；先进制造业呈现新亮点，海南金盘电气有限公司研发生产的干式变压器等新型输变电设备产品远销欧美，全年实现销售额超过12亿元。一汽海马汽车有限公司承担的863计划项目“纯电动汽车制造关键技术研究”获得国家三项纯电动汽车专利证书，已完成普力马、M1、Me、MPe纯电动汽车的研发与样车试制。

◎ 高新技术企业

截至2009年，海南省通过国家认定的高新技术企业共有47家。2009年实现工业总产值115.8亿元，比上年增长1.4%；实现工业增加值25.9亿元，比上年增长8.3%。在47家高新技术企业中，有1家国家创新型企业，6家国家创新型试点企业，1家设有国家工程技术研究中心，1家设有国家认定企业技术中心，有11家设有省工程技术研究中心，2009年共承担实施各类科技项目149个，申请专利数333项，获得授权97项。特别是生物与新医药领域的31家企业，加大研发投入，保持强劲发展势头，2009年实现工业增加值20亿元，同比增长23.4%；实现利润总额15亿元，同比增长31.5%；实现总收入56.9亿元，占全省高新技术企业总收入的45.4%，同比增长18.7%，有效地推动了全省医药产业继续保持较快的增长势头。

◎ 高新技术产业投入

在海南省科技成果转化奖励基金、海南省重点科技计划项目经费等重点倾斜支持高新技术项目的基础上，先后设立了海南省科技型中小企业技术创新资金、海南省电子信息产业发展专项资金、海南省高新技术产业发展专项资金等，投入3亿多元，支持、引导和推动高新技术产业发展。省科技部门与省中国银行、中国农业银行等银行金融机构开展合作，为高新技术企业、项目和产品研发及产业化提供金融支持。积极推动高新技术企业进入资本市场融资，目前全省共有9家高新技术企业在国内外上市，海南康芝药业股份有限公司是海南首家在创业板上市的高新技术企业。

◎ 高新技术产业开发区发展

海口国家高新技术产业开发区是1991年经国务院批准设立的海南省惟一的国家级高新技术产业开发区。经过10多年的开发建设，已初步形成基础配套设施完善，管理运行机制先进高效，科研、生产、生活功能齐全的现代化的经济区域。一大批技术密集型、高附加值的高新技术项目已在高新区内建成和在建，初步形成了以电子信息、汽车配件、生物制药产业、光伏产业为主导的高新技术产业群，配备完善的保税仓库、现代通讯、金融机构、邮政、各级学校等设施，以及高新技术创业服务中心、海外留学人员回国创业园等科技中介服务机构，是海南省发展高新技术产业的重要基地。高新区坚持树立"企业发展我发展，我与企业共兴衰"的理念，根据高新区发展的新形势，全面实施直接办理制、窗口服务制、社会承诺制的"三制"制度，建立了"一栋楼"办公、"一站式"审批和"一条龙"服务的网络体系，极大地提高了办事效率。2009年，高新区新入园项目35个，总投资48亿元，实现工业总产值22亿元，比2008年增长30%。

五、"十二五"科技发展规划的基本考虑

全面贯彻落实中央关于自主创新的重大方针政策，按照国家增强自主创新能力、建设创新型国家的总体部署和实施国家中长期科学和技术发展规划纲要的要求，全面实施"科教兴琼"、"人才强省"战略，以科学发展观统领科技工作全局，以提高自主创新能力为核心，以开发具有自主知识产权的核心技术、关键技术和科技集成应用为抓手，以服务海南国际旅游岛建设为首要任务，以培育战略性新兴产业为重点，以服务发展和改善民生为目的，加大科技为国际旅游岛建设服务以及对发展方式转变和经济结构调整的支撑力度，做大科技创新平台，切实加强科技成果引进与转化，加大科技创新投入，建立一批研发专项，扶持一批高新技术企业和项目，引进培育一批研发机构，重点实施科技兴旅工程、高新技术产业发展工程、热带现代农业工程、科技兴海工程、低碳技术和节能减排科技工程、科技创新工程、知识产权战略工程和科技人才战略工程等八大科技工程，不断提高科技进步对经济增长的贡献率，努力促进海南省经济社会又好又快发展。

第十一章

西南地区科技工作的进展与成就

第一节　重庆市

一、科技发展总体进展
二、科技重大部署和成就
三、创新体系建设和重大创新政策
四、高新技术企业与高新区发展
五、"十二五"科技发展规划的基本考虑

第二节　四川省

一、科技发展总体进展
二、科技重大部署和成就
三、创新体系建设和重大创新政策
四、高新技术产业与高新区发展
五、"十二五"科技发展规划的基本考虑

第三节　贵州省

一、科技发展总体进展
二、科技重大部署和成就
三、创新体系建设和重大创新政策
四、高新技术产业与高新区发展
五、"十二五"科技发展规划的基本考虑

第四节　云南省

一、科技发展总体进展
二、科技重大部署和成就
三、创新体系建设和重大创新政策
四、高新技术产业与高新区发展
五、"十二五"科技发展规划的基本考虑

第五节　西藏自治区

一、科技发展总体进展
二、科技重大部署和成就
三、创新体系建设和重大创新政策
四、高新技术产业与高新区发展
五、"十二五"科技发展规划的基本考虑

总体上看，西南地区属于中国科技发展较为落后的区域，“十一五”以来，按照科学发展观的具体要求，在国家推动自主创新战略实施的背景下，受经济结构调整和升级的推动，西南地区各省市区经受住了汶川地震、雪灾、旱灾等自然灾害的严峻考验，从本地实际出发，对科技工作进行了总体部署，并取得了积极进展，在若干重大科技领域取得了重要突破，对经济社会发展、对生态环境建设的科技支撑能力有了很大提高。

几年来，西南地区的科技投入大幅增加，在统筹城乡科技行动、科技基础能力建设、人才培育和聚集、特色产业发展、高新技术产业培育等方面都取得了重要成就。重庆市大力推动研究开发、资源共享和成果转化三大科技平台体系建设，累计建成市级以上重点实验室、工程技术研究中心117家（国家级13家），重庆高交会及军博会成为国内知名技术交易展会，推动重庆市技术市场交易额连续10年位居西部第一位；四川省积极探索建立科技与金融结合体制机制的途径，实施统筹城乡发展科技行动，不断探索建设区域创新体系的新路径；贵州省建设了一批国家级和省级研发机构，积极推动“合作创新”，整合省内外资源，大幅度提高了科技成果转化效率；云南省设立高新技术企业上市培育专项资金，加强技术创新战略联盟建设，围绕特色优势资源，培育创新型企业，促进了创新资源的优化和聚集；西藏自治区大力推进以藏医药为代表的特色生物资源研发工作，加强了对濒危藏药材资源保护和人工培育技术攻关力度，不断提升优势矿产资源勘探技术水平，围绕特色资源开发的科技能力持续提高。

第一节 重庆市

2006年科技大会召开以来，重庆科技踏上了跨越发展的新征程。在市委、市政府的正确领导下，重庆市科技战线迎着新世纪“科学的春天”，以发展“第一生产力”为己任，牢牢把握重庆直辖、三峡库区和西部大开发三大机遇，深入实施“科教兴渝”和“人才强市”战略，经过长期坚持不懈地“打基础、建平台、增后劲”，重庆市科技事业发展取得了长足进步。

一、科技发展总体进展

2006—2009年，重庆市综合科技进步水平指数居全国第12位、西部第2位；R&D经费支出年均增长25%，2009年达到79亿元，比2006年翻了一番多；发明专利授权量年均增长47.1%，是2006年的4倍。承担国家973计划项目11个，是“十一五”前两年的2倍；国家自然科学基金资助年均增长33.4%，2009年达到1.9亿元；重庆市科技活动人员由2006年6万人增加到2009年9.01万人；地方财政科技拨款年均增长21.1%，2009年达到15.55亿元；争取国家科技经费年均增长50%，2009年达到8.37亿元。

在基础研究方面，成功培育机械传动、烧伤创伤、交通工程、家蚕基因、轻合金材料等重点优势学科，累计发表论文7.81万篇，取得基础理论成果196项。在工业、农业、民生领域，取得超声聚焦刀、混合动力汽车、“通芯一号”手机芯片、Q优系列水稻、乙肝疫苗、胃病疫苗等标志性成果，累计申请发明专利12 031项、获得授权2 615项。其中，乙肝治疗性疫苗发明权项76项，创我国实施专利制度以来专利许可权项最多纪录。在成果应用方面，发展了天然气汽车、镁合金、数控高效制齿机床、智能化仪器仪表等高新技术产业，培育出医疗器械、风力发电、特种船舶、轨道交通等新的经济增长点。重庆市成为国家“十城千辆”新能源汽车示范城市和“十城万盏”半导体照明试点城市，国家首个医疗器械科技产业基地、中药材产业基地、创新药物孵化基地和化工新材料、移动通信、高性能齿轮等高新技术产业化基地落户重庆。

二、科技重大部署和成就

重庆市科技工作深入贯彻落实科学发展观，坚持科研与产业互动、管理与服务并重，启动实施重大科技专项，着力建设三大科技平台，扎实推进四大科技创新行动，科技事业进入加快发展的重要跃升期。

◎ 加强三大科技平台建设

研究开发、资源共享和成果转化三大科技平台体系初具规模，累计建成市级以上重点实验室、工程技术研究中心117家（国家级13家），大型科学仪器资源共享平台和科技文献资源共享平台运行良好，重庆市科学技术院、市农业科学院和市计量质量检测研究院等新型科研院所初步建成，重庆高交会及军博会成为国内知名技术交易展会，推动重庆市技术市场交易额连续10年位居西部第一位；创建国家创新型（试点）企业13家，培育高新技术企业633家，技术创新体系加快建设；设立科技创业风险投资引导基金10亿元，组建创投基金13只，重庆市创投基金规模达到50亿元，科技投融资体系日益完善。

◎ 实施重大科技专项

实施23个重大科技专项取得重要阶段性成果，累计突破200余项关键核心技术，生物医药、风力发电、轻轨交通等一批战略性新兴产业暂露头角，推动重庆市新产品产值以每年35%以上的速度递增；高新技术产业持续快速增长，累计认定高新技术产品2 024个，年均高新技术产品出口额近10亿美元，占重庆市外贸出口总额的比重保持在21%以上；产业集聚区创新能力提高，以北部新区为龙头的43个特色工业园区总产值超过重庆市工业总产值的50%。

◎ 加快城乡科技资源互动

实施农村科技特派员“双十百千行动”和企业科技特派员“百人计划”，市和区县共选派3 000余名科技人员，带智力、带技术、带团队“下乡入园进企”；实施“科技富民强县”计划，新创建“科技富民强县”示范县25个，促成80%的区县与高校、科研院所建立合作关系，累计创建农业专家大院89个，在区县推广新技术1 045项、扶持科技型企业200家。初步探索出一种“一圈科技”辐射带动“两翼增收”的创新服务机制。

◎ 强化创新立法进程

抢抓重大政策机遇，大力推动创新政策的立法化和规章化，累计颁布地方性科技法规6个、政府规章3个和规范性文件65个，特别是颁布实施《重庆市科技创新促进条例》，出台10余个科技创新优惠政策并创全国先例，重庆市已成为全国高新技术企业发展政策最优的省市之一；全面落实《重庆市科学技术普及条例》，创建科普基地30个，带动全社会科技意识和科学素质不断提升；科技对外合作呈现加速发展的势头，累计召开国际性学术会议300个，建立国际科技合作基地7家，国际知名研发机构重庆行动已发展成为科技对外开放的重要载体。

三、创新体系建设和重大创新政策

2006年以来，重庆市深入推进科技计划体系改革和科研院所改革，加快三大科技平台建设，加强产学研合作和科技对外交流合作，大力营造有利于自主创新的政策环境，推动重庆市科技事业保持了持续健康发展的势头。

◎ 推进科技计划体系改革

完善科技计划体系。调整科技计划集中向促进产业技术进步、科技创新能力提升和原始性创新突破等方面倾斜，建立由“重大专项＋基本计划”组成的新的科技计划体系。

加强与国家计划的衔接互动。2007年，重庆市和科技部建立了部市会商工作机制，至今已举行3次会议，进一步集成中央和地方科技资源，在破解全国城乡统筹发展难题、促进社会和谐发展方面探索了新路径，争取了国家经费的更大支持。

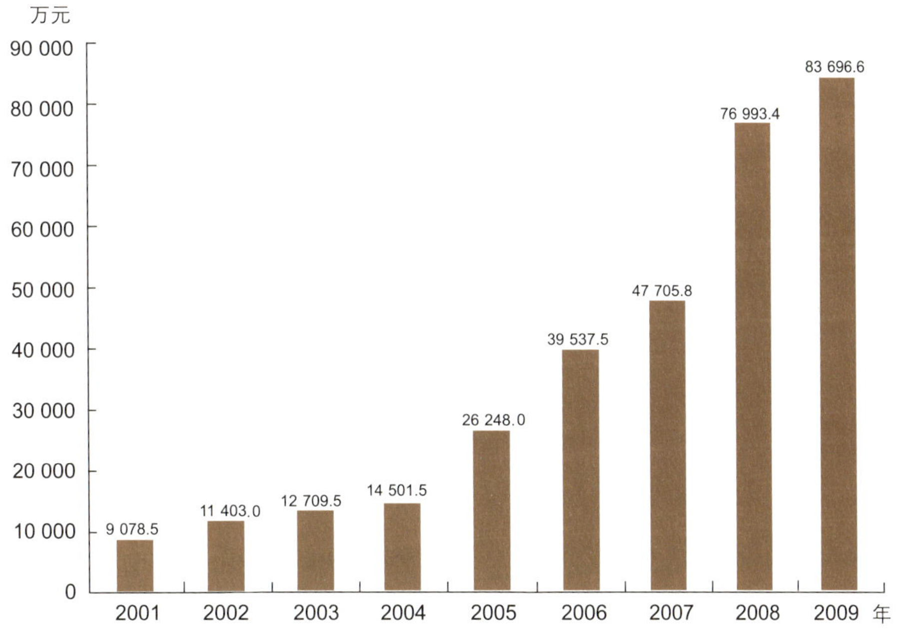

图 11-1　2001 年以来争取国家科技计划资助情况

健全科技项目管理机制。先后出台《重庆市科技计划项目管理办法》、《重庆市科技计划项目绩效评估管理办法》，建立信息公告制、任务合同制、年度报告制、阶段评估制、结题验收制、单位和个人信用制等，组建科技项目管理服务中心，开发科技计划项目管理系统和短信平台，实行第三方组织项目中期检查和绩效评估。

◎ 推进科研院所体制改革

在改革中推动院所创新创业。在完成开发类科研院所企业化改制的基础上，2004年开始推动科研院所二次创业。按照集成创新、节约创新的思路，先后整合市内院所64项国家和市级检测资质、15个大类40多个实验室、价值近3 000万元检测设备建成“科技检测超市”，市属院所通过改革进一步做大做强。

在扶持中提升院所创新能力。设立开发类院所科技创新能力建设专项计划，每年安排1 300万元支持院所改善科研条件，从2007年起每年安排300万元用于解决离退休职工社保等费用。采取“每年建立100万元引进人才专项资金、开发100项科研项目、培养100名管理和技术骨干”的“三百计划”，加强院所创新能力建设。

在协作中发挥中央院所特殊优势。坚持不求所有、但求所用的原则，与中央在渝院所建立工作例会制度和信息发布制度等信息互通协作机制，并将中央院所的发展纳入市级统筹，写入科技发展中长期规划，将其重点学科列入年度科技发展指南。对中央院所在创新能力建设贷款贴息等方面与地方科研机构同等对待。

◎ **整合和高效利用各种科技资源**

坚持“虚实结合、节约集约”，统筹科技平台建设。研究开发平台建设重点打造物理平台，将财政配套的建设费用70%以上用于购买设备；资源共享平台在构建专利库、成果库、文献库等虚拟平台的同时，打造大型仪器共享平台；成果转化平台重点通过打造重庆高交会暨军博会、重庆科技成果转化网，实现有形技术市场与无形交易平台的有机结合。

坚持“重组重建、强强联合”，打造重点科技公共服务平台。注重推动资产重组，将市农科所、果树所等5个单位合并，组建市农业科学院，将市自动化所等5个转制院所和高技术创业中心等6个单位进行资产置换，组建市应用技术研究院，建设集研究开发、成果转化、人才培训、国际科技交流于一体的区域性大型科技创新平台，推动相关产业上档升级。

坚持“军民结合、共建共享”，实现科技资源的效益最大化。广泛吸纳军队院校、科研院所和军工企业的科技资源参与“三大科技平台”建设，探索军民结合共建共管共用。在规划科技平台时，军地同等支持，不涉密均纳入共享平台同等扶持。同时，通过举办高交会暨军博会，大力推动和宣传“军民结合促创新”。

坚持“上下衔接、供求互促”，推动科技平台可持续发展。实施能力提升工程，培养国家级后备科技力量，从中择优升级为国家级或区域性科技平台。建立大型科学仪器分析测试地方开放资金，实行补贴用户、奖励机组的“双向激励”政策。通过共建产业（中试）基地，以成果共享、利益分享的方式联合攻关，形成了较为完善的成果转化机制。

◎ 深入推进产学研合作

构建“三套机制”，从制度建设促进产学研合作。建立“计划导向机制”，充分发挥科技计划的导向作用，科技资源配置优先支持产学研合作项目。建立“评价激励机制”，科技成果评价更加突出成果的实际应用及经济社会效益。建立“利益保障机制”，科技进步奖励和发明专利资助重点支持产学研合作成果。

搭建“四个载体”，以载体建设支撑产学研合作。建设“战略合作载体”，围绕高新技术产业发展和传统产业的改造提升，成功组建产业技术创新战略联盟17个（国家子联盟4个）。建设“综合服务载体”，整合重庆市高校、科研机构的科技图书文献等科技资源信息和专利信息，建立科技成果推广信息网。建设“项目融资载体”，风险投资项目更多采取产学研合作的组织形式。建设“人才培养载体”，促进企业、科研机构成为高校人才培养的拓展基地，以重大项目为载体，集成产学研资源建立高水平的研发团队，联合培养人才。

着力探索“四种模式”，以工作创新推进产学研合作。探索“企业主导”模式，重大科技攻关和重大专项实施企业牵头，联合高校、科研机构共同攻关。探索“校县互动型”模式，引导高校、科研机构与区县对接。探索“军地结合”模式，推动军队和地方科技资源的双向优化配置。探索“协作联动”模式，支持重庆市企业、高校、科研机构与国内外知名高校、科研机构及大型企业合作。

◎ 推进科技交流与合作

加强国际合作。先后与28个国家和地区建立起科技合作关系，累计实施国际科技合作重点项目和政府间科技合作项目52项，建成市级以上国际科技合作基地13个。在汽车、新材料、现代农业等领域引进技术推动产业结构升级33项。成功开发青蒿素得到世界卫生组织（WHO）的推荐，成为全球首家通过青蒿GAP认证的种植基地。

加强区域合作。先后与12个省区市和4个副省级以上城市签署科技合作战略协议。与香港生产力促进局合作组建的渝港生产力促进中心，成为科技部批准的内地首家合资生产力促进中心。争取上海、浙江对口支援三峡库区科技工作。

坚持上下合作。与科技部建立部市会商机制，与清华大学、军工集团等国家重点高校和中央企业持续合作，与中科院签署《深化市院合作共同推进重庆城乡统筹发展合作协议》。组织市内企业、高校、科研院所与中科院39个研究机构开展合作创新，累计实施项目438项，新增产值500亿元。

四、高新技术企业与高新区发展

◎ 高新技术产业发展

截至2009年底，重庆市累计认定有效期内高新技术企业633家，开发高新技术产品2 024个。高新技术企业研发经费投入达到59.1亿元，占重庆市R&D经费支出的49.2%；工业总产值达到1 768.2亿元,占重庆市规模以上工业总产值的26%；出口总额达到18.5亿美元，占重庆市外贸出口总额的45%；从业人员达到33.1万人，全员劳动生产率达到19.3万元/人年。

坚持抓企业培育产业，促进结构调整。加快老工业基地改造，在光机电一体化、新材料、生物医药领域培育高新技术企业375家(上市企业7家)，开发高新技术产品1 211个，3个领域工业总产值占到重庆市高新技术企业工业总产值的64%，产业规模凸显。培育战略性新兴产业，在电子信息、新能源、高端制造3个潜力领域培育高新技术企业149家，开发高新技术产品623个，工业总产值已占重庆市高新技术企业工业总产值的26%，产业规模初步形成。

图 11-2　中国具有自主知识产权的 2MW 风力发电机组成功下线

坚持用项目集聚资源，推进技术创新。投入财政资金10亿元，启动实施高新技术产业化项目150项、创新基金项目384项，开发重大创新产品。在高新技术企业布局国家和市级重点实验室（工程实验室）28个、工程技术（研究）中心50个、博士后流动站41个，超过重庆市研发平台的70%，基本涵盖研发、设计、制造的全过程，提升企业技术创新能力。

坚持以服务增添动力，优化发展环境。建立和完善技术创新服务体系。坚持科技攻关计划项目由企业牵头实施，支持企业牵头组建产业技术创新战略联盟16个，以各类工业园区为载体建立科技企业孵化器20个，技术成果评估与转移机构5个、生产力促进中心29个。完善科技投融资体系。风险投资引导基金已投资高新技术项目9项、资金近10亿元。

◎ 高新区发展

重庆现有国家级高新开发区1个、软件园1个、大学科技园2个。高新区以北部新区为主，由石桥铺高科技开发园、二郎科技新城、北部新区高新园和政策享受区四部分组成。2009年，北部新区实现地区生产总值541亿元，工业总产值1 393亿元。其中，高新技术企业实现产值740亿元，占西藏自治区的53%；实现税收46亿元，占西藏自治区的76%；实现利润61亿元，占西藏自治区的91%，高新技术企业已成为西藏自治区经济发展的生力军。

重庆市高度重视高新区在重庆市区域创新体系中的支撑作用。一是加快促进科技资源在高新区汇集。截至2009年，区内有科研机构近60家，占重庆市一半以上。其中，重庆科学技术研究院、计量质量检测研究院等事业性质科研院所9家；国家级工程（技术）研究中心4家；市级工程（技术）研究中心10家；国家级企业技术中心4家；市级企业技术中心33家。二是实施知识产权战略激励自主创新。截至2009年，区内拥有专利的科技企业超过1 000家，获得专利授权数超过3 000件，其中发明专利757件。三是加快科技成果转化基地建设。投资数十亿元，大力建设国家和重庆市科技成果转化专业性园区（基地），如国家火炬计划软件产业基地，国家生物产业、医疗器械产业、科技兴贸创新基地，国家高新技术产业标准化示范区、国家服务外包基地城市示范园区，重庆市仪器仪表、创意产业基地等。四是大力发展高新技术产业。2009年高新技术企业实现产值740亿元，占重庆市高新技术企业产值总量的33.6%；信息及软件服务外包总收入、软件及服务外包合同签约金额、执行金额、从业人员等各项指标占重庆市的90%左右，增幅全国第一。

五、“十二五”科技发展规划的基本考虑

“十二五”期间，重庆市将以科学发展观为指导，坚持“夯实基础，强化创新，突出应用，支撑发展”的基本思路，落实“科教兴渝”支撑战略，以建设长江上游科技创新中心和科研成果产业化基地为目标，以战略性新兴产业发展和统筹城乡科技改革与创新综合试验区建设为主线，加快推进主导产业转型升级，大力提升科技创新能力条件和水平，加快战略性新兴产业壮大发展，切实推进统筹城乡科技改革的战略性突破，全面提升直辖市整体创新能力、区域竞争力和创新服务能力，基本建立城乡统筹、布局合理、良性互动、运行高效的科技创新体系，自主创新能力和科

技综合实力显著增强，科技贡献率显著提高，为建设“五个重庆”和在西部率先实现小康提供坚实的科技支撑。

第二节 四川省

四川省科技工作紧紧围绕省委、省政府提出的“加快建设灾后美好新家园，加快建设西部经济发展高地”的发展目标，把应对国际金融危机、服务灾后重建、支撑经济平稳较快发展作为首要任务，实施科技专项行动、重大计划和重点项目，积极探索建立产业型科技创新体制，整合科技资源，加快科技成果转化，提升科技创新能力，为促进四川省实现“两个加快”的目标，做出了重要贡献。

一、科技发展总体进展

◎ 科技基础不断增强

2009年，四川省专业技术人员234.3万人，居西部第一、全国第七；拥有两院院士60人、省学术和技术带头人共1 072人。拥有各类科研机构1 640个，高等院校114所，国家及省部级重点实验室124家，国家及省级工程技术研究中心89家，国家及省级企业技术中心264家，国家级企业孵化器9家，已建成科普场馆180余个，各类科技产业化基地300多家。成都高新区综合评价居全国第四，绵阳科技城是国务院命名的惟一科技城。2009年，全省各级财政科技拨款30.1亿元，研究与试验发展经费R&D总支出约219亿元，是2005年的2.28倍，占四川省GDP的1.55%。专利申请及拥有量、科技论文等科技创新成果稳步增长，科技产出总量指标一直位列西部前茅。“十一五”前四年，四川省获得国家科技奖励93项，获得省科技进步奖987项。

◎ 科技为四川省“两个加快”提供强大动力和支撑

高新技术产业正在由先导产业转变为主导产业。2009年，四川省高新技术产业实现增加值1 241.4亿元，比2005年增长3.1倍（按当年价格计算）；出口交货值357.2亿元，占规模以上工业的2/3。高新技术产业的工业总产值、新产品产值、工业销售收入、主营业务收入、利润总额等增幅均高于全国平均增幅。农业科技创新步伐加快。实现了农业品种5年一换代，每次换代增产10%～20%。农作物自育品种覆盖率达到90%以上。

2008年，省科技厅组织编制完成了一系列恢复重建规划，强调以恢复生活、生产、生态和科技自身能力为重点，强调把高新技术产业带恢复与重建作为四川省灾后重建的重要抓手和载体，强调科技试点示范、引导带动。

图 11-3 科技部、四川省科技厅地震灾后新农村建设科技试点（绵竹棚花村）

为应对全球金融危机，落实省委、省政府关于扩内需、保增长、止滑提速的要求，2009年4月，四川省科技厅提出了突出支撑主要任务，做大做强高新技术产业；强化企业主体地位，提高核心竞争力；发挥政府主导作用，助推创新创业等三大举措，并从加快高新技术战略产品、重点产品培育、产品产业化等9个方面制定了实施方案。

四川省推进科技工作的基本经验：一是坚持实施科教兴川和可持续发展战略；二是坚持改革、创新，突出企业创新主体地位；三是坚持人才强省，努力建设创新型科技人才队伍；四是坚持工程模式，集成推进，努力实现科技发展重点跨越；五是坚持以人为本，推进民生发展。

二、科技重大部署和成就

◎ 创新科技工作思路

2006年，省科技厅提出了“企业主体，产业布局，工程模式，集成推进”的科技工作思路。2006年以来，启动实施了高技术产业化科技推进行动、统筹城乡科技行动、科技服务民生工程专项行动，集中力量攻克一批核心技术、共性关键技术，为四川省优势产业提供技术储备和技术支撑。

◎ 实施高新技术产业化科技推进行动

2007年4月，省政府提出了“产品龙头、企业主体、园区载体、产业跃升、区域带动”的高新技术发展思路，以及打造9个战略产品、80个重点产品，壮大电子信息、先进制造、航空航天、新材料、生物医药及生物农业、核技术及新能源6大优势领域的高新技术产业，强化5大共性技术应用示范，推进8个高新技术产业园区（基地）建设的总体目标。2009年，6大领域9个战略产品、80个重点产品保持60%的快速增长，新遴选并支持的200个培育产品有较强发展后劲；新认定创新产品30个（累计90个）、新认定国家级高新技术企业208家；遴选了“煤基直接还原钒钛磁铁矿新工艺与装备优化研究”等20项重大关键技术，总投入近18亿元，预计可实现直接经济效益300亿元，可带动相关产业和产业集群实现效益2 600亿元。

◎ 实施统筹城乡发展科技行动

2009年，省科技厅出台《四川省统筹城乡发展科技行动纲要》，明确提出把服务“三农”、推进农业产业化、农村工业化、农村城镇化、农民技能化、城乡信息化作为统筹城乡发展科技行动的战略基点，推进科技创新要素向农村流动。

专栏11-1　粮食丰产科技工程

四川省先后筛选和推广主导品种50多个，优化了品种区域布局，促进了多、乱、杂问题的解决，项目区良种覆盖率由85%提高到了100%、优质率由50%提高到了70%。研究优选出“杂交中稻超高产强化栽培技术”等关键技术9项，集成“四川盆地麦（油）茬杂交中稻优质高产生产技术模式”等技术模式7套；粮食丰产科技工程在四川省建立了6个核心区、13个示范区，辐射到40个县（市、区），建立了一大批粮食生产科技示范基地。

◎ 实施科技服务民生工程专项行动

2008年，省科技厅等11个省级部门共同制定了《四川省科技服务民生工程专项行动实施方案》，提出了以解决民生问题和着眼于可持续发展为重点，以科技创新、科技成果推广、技术集成示范为主线，以可持续发展实验区、示范基地、产业园区、支撑平台为载体，在推进人口与健康、生态建设与环境治理、公共安全、科学技术普及和技术培训、民生科技信息服务等领域取得较大进展的基本思路。启动重大疾病防治科技攻关。大骨节病科技攻关稳步推进；开展病毒性肝炎、肺结核等重大传染病综合防治的试点示范工作；启动实施四川省生物技术产业工程，编制《四川省生物技术产业工程实施方案》。

三、创新体系建设和重大创新政策

实施重大创新政策，推动企业成为创新主体。四川省现有国家级创新型（试点）企业16家，省级创新型企业706家，国家级和省级各类特色科技园区（基地）13个，2009年四川省企业R&D

投入96.2亿元，是2005年的2.27倍，占四川省的43.9%。2009年，有各类科技中介机构8 000余个，各级建立生产力促进中心130余家，4个国家级大学科技园。

◎ 支持重点产业和企业技术创新活动

重点支持攀钢、长虹、二重、五粮液集团等30个大型骨干企业突破关键技术，提升骨干企业自主创新能力。围绕德阳重装、成都武侯鞋业、泸州化工、南充丝纺等20个特色产业发展需求突破共性技术，促进特色产业集群发展；推进高新技术改造传统产业，围绕长虹、五粮液等30个骨干企业关键技术和瓶颈技术开展产学研联合攻关。围绕德阳重装、泸州化工等20个产业集群建立共性技术支撑平台；加强节能降耗关键共性技术研究开发，在主要行业选择10家典型企业进行推广，为重点行业节能降耗提供示范。在电力、钢铁（有色金属）、化工、建材、机械、煤炭、轻纺等7个行业和可再生能源领域开展28项节能减排先进技术推广应用和23项技术攻关。

◎ 加强科技服务体系建设和基础平台建设

建立了包括科技成果、科技人才、科研机构、招商引资、企业需求、能源开发、气象预报、中草药资源、名老中医诊治等各类数据库和西部技术市场网、四川省科技成果网、成德绵区域网络化制造等网络平台；重点实施了“大熊猫基因资源科技平台”等7个自然资源科技共享平台建设项目，建成面积达600多万公顷的91个各级自然保护区，以及中国保护大熊猫及其栖息地工程、中国特有濒危动物基因库、峨眉山珍稀濒危植物收集园等一批动植物资源平台。

◎ 构建产学研联盟，积极探索寓军于民机制

2007年7月，四川省科技厅全面启动构建产业技术创新联盟、技术创新联盟和市场技术创新联盟试点工作，围绕钒钛资源综合利用、集成电路设计、数字媒体、核技术应用等重大产业组建了50个产学研创新联盟，开展关键、共性技术攻关，增强产业核心竞争力。2009年，四川省产学研创新联盟达95家。广元国家先进电子产品及配套材料产业化基地项目开发顺利，已规划军转民项目47个，正在建设军民结合产业园。绵阳科技城在军民融合体制创新、产业发展、成果转化、创新体系建设、发展环境建设等方面取得进展，启动了《绵阳科技城2011—2015年发展及2020年远景规划》编制工作。

◎ 加强国内外科技合作交流

2006年3月，与中国科学院签署了“十一五”全面科技合作协议，围绕地方经济、社会发展的重大科技需求，省院双方不断拓展合作领域和地区；与152个国家和地区建立了科技合作与交流关系，与90个国家和地区签订了政府间合作协定。

◎ 强化高新技术产业发展的财税政策支撑

2006 年，省科技厅与省国税局、地税局联合下发了《四川省科技创新企业技术开发费认定办法（试行）》，在全国率先落实了支持企业技术创新的税收优惠政策。2006 年、2007 年创新型企业技术开发费认定涉及金额 41.8 亿元，预计两年税收减免 5 亿多元。

2008 年，四川省进一步强化落实了对高新技术产业化发展的一系列扶持政策。对省政府授予"创新产品"称号的 30 个高新技术创新产品，实施了一次性科研费用补助；对创新示范企业、示范科研单位的高新技术产学研项目、技改项目、产业化项目等实施了贴息，安排了省科技经费及相关经费进行引导支持，并积极争取国家科技经费及相关经费支持；对创新产品、示范企业的技术开发费用实施了抵扣税等税收扶持。

◎ 探索科技金融结合体制

2008 年 12 月，省政府转发了省科技、财政厅、国税局等 8 部门《关于促进高新技术产业发展的投融资政策与服务若干意见》，省科技厅与深圳证券交易所签订了"关于联合推进四川省高新技术企业改制上市的工作备忘录"，联合四川证监局出台了《关于推进高新技术企业上市工作的指导意见》，联合四川保监局、中国出口信用保险公司成都营业部出台了《充分利用信用保险支持高新技术又好又快发展实施办法》，逐步建立科技与金融良性互动机制，支持高新技术产业做大做强。

与农业发展银行四川分行建立了"政府部门推荐、银行独立审贷、双方联合监管"的银科合作新机制，审批通过 10 户企业科技贷款 15.5 亿元。打造西部风险投资中心盈创动力投融资增值服务平台，吸引了深创投等 30 余家投资和管理机构入驻，入驻机构注册资本金达 30 亿元。与四川省银监局共同设立"四川省银行—科技企业对接服务平台"，740 多家企业、40 家银行总行、161 家支行信息入库。配合四川银监局率先在全国设立了 2 家科技专营支行，新增贷款 9.8 亿元，新增科技型企业客户超过 50 户。设立了创业投资引导基金 15 亿元，帮助中小企业获得担保贷款近 30 亿元，办理动产浮动抵押融资 1.4 亿元，16 户企业以股权出质方式融资近 6 亿元；累计完成股份制改造企业 50 余家，成功挂牌上市企业 17 家。3 家企业成功在创业板上市，位居全国第 2 位。

2008 年，经省政府及有关金融管理部门共同协调，各商业银行和政策银行加大对创新产品和创新示范企业的信贷支持；明确了优先将创新示范企业纳入上市培育，优先将创新产品、示范企业纳入国家级、省级驰名、著名商标和中国名牌、四川名牌培育的政策；设立了对科技型中小企业创业投资补助资金。

四、高新技术产业与高新区发展

◎ 高新技术产业发展

2006—2009年，四川省高新技术产业保持了持续高速增长的良好发展势头，高新技术产业实现工业增加值、新产品产值和利税总额的年均增长率分别为43.2%、43.1%和39.4%（按当年价格计算），为推动全省经济加快发展，促进产业结构调整和优化做出了显著贡献。

2009年，高新技术产业实现工业增加值1 241.4亿元，是2005年的3.18倍，占规模以上工业的19.4%，比2006年提高3个百分点，贡献分额持续加大；实现出口交货值357.2亿元，占规模以上工业的64.7%，比2008年增长11.3%，远高于规模以上工业的0.58%的增速，强力支撑了四川省工业产品出口；实现新产品产值1 566.5亿元；实现利润总额226.5亿元，是2005年的1.44倍。

◎ 高新技术特色科技园区（基地）

2007年，四川省重点推进成都高新区、绵阳科技城、德阳重大技术装备制造业基地、攀枝花钒钛新材料产业园、自贡特色新材料产业基地、乐山硅材料基地、雅安农业生物技术产业基地、泸州酒业集中发展区等8个园区（基地）建设。2008年，8个高新技术产业园区（基地）完成工业增加值688.8亿元，增长39.3%；主营业务收入2 350.8亿元，增长28.4%；实现利税245.6亿元，增长28.3%；实现财政收入154.6亿元，增长39.3%。“5·12”汶川特大地震后，德阳重装园区、绵阳科技城经济增长有所放慢，工业增加值分别增长12.4%和2.7%，但成都、乐山、攀枝花、泸州、自贡高新区增势强劲，分别增长47.7%、65.2%、81.4%、48.1%和49.7%，拉动了高新区经济的快速增长。

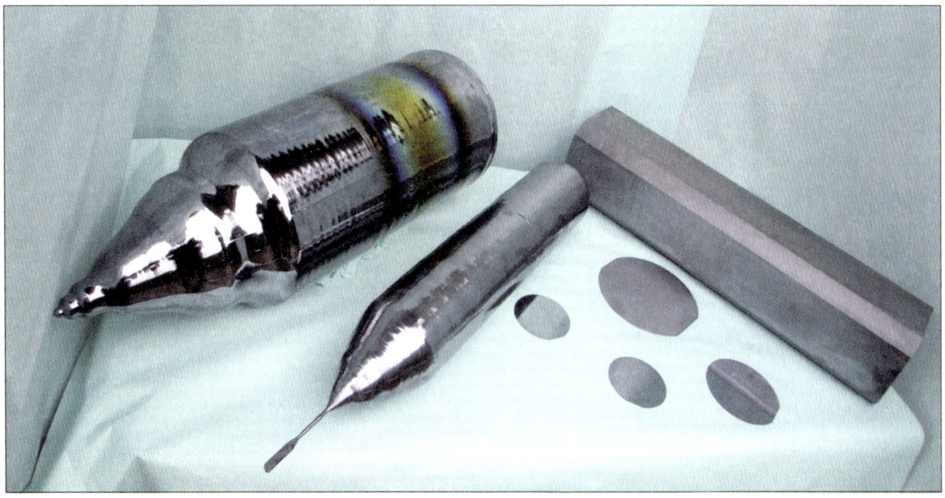

图11-4 多晶硅产品

2006—2009年，全省特色科技园区（基地）呈现出以成德绵为龙头，多区域发展的新格局，川南七市成为新的增长板块，高新技术产业逐步由部分高度集中区域带动向全省多地域扩散。2009年，特色科技园区（基地）由8个增加到13个。

◎ 高新技术企业培育力度逐步加大

2007年，四川省启动实施建设创新型企业试点，做大做强骨干企业和产业集群，遴选了省内有带动性、典型性、突破性的骨干企业的30个关键技术和20个产业集群的共性技术，纳入省重点科技支撑计划给予支持，认定了30个高新技术创新产品、61家高新技术示范企业、37家高新技术示范科研单位。

在中小企业培育方面，积极组织引导科技型中小企业申报和实施国家创新基金项目。2008年，四川省设立了科技型中小企业创业投资补助资金，采取阶段参股、跟进投资、风险补助、投资保障等多种形式，重点支持创业投资企业、创业投资管理企业、具有投资功能的中小企业服务机构及初创期科技型中小企业。

专栏11-2 四川省生物技术产业工程

2007年，四川省被科技部列为首家部省合作生物技术产业化示范省。按照“产品龙头、企业主体、园区载体、产业跃升、区域带动”的发展思路，积极推进生物技术产业发展。创新药物综合研发平台获得国家重大新药创制专项支持，生物医药公共服务平台和技术创新联盟建设稳步推进，大容量注射剂工程技术研究中心通过国家论证。2009年，生物技术药物和疫苗的7个战略产品有5个上市，2个处于生产立项阶段。创新中药等23个重点产品中有4个已上市，3个正在申报新药证书，16个处于临床研究阶段。其中23价肺炎球菌多糖疫苗生产线已建成并开始试运行，全面达产后，年产值可达2.5亿元。乙脑减毒活疫苗2008年产值达2.5亿元，国内市场占有率达45%。

五、“十二五”科技发展规划的基本考虑

“十二五”是四川省积极应对国内外重大变化，加快工业化进程、全面建设小康社会目标的关键时期。根据本省省情，“十二五”期间，四川省科技发展的基本思路是：践行“技术就是经济”理念，发挥企业自主创新主体作用和高校、院所自主创新骨干作用，坚持“整合科技资源，提升创新能力，加速成果转化”取向，打造科技创新产业化基地，建设创新型四川。

第三节
贵州省

2006年全国科技大会以来，贵州省深入贯彻实施“环境立省、科教兴省、人才强省、开放带动和创新发展”五大战略，有效应对百年不遇的凝冻灾害、旱灾和国际金融危机的冲击，保持了经济平稳较快发展，2009年贵州省生产总值3 600亿元，比上年增长11%。贵州省科技工作根据省委省政府和科技部的工作部署，加强科技创新能力建设，围绕贵州经济社会发展，充分发挥科技的支撑和引领作用。

一、科技发展总体进展

几年来，省级财政应用技术研究与开发资金由2005年的8 700万元增加到2010年的2.84亿元，保持了每年20%以上的增长幅度；共计投入省级应用技术研发资金7.35亿元，是“十五”期间省级科技投入的近3倍；获得国家科技财政经费支持5亿多元，是“十五”期间获得国家资助的2.5倍。2005—2008年贵州全社会R&D经费投入达到46.35亿元，比整个“十五”期间增加近10亿元。

通过加强创新体系建设和开展一系列的创新活动，建立和完善了一批国家级创新平台，培养和集聚了一批科技创新人才，提高了科技创新能力。贵州省共有国家级创新平台（重点实验室、工程技术研究中心、产业化基地）28个；科学家与工程师人数达2.4万人，比2005年增加近5 000人；在发表论文数量、获得国家与省级奖励、技术成果转化、专利申请与授权、高新技术产品出口等方面都有较大增长。

二、科技重大部署和成就

2006年全国科技大会后，贵州省委、省政府及时召开了贵州省科技大会，提出了建设创新型社会的宏伟目标，颁布实施了《贵州省中长期科学和技术发展规划纲要（2006—2020年）》（以下简称《科技规划纲要》）。《科技规划纲要》立足于科技支撑和引领贵州省经济社会发展实现历史性跨越的奋斗目标，提出了“合作创新、加强转化、重点突破、引领跨越”的科技发展方针，明确了今后一个时期科技工作的重点领域和重点任务。通过《科技规划纲要》的实施，贵州省科技工作取得长足发展。

◎ 区域创新能力明显增强

2006年来，累计发表论文29 420篇，年均增长35%；获得国家科学技术进步奖7项；建立了一批国家级创新平台，集聚和培养了一批创新型科技人才；贵州省89个县市区中，有22个通过了国家科技进步考核；申请专利和获得专利授权分别达到6 139件和5 717件，专利申请量年均增长率9.99%，专利授权量年均增长率36.86%；磷和铝方面的成套技术出口走在了全国的前列。

◎ 高新技术产业发展加快

2009年贵州高新技术产业的产值达273.92亿元、增加值42.35亿元，占贵州省工业生产总产值的比重分别达到7.48%、7.89%，比2005年分别增长了43.16%、43.61%。基本形成了电子信息、先进制造、新材料、中药现代化等四大产业集群。

◎ 农业科技成果的转化应用

2006年以来，由贵州省选育并通过国家或省级审定的主要农作物新品种有66个，选育的油研系列油菜品种是长江中下游12个省区的主要种植品种之一，平均每年在贵州省推广水稻、玉米等自育良种及配套技术面积517万亩，增加粮食产量105.6亿公斤。扩大了科技特派员试点范围，形成了一系列科技成果的推广应用机制，促进了马铃薯、茶叶、辣椒、果蔬、花卉等特色产业的发展，推动了贵州省新农村建设纵深发展。

◎ 科技对生态环境保护的支撑

通过国家和省有关科技计划项目的持续研究，在喀斯特生态区环境恢复和建设方面积累了一批成果、集聚了一批人才团队，开展了55个石漠化综合治理县的试点工作，加强了清镇、白云、毕节、都匀4个可持续发展实验区建设，探索建立了花江石漠化、清镇粮草畜、普定小流域、黔南生态村等有效综合治理模式，为喀斯特综合治理提供了指导和借鉴。

◎ 科技支撑企业抵御金融危机

通过加快国家重点支撑计划项目、省重大科技专项项目的实施和成果转化应用，延伸了产业链，提高了产品附加值，增强了企业的市场竞争能力。贵州铝厂研发的高强度铝合金、贵阳特殊钢厂研发的高速重载列车车轴钢、贵州钢绳厂研发的高强度低松弛预应力钢绞线、遵义钛厂研发的高品质海绵钛等新产品订单不断，已经成为企业应对金融危机、保障企业发展的主导产品。其中，国家科技支撑计划“高速重载列车关键材料及制品研发”项目产品EA4T车轴钢的应用，已经从铁路机车扩展到城市地铁，据统计，2009年EA4T车轴钢和地铁车轴钢的销售量，分别比2008年增长136%和636%。同时，依托高强度铝合金和海绵钛的精深加工，形成了一批航天航空、汽车零部件深加工的企业群和产业群。

◎ 积极应对自然灾害

在贵州2008年初发生的凝冻灾害和2009年发生的百年罕见旱灾中，贵州省科技力量深入一线，充分利用多年积淀的科技成果，积极开展科技抗灾救灾工作，减轻了灾害带来的损失。同时，收集积累了一批抗灾减灾技术需求和种质品种，为下一步防灾减灾的科研、创新工作奠定了基础。

图11-5 EA4T车轴钢生产车间

三、创新体系建设和重大创新政策

◎ 科技创新平台初具规模

贵州省围绕重点学科和优势产业，已建成重点实验室32家（其中国家级2家、省部共建2家）、工程技术研究中心51家（其中国家级2家）；已建国家863计划成果产业化基地4家、国家特色产业化基地6家、省级高新技术产业化示范基地5家、国家级企业技术中心11家、省级企业技术中心111家；建成科技园区16个（含国家级2个）；建成科技企业孵化器4个（其中国家级1个）。同时，投入资金1.04亿元，加强了省级科研机构创新能力建设，提升了科研机构创新人才团队、研究实验、应用技术开发、科技公共服务和创新服务能力。

◎ 企业创新

2006年以来，企业研发投入已占到全社会研发投入的9.6%，大中型企业科学家与工程师的比重达50.34%，试验与研发人员比重达70.0%。产学研结合纵深发展，企业与高校、科研院所联合建立了一批技术中心和中试基地。规模以上工业企业科研机构达131家。一批充满活力的创新型企业正在茁壮成长，国家创新型企业3家，创新型试点企业5家。

◎ 科技服务能力

贵州省已成为国家生产力促进中心体系建设行动重点试点省，贵州省现有各类生产力促进中心总数41家。通过加强服务平台建设，生产力促进中心在企业、政府、科研资源、市场之间的桥梁与纽带作用得到进一步的发挥，促进了中小企业的发展。省科技风险投资公司累计为企业提供各类投融资近7亿元，帮助企业解决了融资难的问题，加快了科技成果转化，促进了新兴产业发展。贵州大型科学仪器协作共享平台，入网仪器达到475台（套），开机率达70%。贵州省科技文献共享与服务平台存储容量达到20T，一大批期刊、标准、论文等信息实现共享。

◎ 加强科普平台建设

贵州省共有国家级科普示范县23个、科普教育基地22个，省级青少年科技教育基地21个，贵州省89个县（市长、区）科协建立了永久性科普宣传栏。

◎ 实施重大创新政策

根据贵州省实际情况，加强了对人才、产学研、金融以及区域科技合作等方面的重大创新政策研究和制定工作，省委省政府先后出台了《关于实施科技规划纲要促进经济社会发展实现历史性跨越的决定》、《关于实施〈贵州省中长期科学和技术发展规划纲要（2006—2020年）〉若干配套政策》、《贵州省科学技术进步条例》、《贵州省科学技术奖励办法》等政策，初步形成了促进科技发展的法规体系和相应的科技进步考核体系，对确保贵州省科技投入、合理配置科学技术资源、明晰科技计划项目承担者和成果完成人之间的利益分配、激励科技人员创造创新和加快科技成果转化，以及科技支撑贵州省经济和社会跨越式发展等提供了政策保障。

专栏11-3 FAST重大科学工程进展顺利

FAST重大科学工程项目于2008年正式立项并开工建设，该工程由中科院与贵州省共同推进，项目总投入6亿多元。根据FAST项目建设需要和贵州省产业发展方向，贵州省进一步整合相关资源，在“高性能铝合金及制造工艺技术开发”、“高强度低松驰预应力钢丝、钢绞线用钢及制品研发”等项目取得的成果的基础上，组织贵州铝厂、贵州钢绳厂、云马厂和贵州大学等有关企业和院校的科研团队围绕FAST轻型结构、面板、缆绳和电机等方面开展技术攻关，为FAST项目的优化建设提前做好技术和产品的储备。相关团队与国家天文台等部门正在加强合作，共同攻关。与此同时，贵州大学于2007年成立了“贵州大学物理与天文研究中心”，为贵州参与FAST项目建设人才培养搭建了平台。

◎ 深化科技计划管理体制改革

一是在管理理念上，从单一的科技计划的安排管理转向谋划全局、加强集成、配套实施、实现重点突破的方向转变，将省级科技计划由过去的近20个计划合并调整为基础计划、重大专项计划、合作计划三大计划类别。二是在经费的投入上，注重运用增量盘活存量，促进科技资源的有效整合，推动科技与经济的紧密结合。三是在计划安排上，注重政策制定与规划的衔接，注重体制与机制的建立和完善。四是在计划的实施过程中，注重项目的过程管理和绩效评价，以绩效确定投资取向。

◎ 推动“合作创新”

2006年，贵州省委省、政府在认真分析省情的基础上，提出了“合作创新”的科技发展方针，在这一方针的指引下，通过科技计划管理改革，率先设立了“合作计划”专项，并成为贵州省三大科技计划之一。通过“合作计划”的实施，有效整合了省内科技资源，吸纳了省外部分优势资源，并在一些学科和重点领域实现了突破。一是与中科院加强了紧密合作；二是加强了国际、省际合作，贵州大学等三家单位成为国家国际科技合作基地，并在积极参与“泛珠三角”合作的基础上，开展了与上海、重庆等省市的科技合作；三是整合省内科技资源。为发挥省内科技资源的整合作用，省科技厅分别与省内各市（州、地）、县（市、区）政府和部分高等院校、高新技术开发区、企业建立了科技合作基金，围绕区域、行业发展需求和重点学科建设，共同投入引导资金，整合创新资源开展技术创新和成果应用转化，共建立合作基金16个。其中，2009年建立合作基金9个，省级投入资金2 150万元，拉动社会科技投入4 450万元，省级财政资金的放大倍率大于2，“杠杆效应”明显。

四、高新技术产业与高新区发展

2006年以来，贵州省重点围绕新材料、装备制造、电子信息、生物医药、新能源与节能减排、资源与环境等领域，有效集成技术、资金和人才，开展了高新技术产业发展关键共性技术研究与应用，加快了高新技术开发区的“二次创业”和建设，推动了高新技术产业的集聚和发展。

◎ 具有市场竞争力的新产品

通过加强创新与成果转化应用，无人驾驶飞机、中央空调变流量智能节能控制系统、天然气柴油双燃料喷射控制系统达到国际先进水平；铝工业装备成套技术及设备、发动机叶片等的出口量逐年增长；片式元器件、CDMA手机、高性能复合材料及制品、大型采棉机、锂离子电池、风能和核能发电设备零部件、高品质海绵钛、石油勘探仪器仪表及设备、航天航空及电子器件等高科技产品，正在成为贵州省经济新亮点；艾迪注射液、全天麻胶囊、克咳胶囊、仙灵骨葆胶囊等新药品种已在市场上占有重要位置。

◎ 高新技术产业集群

贵州省共有高新技术企业107家，初步形成了电子信息、先进装备制造业、新材料、中药现代化四大产业集群。

◎ 高新技术开发区（园区、基地）建设

通过加强贵阳高新区、航天高新技术产业园、长田工业园区等开发区创新服务能力建设，实现了人才、技术、产业集聚，带动了贵州省高新技术产业加快发展。贵阳高新区始终坚持把增强自主创新能力作为根本任务，着力创造优化创新创业环境，大力培育高新技术产业，已经成为贵州省高新技术产业集聚、高新技术企业集中、创新创业环境优良的区域。“十一五”以来，贵阳高新区工业总产值从2005年的165亿元增长到2009年的301亿元，技工贸总收入从2005年的168亿元增长到2009年的339亿元，工业增加值从2005年45亿元增加到2009年的89亿元，从业人员从2005年5.9万人增加到2009年9.7万人，各项主要经济指标年均增长率均在25%以上，为产业发展奠定了良好的基础。惠水县长田工业园区是贵州省正在建设的一家数字化园区，该园区达到县级开发区政务信息化国内先进水平。

图11-6 FAST轻型背架支持结构用高强铝合金铸球

五、“十二五”科技发展规划的基本考虑

为抓住国家继续加大实施西部大开发战略和有关科技发展的政策机遇，“十二五”期间，贵州科技工作将围绕《贵州省中长期科学和技术发展规划纲要（2006—2020年）》和科教兴省、人才强省、工业强省战略的实施及创新型社会建设，以科学发展观为统领，始终把支撑贵州省经济社

会发展实现历史性跨越作为科技事业加快发展的目标、始终把创新作为科技事业加快发展的核心、始终把完善体制机制作为科技事业加快发展的根本保障、始终把科技人才队伍建设作为科技事业加快发展的基础，着力实施产业创新能力培育工程、现代农业科技支撑工程、社会发展科技保障工程、创新型科技人才队伍建设工程、创新平台建设工程，切实做好深化科技管理改革、加强合作创新、营造科技发展环境，推动贵州科技事业加快发展，切实发挥科技对贵州省经济社会发展的支撑和引领作用。

第四节 云南省

2006年以来，云南省科技工作深入贯彻落实科学发展观，以全国科技大会精神和《国家中长期科学和技术发展规划纲要》为指导，以加快实施建设创新型云南行动计划为核心，以增强自主创新能力为主线，推进经济结构调整、实现经济增长方式转变、培育战略性新兴产业、提高区域竞争力为重点，深入实施科教兴滇、人才强省和可持续发展战略，走创新强省之路，建设创新型云南，推进了云南省经济社会平稳较快发展。

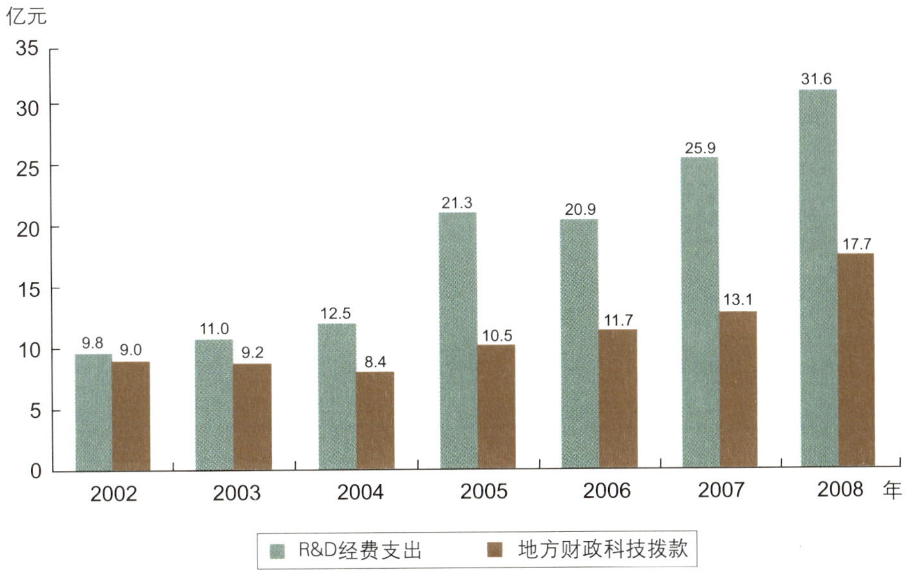

图 11-7 云南省科技经费投入示意图

一、科技发展总体进展

◎ 科技投入

全社会研究与试验发展（R&D）经费投入从2006年的20.92亿元增加到2008年的31.59亿元，增幅51%。地方财政科学技术拨款从2006年的11.67亿元增加到2008年的17.67亿元，增幅51.4%。

◎ 创新产出

近年来，云南省专利申请量和授权量不断增加。2006—2009年，云南省申请专利14 915件，获得授权8 720件，其中申请发明专利3 656件，获得授权1 582件；26项科技成果获国家科学技术奖。5年来，云南省新增科技成果数量3 000余项，位居西部12个省区之首。2009年，云南省区域创新能力在全国排名22位。

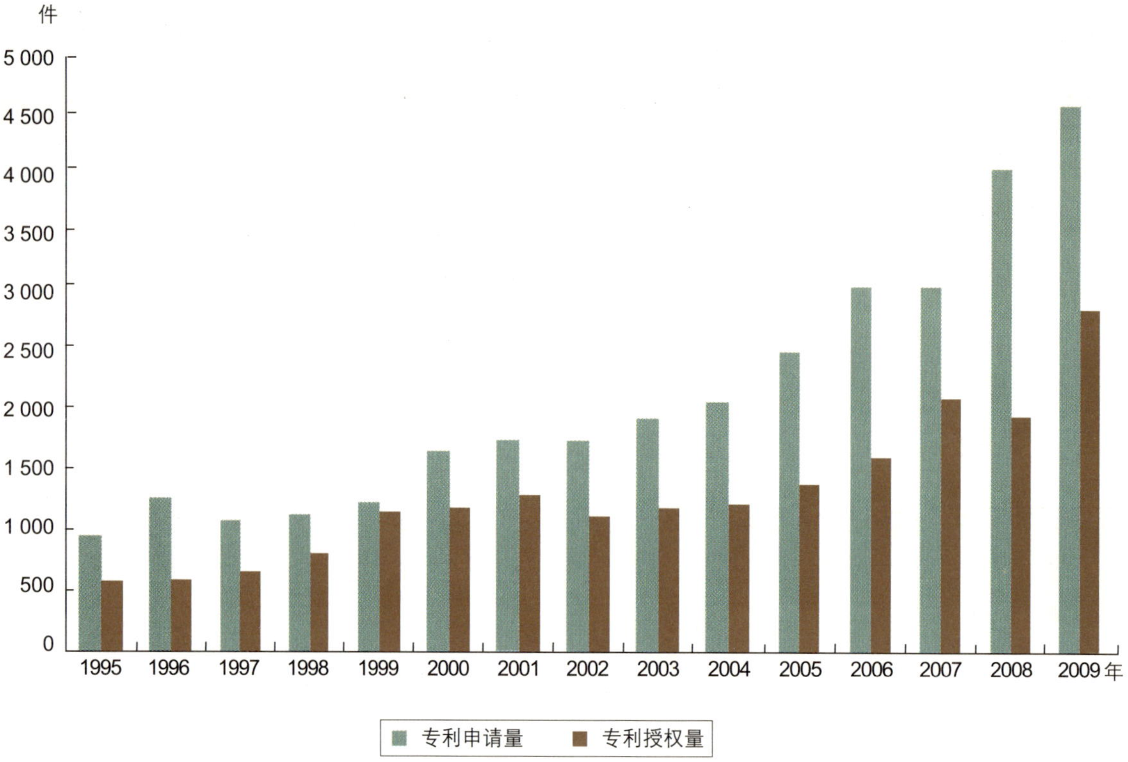

图 11-8　云南省专利申请量、专利授权量示意图

◎ 科技条件建设

建成国家重点实验室2个，国家工程技术研究中心1个，国家级企业技术中心11个，国家级科技企业孵化器5个。从国内外引进高端人才38名，培养省创新团队51个，云南省中青年学术和技术带头人后备人才达610名，省技术创新人才培养对象达358名。建成了全国最大的两米级光学望远镜和全球最大的国际标准化灵长类实验动物与动物实施基地。

◎ 创新环境

发布配套政策18个，初步形成了鼓励自主创新的政策体系。2009年，省级科普专项经费2 250万元，增加到人均0.5元，开展科普惠农兴村计划深入推进，在云南省范围内形成了良好的农村科普氛围。深化与科技部会商工作机制，与各州（市）开展工作会商，与国家自然科学基金委员会设立联合基金支持云南基础研究工作。持续开展省院省校科技合作，吸引省外科技资源为云南经济社会发展服务取得良好成效。

二、科技重大部署和成就

2007年云南省人民政府发布了《云南省“十一五”科学和技术发展规划》，2008年7月发布了《云南省中长期科学和技术发展规划纲要》，2008年8月6日云南省委、云南省人民政府发布了关于实施“建设创新型云南行动计划”的决定。从2008年起省级财政每年增加省级应用技术研究与开发项目资金2.5亿元，州市县财政每年匹配5亿元，设立“建设创新型云南行动计划”财政专项资金，提出通过实施“八大工程”，突破一批对云南省重点产业、重点企业发展有重大支撑作用的核心技术和关键技术，形成一批具有云南特色和优势的高新技术产业群，建成一批重大科技创新基地。

◎ 重点产业创新工程

围绕云南省重点产业和支柱产业，重点抓好有色金属新材料产业化创新基地建设、磷化工及煤化工产业化创新基地建设、装备制造业产业化创新基地建设、生物质能源产业化创新基地建设、花卉产业创新基地建设和中药现代化科技产业（云南）基地建设。

◎ 重点行业、企业重大技术改造工程

组织实施100项重大技术改造工程，积极支持运用高新技术、先进适用技术，特别是信息技术对新材料、生物及医药、光电子及信息产品、先进制造、能源、传统重点产业、农特产品深加工、环保与资源综合利用等领域的企业进行重大技术改造，全面提升企业精深加工、新产品开发、节能降耗、防治污染、技术装备等水平，增强企业核心竞争力。

◎ 节能减排科技创新工程

在钢铁、化工、有色、建材、煤炭、电力等重点耗能行业和年耗能10 000吨标煤以上的重点耗能企业，实施一批节能减排示范工程，形成30家先进节能减排示范工业企业。组织实施一批先进工业节能技术、产品的研发，加大推广应用的力度，加速淘汰能耗高、效率低、污染重的落后工艺、技术和设备。培育工业节能技术服务体系，加强工业企业节能技术的诊断、设计、改造、运行和管理等服务。

◎ 农业科技创新工程

以特色种植业、生态养殖业、特色经济林产业和农产品加工业为重点，组织实施一批重大农业技术攻关和重大农业技术推广项目，加快高新技术在农业中的应用，促进农业优质、高产、高效，提升农产品市场竞争力和农业综合生产能力。建设国家云南红河科技示范园区、云南省现代农业科技创新园区等一批农业科技示范园区（基地），打造一批知名度高、带动力强、辐射面广的安全优质农产品品牌和龙头企业，推进科技下乡，强化科技兴边富民。

◎ 创新型企业培育工程

一是抓好高新技术企业上市培育，设立高新技术企业上市培育专项资金，围绕云南省矿冶技术与新材料、生物技术与新医药工程、新能源、电子信息等高新技术重点领域，培育一批高新技术企业在国内外证券市场上市。二是培育创新型企业，每年遴选20家企业开展创新型企业试点工作，通过技术创新战略联盟建设，引导和支持创新要素向企业集聚，完善创新体制机制，加强创新基础和能力建设，加大研发投入力度，培养和吸引创新人才，培育一批在行业具有较强自主创新能力和竞争力的创新型企业。

◎ 创新平台建设工程

一是建设云南科技创新园，按照政府主导、市场化运作的思路，坚持整体规划、整合资源、分步实施、滚动发展的原则，构建公共科技创新平台，努力吸引和聚集国内外企业、高校、院所组建或联合组建100个实验室、研发中心、技术中心、工程中心、中试基地等研发机构或基地，提升云南自主创新能力。二是组建云南省应用技术研究院，保持云南省有色冶金、磷化工、煤化工、先进制造、生物资源开发等特色产业的技术优势，增强特色产业持续创新能力。三是推进工程实验室、工程技术（研究）中心、企业技术中心和重点实验室建设。四是促进高新技术产业开发区"二次创业"，完善创新创业环境、壮大高新技术产业、推进产业专业集聚、提升园区创新能力。

◎ 高层次科技人才培引工程

一是实施高端科技人才引进计划，5年引进50名"两院"院士、"长江学者"、"国突"专家、"百千万"人才等国内外高端科技人才。二是培养省中青年学术和技术带头人、省技术创新人才，每年选拔100名省中青年学术和技术带头人、省技术创新人才。

◎ 公民科学素质提升工程

一是解决边疆学科技难，在28个边疆县和藏区县实施云南边疆解"五难"（学科技难）惠民工程，实现每个乡镇有1名科技特派员，每个行政村有1名科技辅导员或科普宣传员，每个行政村有1个完善的科技（科普）活动室，每个成年农民掌握1～2门实用技术，每个乡镇实施1个培育特色产业的项目，每个乡镇有1个带动作用强的农村专业技术协会，科技带动农民人均纯收入年均增幅15%以上。二是实施科普惠农兴村计划，紧密围绕云南省新农村建设规划纲要确定的目标任务，以农函大、农技协及各类农村科普示范为载体，每年培训10万人以上新型农民，发展一批农村专业技术协会。三是建设云南科技馆。

◎ 重大新产品开发

一批拥有自主知识产权、在全国处于领先水平的重大新产品成功进入市场。新型柴油发动机等32种新产品达到国际先进水平，冲击式水轮发电机组、制糖成套设备、铁路牵引变压器等27种新产品达到国内领先水平。多缸小缸径车用柴油发动机、轻（微）型汽车发动机连杆国内销量和市场占有率居国产第一。大型铁路养路机械成套设备的国内市场占有率达80%。水轮发电机组产销居全国第6位。高速铁路专用铜合金导线、高强度铝合金圆杆、宽幅铝合金板带有色冶金工业用新型阳极等一批具有国内领先水平的新产品实现了产业化生产。70多个花卉新品种通过国家实质性审查或初审，云南省花卉新品种研发工作已处于全国领先地位，拥有知识产权的大宗鲜切花新品种占全国总数的90%以上。26个获云南省科技厅科技经费支持的新药品种获准上市销售。自主研发的减隔震大直径橡胶隔震支座新产品已在昆明新机场建设中得到应用，昆明新机场航站楼成为全球最大的单体隔震建筑。

图 11-9　云南具有自主知识产权的花卉新品种居全国第一

◎ 重大关键技术突破

解决产业关键技术331项，其中重大核心技术101项，推广应用突破产业技术瓶颈的关键共性技术34项。烟草产业在烟叶原料、特色工艺、减害降焦、烟草机械等方面取得了一批拥有自主知识产权的关键技术和核心技术，促进中式卷烟的工艺技术及产品质量达到国际先进水平，提升了卷烟产品品质和烟草行业综合技术水平。云南冶金集团开发的富氧顶吹熔炼—鼓风炉还原炼铅工艺，实现了铅冶炼技术的重大突破，达到世界领先水平，综合能耗比行业先进水平低45%以上。通过一批生态恢复重建、高效环保装备研制、废弃物资源化利用等领域科技项目的实施，突破了12项关键核心技术，7项专利获得受理或授权。在艾滋病动物模型、流行预测模型方面有所突破，填补了云南省艾滋病研究的多项空白。中国第一组实用型超导电缆在昆明市普吉变电站并网运行。

◎ 节能减排科技创新成果推广

在钢铁、煤炭、建材、化工、有色、电力等重点耗能行业中，一批重点企业节能减排技术达到国际先进水平和国内领先水平。铝电解综合节能技术、钢铁工业烧结余热余能发电技术、低浓度二氧化硫治理及综合利用技术等一批新技术的推广应用，使云南省在上述领域的节能减排、清洁生产技术达到国际先进水平。云天化集团具有国际领先水平的“高效利用反应热副产工业蒸汽热法磷酸生产技术”，实施技术转让37项，覆盖了国内热法磷酸生产能力的40%。大理祥云飞龙实业有限公司的“两段中和+组合膜分离”新技术国内领先，建成了生产废水处理系统，实现铅锌冶炼废水零排放。

◎ 战略性新兴产业培育

光电子锗材料、太阳能级晶体硅材料、微电子封装材料、新型能源材料、车用新型催化剂、LED材料等生产制造关键技术取得重要突破，高效率太阳电池用锗单晶及晶片等一批全国领先的新产品实现了产业化。突破了高效提取小桐子生物柴油工艺和生物柴油配方关键技术，申请专利48件，为把云南省建成国内最大的生物质柴油创新和产业化基地奠定了良好的基础。通过实施中药现代化科技产业（云南）基地建设，构建了一套完整的中药研发体系，建设了一批以大宗药材为主的中药材规范化种植基地。通过科技项目支持，已有26个新药获准上市销售，18个新药获临床试验研究批件。

◎ 科技服务平台建设

一是建成了全国最大的两米级光学望远镜、全球最大的国际标准化灵长类实验动物与动物实验基地，并投入运行；建成了世界最大的锡材加工中心、锡化工加工中心以及具有世界领先水平的BGA焊锡球生产线。二是围绕云南省优势特色产业，建立以企业为主体，涵盖科技研发、孵化、技术转移、成果转化和产业化全过程服务体系的云南科技创新园，吸引世界一流科技要素的聚集，构建世界级研发创新平台；组建了云南省应用技术研究院。三是认定省级重点实验室34家、省级工程技术研究中心42个、省级工程实验室7个、省级企业技术中心164家，国家级企业技术中心达11家，各类科技企业孵化器11家，其中国家级科技企业孵化器5家。四是引进高端人才38名，云南省创新团队达51个，云南省中青年学术和技术带头人后备人才达610名，省技术创新人才培养对象达358名。

图 11-10 绕月探测工程地面应用系统昆明地面站——40米射电天文望远镜

三、创新体系建设和重大创新政策

◎ 激励自主创新的政策体系

在“十一五”前期已制定发布促进自主创新配套政策27件的基础上，完成了18件自主创新配套政策的制定发布工作，对《云南省科学技术进步条例》进行了修订，《云南省科学技术奖励办法》经修订后从原来的部门规范性文件上升为省政府规章。切实抓好研发费用加计扣除等优惠政策的落实工作，充分发挥政策的激励作用。从财政、税收、金融、产业等多方面激励自主创新的政策体系正在初步形成。

◎ 自主创新政策环境

先后发布了《云南省高新技术产业促进条例》、《云南省高新技术产业发展项目管理暂行办法》、《云南省科技企业孵化器认定和管理暂行办法》、《云南省优先发展的高新技术产业化重点领域与重点方向指南》，加快云南省高新技术产业化步伐。

◎ 优化科技资源配置的新途径

建立了国家自然科学基金委员会——云南省人民政府自然科学联合基金并启动实施。与科技部开展工作会商，加强州市科技工作，启动实施了“州市党政一把手科技工程”，每年与16个州市人民政府开展科技工作会商。

◎ 深化科技与金融结合

加大开发性金融对科技创新的支持，与国家开发银行云南省分行等6家很行签订了战略合作协议，通过政策引导和组织协调，使金融机构加大了对科技项目和科技型企业的支持力度。2009年，102个科技项目获贷款总额51亿元，年度到位22.4亿元。实施高新技术企业上市培育工程，上市培育高新技术企业达32家，成功上市的每家企业补助250万元，5家企业已向中国证监会报送了上市申请材料。云南省科技创新投资有限公司共向4家企业投资6 666万元，有效缓解中小企业融资难问题。

四、高新技术产业与高新区发展

◎ 高新技术产业发展

高新技术产业发展集聚效应明显，具有优势和特色的高新技术产业规模不断扩大，产业集中度进一步提升，生物技术、电子信息、机电一体化、新材料成为云南高新技术发展的四大优势领域。据统计，2009年，四大优势领域的高新技术企业数占云南省高新技术企业的82.6%，工业总产值占云南省高新技术企业工业总产值的85.6%，净利润占云南省高新技术企业净利润的80.8%；250家高新技术企业实现销售收入1 305亿元，工业总产值1 211亿元，利润63亿元，税收77亿元，销售收入超亿元的高新技术企业达75家。

◎ 高新技术产业开发区发展

昆明国家级高新技术产业开发区、昆明经济技术开发区、玉溪高新技术产业开发区、大理高新技术产业开发区4个开发区实现技工贸共实现技工贸总收入1 204.84亿元，同比增长24.4%，工业总产值786.9亿元，工业增加值198.6亿元，出口创汇15.55亿元，实现净利润51.82亿元。其中，昆明高新技术产业开发区实现技工贸总收入750亿元，工业总产值554亿元，工业增加值129亿元，出口创汇12.6亿元，实现净利润33.5亿元。各高新区高新技术产品出口占云南省高新技术产品出口总量的比重已达60%以上，高新区已成为云南省高新技术产品出口的重要基地。

◎ 创新型企业培育

云南省高新技术企业达218家，2009年以后认定的高新技术企业每家支持创新能力建设资金30万元。云南省创新型试点企业达91家，每户企业补助资金50万元，其中19家通过试点，已被认定为云南省创新型企业。昆船集团、云南白药集团、云锡集团3家企业被认定为国家级创新型企业。2009年，云南省创新型试点企业实现总产值833.5亿元，工业增加值513亿元。认定发布云南省自主创新产品，将自主创新产品纳入政府采购目录，给予被认定的自主创新产品20万元补助。每年联合省财政厅安排5 000万元，组织实施“非公有制经济发展专项资金”和“技术创新暨产业发展专项资金”项目，支持科技型中小企业发展。组织实施科技人员服务企业项目50项，总投入3.97亿元。

图 11-11 昆船集团集成创新的企业综合物流系统技术水平国内领先，图为 AGV 生产线

五、“十二五”科技发展规划的基本考虑

未来5年，云南省科技工作将继续深入落实科学发展观，认真贯彻“自主创新、重点跨越、支撑发展、引领未来”的新时期科技发展指导方针，把提高自主创新能力作为推进云南经济结构调整、实现经济增长方式转变、提高区域竞争力的中心环节，将立足云南省情和发展需求，优化资源配置和创新环境，突出经济社会发展重点领域和优势学科，在优势领域有选择地开展原始创新、多层次创新，重点突破，不断提高自主创新与区域创新能力，力争形成结构合理、重点突出的科技发展总体布局，建成具有云南特色的自主创新体系，支撑云南省建设面向西南开放的桥头堡，实现科技与经济社会的同步协调发展，为经济社会持续健康发展提供强有力的科技支撑。

第五节
西藏自治区

2006年以来，西藏科技工作紧密结合西藏自治区实际，突出特色，重点突破，努力提高科技为"三农"、为产业服务水平，各项科技事业快速发展，为西藏自治区经济社会跨越式发展提供了坚强有力的科技支撑。科技对经济建设和社会发展的引领支撑作用得到明显增长。2009年科技对农牧业增长贡献率达38.5%，科技对经济增长贡献率达32%。从科技事业的整体情况来看，西藏自治区科技事业已步入历史上最好的发展时期。

一、科技发展总体进展

◎ 科技体系建设和科技管理体制改革

"十一五"期间，各级政府逐步重视科技体系建设，加强了政府科技管理部门建设；鼓励和支持非国有科研机构、科技中介服务体系建设和发展；逐步健全和规范科技法规与制度。截至2009年，西藏自治区建立了自治区、地（市）、县（市、区）三级科研、推广机构173个，其中农牧业技术推广机构140个，自治区和七地（市）共有国有科研机构33所。西藏自治区有国家级和自治区级科技示范园区4个，省部共建实验室培育基地2个，自治区级重点实验室12个，自治区级工程技术研究中心5个，科技孵化器1个，民营科研机构10所，高新技术企业21家，科技型中小企业46家，国家级创新型企业2家，国家级创新试点企业2家。

◎ 科技人才队伍和梯队建设

"十一五"期间，培养一级学科带头人15名、二级学科带头人25名，科研骨干60名，初步形成了一支由首席专家、学科带头人、科研骨干以及一般科技人员组成的科研队伍。"十一五"以来，西藏科技人才队伍呈现总量增长的态势。截至2008年，各类科技人才总数达49 626人，较"十五"末期的2005年增长了16.70%，年净增长量为2 068人左右；科技人才占西藏自治区总人口的1.69%，较"十五"后期2005年的1.53%提高了0.16个百分点。以藏民族为主的少数民族科技人员总数达35 477人，占全部科技人员的76%，成为西藏科技事业发展的主要力量。

◎ 科技投入

截至2009年，自治区共安排各类科技项目500余项，投入项目资金总额达5.01亿元。较"十五"时期的2.18亿元增加129.8%。其中，自治区重大科技项目304项，投入项目经费2.84亿元；

国家级科技项目222项，科技部投入项目经费1.7719亿元，地(市)级投入0.41亿元。实施的国家"科技富民强县行动计划"项目21项，经费4198万元；国家支撑计划项目69项，经费6840万元，农牧业科技成果转化资金项目28项，经费1960万元；星火项目24项，经费1310万元等。

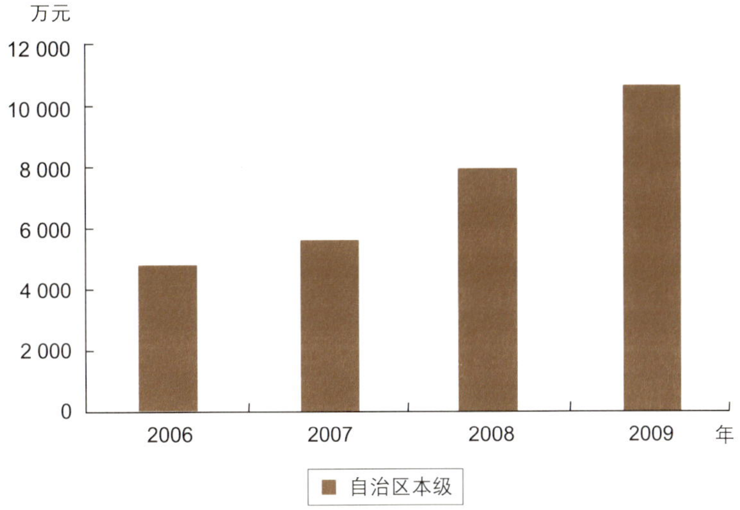

图11-12 "十一五"前四年自治区本级科研投入

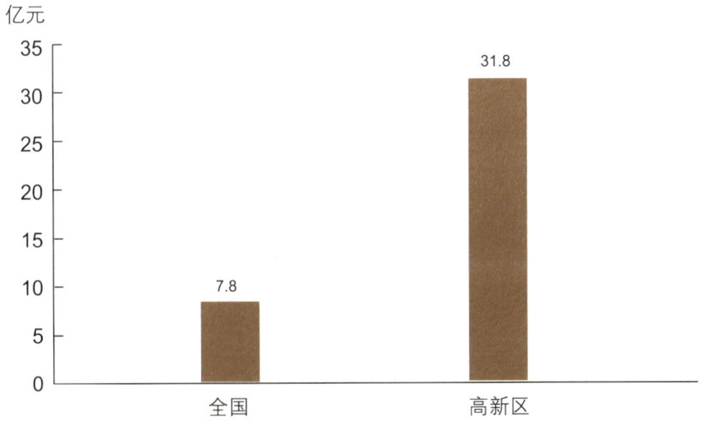

图11-13 "十一五"前四年各地（市）科研投入

◎ 科技产出能力与水平不断提升

截至2009年，西藏自治区共获得3项国家级奖励，自治区重大科技成果75项，西藏自治区专利申请量达到417件，其数量和质量均较"十五"期间有大幅度提高，科技成果产出水平也大幅提高。

二、科技重大部署和成就

◎ 以藏医药为代表的特色生物资源研发

"十一五"期间，新研制出了6种国家级藏药，完成了182种藏药材的本草学考证、功能主治、理化鉴别等标准制定工作，为提升藏药材质量控制奠定初步基础。抢救、收集和整理了近百个传统藏药秘方和验方，并整理成册出版。完成了传统藏药剂型改造与开发工艺研究，申请了 8 项专利技术。加大了对濒危藏药材资源保护和人工培育技术攻关。推广濒危藏药材藏木香、高山大黄等 3 个品种，人工栽培面积 127 亩；人工栽培 6 个濒危藏药材品种，成活率达到 75%。藏紫草快繁技术研究获得成功；药材和经济作物套种的模式化栽培技术取得突破；藏丹参人工种植与开发项目在工布江达县种植藏丹参 1 100 亩，每亩产量达 1 000 多公斤。注重加强高原特色生物资源领域的基础与应用相结合，组织实施了 32 项科研项目，包括高原特有物种资源普查与种质资源库建设、特色野生生物资源仿野生栽培技术开发与示范、高原濒危动植物保护与人工繁育关键技术研究 3 项重点任务。进行了高原特有物种资源普查与种质资源库建设，调查了不同地区冬虫夏草适生地资源分布和六个地区野生果树种质资源，对其进行了生物学特性、数量多样性、性状多样性、遗传多样性的分析研究，建立了较为完善的西藏野生果树种质资源库。进行了特色野生生物资源仿野生栽培技术开发与示范，引进藏红花种球 10 200 公斤，发展藏红花种植户 80 户；培育出 5 个天麻蜜环菌和萌发菌，成功突破了野生天麻的人工有性繁殖技术。此外，进行了高原濒危动植物保护与人工繁育关键技术研究，开展了藏羚羊生物生态学研究和藏雪鸡繁殖生物学研究及有效保健成分研发项目。

◎ 民生科技

“十一五”期间，新能源科技研究、推广和示范取得显著成绩。先后实施了“西藏农牧区可替

图 11-14 西藏林芝地区波密县种植成功的野生天麻

代能源技术与示范”、“西藏薪柴能源替代战略研究”、“西藏太阳能沼气运用研究”、“西藏那曲地区风光互补供电系统”、“西藏太阳能采暖系统研究示范”等一系列新能源的研发、推广和示范工程项目，在一定程度上缓解了西藏常规能源紧张的状况，对保护环境、促进生态建设发挥了重要作用。截至2009年，西藏自治区共计推广太阳灶约39.5万台，太阳能热水器约35万平方米，被动式太阳房约42万平方米，太阳能温室约350万平方米。已建成光伏电站、风光互补电站400多座，推广太阳能户用系统近10万套，西藏光伏发电的累计安装量已经超过9MWp，开展了风能、光热、光电、风光互补技术集成与应用示范，在那曲地区建立4个风光互补发电技术示范基地。西藏已成为全国太阳能应用率最高、用途最广泛的省份之一。

图 11-15 西藏那曲地区那曲县香茂乡建成的新能源风光互补发电站

◎ 信息化基础设施建设

为了进一步加快三产领域的信息化建设，实施了《西藏旅游信息管理系统》、《西藏科技共享数据更新与信息网络管理》等项目。补充完善了“西藏自治区旅游景点数据库”、“旅游服务机构数据库”、“旅游线推介及后台管理系统”，为西藏自治区旅游业的发展提供了信息平台。开展了资源管理信息系统开发与应用。完成了基于异构跨库检索技术的西藏科技资源共享平台一期工程建设。平台涵盖了西藏科技档案数据库、西藏科技成果数据库、西藏动物数据库等12个西藏特色数据库和维普科技期刊全文数据库，提供了8 000余种科技期刊全文检索服务。此外，完成了863项目西藏综合科技信息网项目建设，建成512个青藏高原数据库，为广大科技工作者提供了科技新闻、数据搜索、科普知识、图库浏览、科技动态、科技成果等科技信息服务。

“十一五”期间，信息化技术在社会主义新农村建设中得到应用和推广。完成了科技部农业成果转化项目“藏文农村实用技术信息系统”的开发与示范推广，在拉萨市16个、日喀则10个、昌都3个试点单位进行了推广和培训。完成了西藏科技信息服务节点建设一期工程，构建了面向基层农牧民的藏汉双语的科技信息服务平台，在拉萨市林周县江夏乡、日喀则市聂日雄乡、白朗县巴扎乡以及林芝县布久乡建设了4个农村科技信息服务试点。建成了西藏农牧产业信息服务平台，为基层科技人员和涉农企业提供专家咨询、农牧业技术查询、农牧产品网络营销等信息服务。

完成了西藏大型科学仪器设备共享平台建设。收集发布了30多家科研单位可供共享的大中型仪器设备1 000余台，为自治区发展支柱产业提供信息服务，提高了仪器设备的利用率。

专栏11-4　西藏国家生态安全屏障保护与建设关键技术研究与示范

2009年2月，国务院常务会议审议通过了《西藏生态安全屏障保护与建设规划(2008—2030年)》，提出用5个五年规划的时间，投入资金155亿元，实施10项生态环境保护与建设工程，基本建成西藏高原国家生态安全屏障。该项目对草地、森林、湿地等高原生态系统退化机制与恢复的关键技术进行深入研究，着力构建国家生态安全屏障，恢复和重建退化的生态系统。

◎ **优势矿产资源勘探技术**

“十一五”期间，从以往单一的“就矿找矿”跃升为矿区（矿田）整体勘查，在区域地质、区域物探、区域化探、遥感和成矿区划与科研等方面都取得了一定成果。探索出一套基于成矿地质背景分析、成矿规律和典型矿床研究的现代成矿理论、GIS技术、定量评价技术和地、物、化、遥等多源信息为一体的矿产资源潜力评价技术方法，有助于实现矿产资源勘查部署科学决策、提高矿山综合开发利用水平和经济效益。

三、创新体系建设和重大创新政策

基本形成多层次的农牧业科研、技术应用与推广体系。截至2009年，西藏自治区共建立了41个科技示范基地，如农作物原种、蔬菜良种、半细毛羊育种、黄牛改良农牧综合试验示范、藏丹参种植开发、野生天麻半人工栽培科技示范、绒山羊产业化开发科技示范基地。与此同时，重点开展以农牧民科技特派员制度为主的基层科技服务队伍建设工作，到2009年，西藏自治区科技特派员已达2 112名，其中农牧民科技特派员达1 163名。

“十一五”期间，重点开展了农牧业科技成果转化示范基地建设、新农村科技示范县建设，以及“金牦牛”科技工程、科技富民强县计划、星火计划、农业科技成果转化资金项目等专项行动。实施了粮油作物丰产栽培技术示范项目，推广应用了种子处理、精量播种、配方施肥、化学除草和病虫害综合防治等9项易学易用栽培技术，建立了粮油作物标准化种植示范基地。在林周、白朗、江孜、南木林、乃东、桑日、贡嘎、琼结8个县建立了农牧业科技成果转化示范基地。

图 11-16 西藏牦牛胚胎移植研究获得成功的四头移植后代及其受体

专栏 11-5 青藏高原优质牧草产业化关键技术研究与应用示范

"青藏高原优质牧草产业化关键技术研究与应用示范"项目，2007 年获得国家立项，实施年限为 2007—2010 年，投入总经费 962 万元。截至 2009 年，先后在拉萨、日喀则、山南 3 个地市建立高产优质牧草种籽繁育基地3个，年产牧草种子20吨；建立了 3 个饲草高产技术示范基地，示范面积达到 6 600 亩，牧草平均亩产量 2 000～3 000 公斤；建立了 3 个优质牧草与饲料作物规模化栽培示范基地，示范推广面积7 136.5 亩，推广的优质牧草品种亩产达到3 500公斤，已累计示范加工青干草4 000吨、青贮 1 000 吨，示范养殖奶牛 300 头，繁育肥羊 2 000 只，带动周边农户 2 750 户，培训农民技术员 500 人次。

四、高新技术产业与高新区发展

"十一五"期间，非常重视传统工业和高新技术企业的技术发展，特别是高新技术企业，它已成为西藏的一个新兴产业和新的经济增长点。"十一五"期间，西藏自治区高新技术企业已发展到 21 家。已经基本形成了政策配套、管理规范、创新能力较强、产业重点突出、规模逐年扩大、经济贡献显著的高新技术产业发展格局。

西藏（成都）科技孵化器为高新技术企业的技术成果转化、技术创新提供了很好的平台和条件，取得初步成效。2007 年，设立科技创业资金 1 000 万元，首批 16 家企业进入孵化器，支持企业孵化项目 16 项，投入资金 678.25 万元。到 2009 年，发展入孵企业 22 家，入孵项目 23 个，一批藏医药、可再生能源、特色农牧业资源、特色生物资源、信息技术与电子等研究项目取得阶段性成果。

"十一五"期间，推动传统工业新技术和新产品研发。开展了传统民族手工业、轻工业技术改造及新产品研发，如"萨村"颜料在藏式家具、建筑及艺术绘画方面的应用研发。开展了民族服饰、藏毯、皮革、酿酒、食品等轻工业的技术创新与新产品开发，实施了藏毯产业化科技工程项目和藏毯发展关键技术研究项目。

"十一五"期间，西藏科技中介服务为西藏中小企业组织推荐申报并获得立项131项，项目经费达到7 985.9万元。其中，国家创新基金立项32项，立项资金1 990万元；地方创新基金立项30项，立项资金581.9万元；配合财政厅企业处完成了2006—2009年产业技术成果转化支出项目，共有28个项目获得国家立项，获得项目经费3 000万元；科技人员服务企业行动共立项38个科研课题，累计资助金额1 864万元。

五、"十二五"科技发展规划的基本考虑

按照走"中国特色、西藏特点"发展路子的要求，进一步深入实施"一产上水平、二产抓重点、三产大发展"的经济发展战略，围绕西藏自治区经济社会发展目标，立足资源优势，突出产业特色，以适用技术的引进再创新与产业技术的集成创新为主，加强高原特色资源研究领域的原始创新，以特色农牧业、特色生物资源、藏医药研究及藏药、新能源、矿产资源、旅游、生态环境领域为重点，以体制与机制创新为动力，不断提高自主创新能力和成果转化，逐步走出一条符合西藏实际、具有区域特色的科技发展道路，以科技跨越式发展有力推进西藏自治区经济社会跨越式发展。经过5年的不懈努力，实现了西藏科技的跨越式发展，总体科技实力有显著提高，某些重点领域取得重大突破，使科技进步在社会经济发展中发挥引领和支撑作用，在国家科技创新体系中占有重要地位。到2015年，科技对经济增长的贡献率可达到40%，科技对农牧业增长的贡献率可达45%，科技普及率可达到90%。进一步加强科研单位和高校，特别是企业为主体的科技创新体系建设，从资金、人才、政策和管理等方面为科技创新提供有利环境。继续建立和完善面向市场的科技中介服务机构；继续完善科技推广体系和科学技术普及体系。通过自主研发、联合攻关等形式实现特色农牧业、特色生物资源、藏医与藏药开发、新能源利用、重要矿产资源开发、生态环境监测与保护等重点领域的重大突破，为西藏自治区经济社会跨越式发展提供重要支撑。

第十二章

西北地区科技工作的进展与成就

陕西、甘肃、宁夏、新疆和青海等西北省份是中国经济发展相对滞后的地区，人民生活水平也居全国平均水平之后。自2000年国家实施西部大开发战略以来，中央出台了一系列的优惠政策和重大举措，从经济、教育、科技和人才等各个方面加大了对西部地区的支持力度，为西部经济的发展插上了腾飞的翅膀。西北各省区也借国家实施西部大开发战略的契机，纷纷依靠科技进步，调整产业结构，加强自主创新能力建设，在新一轮产业布局和经济发展中，呈现出了许多亮点和特色。

“十一五”以来，陕西省以集成科技资源和加快成果转化为抓手，以五大工研院为基本平台，以工程技术研究中心为载体，组织实施“13115”科技创新工程，在关中自主创新产业区建设、现代农业示范园区建设、技术转移和科技产业化等方面取得了新进展。甘肃省确立了建设创新型甘肃的远景目标，设立了科技重大专项计划，自主创新推进创新型甘肃建设取得显著成效。青海省通过集成资源，创新机制，联合组织实施了“123”工程项目，引导和激励企业开展自主创新、引进消化吸收再创新以及联合攻关，并着眼在一定时期内培育新的战略性产业，形成新的经济增长点。宁夏自治区围绕能源、煤化工、新材料、装备制造、特色农产品加工和高新技术产业等“五优一新”产业集群发展的重大关键技术问题，集中90%的工业科技发展资金，组织实施了一批重大科技专项并取得突破，建立起新的科技计划管理体系。新疆自治区启动实施了“自治区重大科技专项”、“全国科技支疆行动”、“县市科技工作年”和“科技富民强县工程”，全面推行科技特派员制度，为实现经济社会全面协调可持续发展提供了支撑。新疆生产建设兵团围绕经济社会“四个重大转变”的战略任务，确立了建立和完善兵团科技创新体系的目标，在农业、工业和社会发展三大领域组织关键共性技术攻关，组织实施了五大科技示范工程建设，有力地促进了区域经济和社会的跨越式发展。

第一节 陕西省

“十一五”以来，陕西省科技工作坚持“自主创新、重点跨越、支撑发展、引领未来”的方针，全面落实《陕西省“十一五”科学和技术发展规划（2006—2010年）》部署，围绕建设创新型陕西和西部强省的战略目标，以整合全省科技资源为突破口，大力实施以应用为导向的自主创新战略。全省科技资源有效集成，自主创新能力不断提高，科技工作开启了新的篇章，科技对经济社会的支撑引领作用愈加突出，全省经济连续保持较快向上发展势头。

一、科技发展总体进展

“十一五”以来，陕西省科技工作进入了全面提升自主创新能力、推动科教大省向科教强省转变的新阶段，全省科技投入稳定增长，科技活动产出硕果累累，技术市场稳步发展，《2009全国科技进步统计监测报告》显示，陕西省综合科技进步水平指数为52.93%，居全国第8位，西部第1位。

◎ 科技资源与科技投入

陕西拥有76所普通高等院校，9所军事院校，其中“985工程”院校3所，“211工程”院校8所。共有142个专业学科，其中国家重点学科113个。在陕国家级重点实验室12个，国家级工程（技术）研究中心12个；国家级孵化器12家，国家级大学科技园4家，国家级生产力示范中心13家；国家技术转移示范机构6家；国防科技工业技术装备水平在全国国防系统中位居前列。

2008年，陕西拥有各类专业技术人员73万人，其中两院院士49人；研究与试验发展(R&D)活动人员6.60万人，比2005年的5.33万人增长了23.83%。R&D活动经费内部支出145.18亿元，比2005年的92.15亿元增长了57.55%，R&D经费与国内生产总值之比为2.12%。全省地方财政科技拨款额达到17.14亿元，比2005年的6.78亿元增长了152.80%。

表12-1 2005—2008年陕西省科技活动经费投入情况

指标名称	单位	2005年	2006年	2007年	2008年
R&D活动人员	万人年	5.33	5.82	6.51	6.60
R&D经费内部支出	亿元	92.15	101.36	121.80	145.18
地方财政科技拨款	亿元	6.78	10.26	13.30	17.14

◎ 科技产出

在李振声院士、张立同院士、舒德干教授分别荣获全国科技大奖的基础上，2006—2009 年，陕西省共有124个项目获得国家科学技术奖励，接近国家奖励项目总数的10%；861个项目获陕西省科学技术奖，其中一等奖 136 项。2009 年，陕西省专利申请量达 15 570 件，是 2005 年的 3.74 倍。2008 年，国际三大论文检索系统收录陕西省科技人员发表的科技论文 12 761 篇，跃居全国第 5 位。

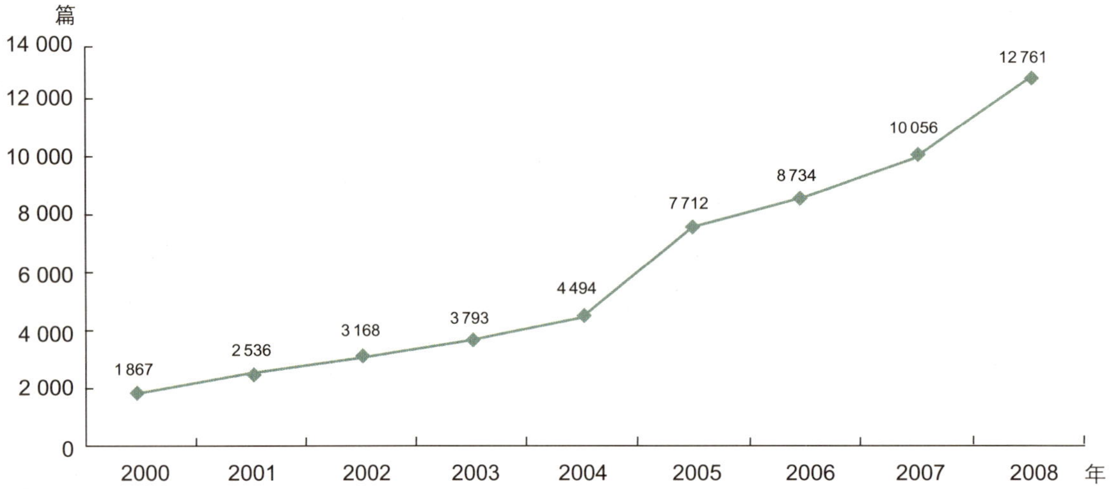

图 12-1　2000—2008 年三大国际论文检索系统收录陕西作者科技论文数

◎ 自主创新与产业化

“十一五”以来，全省积极实施科技创新工程，重点支持具有良好市场前景的新产品开发和产业化，推动了全省科技成果转化和高新技术产业发展，增强了企业的技术创新能力。截至2009年，通过实施“13115”科技创新工程和重大科技创新专项资金项目，共引导社会资金投入 270 亿元，预计将产生经济效益 1 500亿元。全省技术合同交易额由 2007 年的 31.2 亿元增加到 2009 年的 71.6 亿元，两年翻了一番。

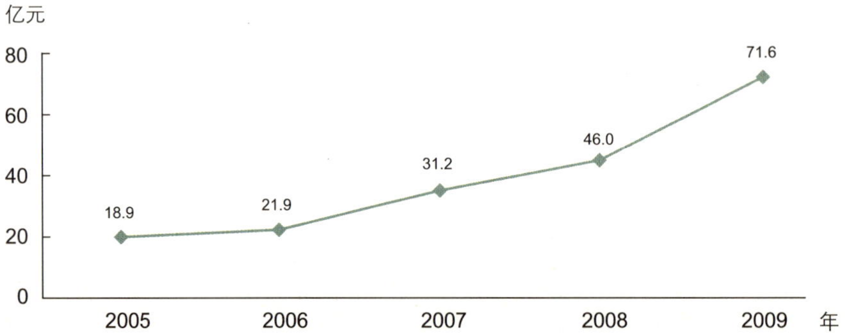

图 12-2　2005—2009 年陕西省技术合同成交额

二、科技重大部署和成就

“十一五”期间，全省科技工作集中力量、集成资源、统一规划，精心组织实施“13115”科技创新工程，加快建设陕西省科技资源中心，不断深化科技体制改革，科技事业取得了跨越式发展。

◎ 实施“13115”科技创新工程

2006年，陕西省委、省政府做出《关于增强自主创新能力提高经济竞争力的决定》，提出启动“13115”科技创新工程。该工程以推动创新型陕西进程为目标，以深化科技体制改革，整合集成科教资源，集中力量重点突破，科技园区带动辐射，科技成果规模转化为主攻方向。截至2009年，“13115”科技创新工程已下达计划项目494项，省级财政资助经费7.9亿元，引导社会资金投入150亿元，产生经济效益1 000余亿元。通过实施“13115”科技创新工程，集中攻克了一批影响陕西经济社会发展的重大科技难题，形成了一批有影响的科技成果，培育了新的经济增长点。

“12 000米交流变频电驱动钻机”项目，使中国成为全球第2个能独立研制12 000米钻机的国家。“高油高产双低杂交油菜新品种选育”项目，共育成审定新品种8个，特别是创制的高油份黄籽种质资源材料，含油量达到60%以上，是中国油菜育种技术上的又一重大突破。“玉米新品种选育及关键技术研究”项目，审定通过了5个玉米新品种，创造了万亩超“吨粮”的全国玉米高产纪录。

图12-3 中国目前适应区域最广，年推广面积最大的高油高产杂交油菜品种

专栏 12-1 “13115”科技创新工程

“13115”科技创新工程，是陕西省委、省政府决定实施的一项科技创新工程。其主要内容是：“十一五”期间，在10个重点领域组织30个重大科技专项，支持建设100个产学研相结合的工程技术研究中心，扶持100个重大科技产业化项目，建设50个科技产业园区。到“十一五”末，高新技术产业产值达到3 000亿元。为了确保工程的顺利实施，2007年出台了《陕西省“13115”科技创新工程重大科技产业化项目管理办法》、《陕西省“13115”科技创新工程重大科技专项管理办法》、《陕西省“13115”科技创新工程工程技术研究中心建设管理办法》和《陕西省“13115”科技创新工程重点科技产业园区管理办法》，制定了项目征集、评审、管理监督等一系列措施。

◎ 搭建资源共享平台

近年来，陕西省一直积极探索科技资源优化整合方案，搭建资源共享平台是整合陕西省科技资源、加快技术转移的一项重要举措。2008年11月，省政府决定建设“陕西省科技资源中心”，重点搭建四大平台和10个系统，形成有效集成科技资源的信息网络和服务体系，建成综合科技创新服务平台。作为科技资源中心建设的重要内容，陕西大型科学仪器设备协作共用核心网吸纳成员单位61家，全年服务单位已达到1 400家，并在全国率先筹备组建专业化分析检测中心及培训基地；科技图书文献资源共享平台用户访问量和原文服务量在全国8个镜像站中连续5年排名第一；以企业孵化器、生产力促进中心为代表的创业服务机构向专业化、网络化发展。

专栏 12-2 陕西省科技资源中心

“陕西省科技资源中心”是2008年省政府第30次常务会议决定启动建设的重点工程，旨在整合全省科技资源，加速技术转移和科技成果产业化步伐，实现将陕西的科技优势转化为经济优势。该中心将优先选择先进制造、能源化工、生物医药、新材料、现代农业等五大领域，重点面向企业主体，搭建资源共享、研究开发、科技成果转化、综合服务四大科技创新平台，建设仪器共享、科技文献共享、科学数据共享、自然资源共享、研发基地协作、公共检测、专业技术服务、技术转移服务、创新创业服务、综合业务管理等十个服务系统，为企事业单位科技创新和生产经营提供公共科技服务。

◎ 科技体制改革与区域创新合作

通过院所企业化转制，开发类科研院所焕发了生机与活力。目前，全省17家转制院所共设立子公司53家，其中注册资本上亿元的有4家。2007年8月，西北有色金属研究院控股的西部金属材料股份有限公司于深交所正式上市，成为西北地区第一家上市的由科研院所转制成的高新企业。中国重型机械研究院通过建立股权和利益激励机制，确立了行业领先优势，研制的重大技术装备创造了180多项“中国第一”。通过战略性重组，西北化工研究院、陕西省石油化工研究设计院、陕西省轻工业研究院整体并入陕西延长石油集团，实现了科研与产业的直接结合。依托高等院校，与企业、研发机构及市（区）政府合作先后组建的工业技术研究院，为促进科技成果转化和军民结合，培育新兴产业，推进陕西工业化进程开辟了新路径。省政府与科技部签订《部省会商工作制度议定书》，开辟了国家与省内科技资源有效对接的新渠道。

三、创新体系建设和重大创新政策

“十一五”以来，陕西以实施“13115”科技创新工程为契机，创新产学研结合模式，完善技术转移体系，积极探索科技金融服务体系，创新农村科技服务体系，初步建立了符合陕西省经济社会发展特点的区域创新体系，有力推动了全省经济社会的全面、协调、可持续发展。

◎ 构建产学研相结合的技术创新体系

为构建产学研相结合的技术创新体系，加快推进陕西省工业化进程，2005年以来，省政府先后批准成立了陕西工业技术研究院、西北工业技术研究院、陕西农产品加工技术研究院、陕西电子工业研究院、陕西能源化工技术研究院和陕西循环经济工程技术院。5年来，工研院积极推动高校、科研院所和企业形成产学研结合体，攻克了一批行业共性关键技术，形成了一批具有自主知识产权的核心技术，在装备制造、能源化工、电子信息、新材料、农产品加工等领域，组织实施了80多项重大科研及产业化项目，获得专利20项，带动投资55亿元；孵化培育科技企业23家，实现产值近10亿元，展现出广阔的发展前景。

◎ 建立部省会商机制

2008年11月，科技部与陕西省政府举行了部省会商工作制度议定书签字仪式，共同签署了《部省会商工作制度议定书》。根据双方达成的议定书，2009年，在科技部的大力支持下，陕西省积极推进杨凌农业高新技术产业示范区发展，加快关中自主创新产业区建设；组织开展煤化工产业关键技术攻关，推动陕北能源化工产业实验区建设，为能源化工产业持续发展提供科技支撑；组织钼、钛材关键技术攻关，优化生产工艺，建好以钼、钛为主的新材料产业基地；大力支持市县科技发展，西安市、宝鸡市先后被批准为国家创新型城市，榆林市被批准建设国家级可持续发展实验区。借鉴部省会商模式，陕西省科技厅与宝鸡市政府建立了科技创新工作会商制度，省市科技资源得到有效整合和发挥。

◎ 完善科技金融服务体系

一直以来，陕西省科技金融服务体系发展相对滞后，科技型中小企业资金缺乏，一定程度上制约了科技成果转化的进程。近年来，为积极支持重点科技成果产业化和科技企业的发展，陕西省逐步加强科技金融统筹合作。2008年，陕西省科技厅分别与中信银行西安分行、中国农业发展银行陕西省分行签订了《关于共同推进陕西科技产业发展的合作协议》、《关于加强农业科技贷款业务合作意向书》，共同推进陕西省科技产业的发展，加强农业科技贷款项目联合工作机制。同时，还通过采取财政贴息政策、加大商业银行对中小企业科技贷款的激励和考核力度、推进科技企业上市融资、加快科技保险发展及推动创业投资和风险投资发展等办法进一步加强科技金融统筹合作。

◎ 完善技术转移体系

近年来，立足解决新时期技术市场工作面临的新问题，陕西省进一步发挥科技资源优势，加强技术市场服务体系建设，建立激励机制。一是进一步落实《陕西省技术转移实施方案》，通过科技计划体制改革，设立技术转移与重点科技推广计划，使技术市场环境得到进一步优化。二是制定了《"陕西省科技人员服务企业行动"实施方案》，并正式启动了"陕西省科技人员服务企业行动"工作。三是积极组织参加东西部贸易洽谈会、杨凌农业高新技术成果交易会及国内大型交易会、博览会、国内国际科技合作交流会等多项合作与交流活动，加强技术转移与科技成果产业化。四是修订《陕西省科学技术奖励办法》，增加了奖励标准和奖励项目数。

◎ 创新农村科技服务体系

"十一五"以来，陕西省加快打造农业技术推广平台，以"科技专家大院"、农业科技"12396"服务热线、"科技特派员"等为代表的新型农业科技服务平台有了突破性的发展。2006年以来，陕西省先后下发了《关于进一步加强我省星火科技专家大院建设的若干意见》、《陕西省农业科技"110"信息服务体系建设专家管理办法》、《陕西省科技特派员农村科技创业行动实施方案》等10多个相关文件，进一步规范和引导全省农业科技服务平台的建设和管理。全省已建起54个省级农业科技专家大院；启动省级科技特派员示范县30个，认定6个科技特派员产业链，其中2个被评为国家级科技特派员创业产业链；全省107个县（市、区）全部开通了农业科技"12396"服务热线。

专栏12-3　农业科技专家大院

1999年，宝鸡市依托西北农林科技大学的技术优势，成功创建了农业科技专家大院，搭建起了一座专家与农民直接对话的平台。经过10多年的探索和实践，截至2009年，全省已建起54个省级农业科技专家大院，覆盖了以畜、粮、果、菜、药为主导的农业产业领域，在农业增效、农民增收和农村发展中发挥了重要的科技引领和支撑作用。农业科技专家大院实现了产、学、研有机结合，为农业专家、农技人员、龙头企业和农户搭建了合作共赢的平台，在服务农业产业化和现代农业创业中取得了显著的成效。专家大院的服务模式，受到了温家宝总理的充分肯定，并被国家科技部作为典型向全国推广。

四、高新技术产业与高新区发展

“十一五”以来，以西安高新区为龙头的关中高新技术产业开发带，已经成为发展高新技术、加速科技成果转化的重要基地，成为陕西省科技创新的重要区域。2009年，面对国内外严峻复杂的经济形势，全省高新技术开发区实现总收入4 083亿元，同比增长28.5%；工业总产值2 903亿元，同比增长11.5%；工业增加值898亿元，同比增长29.1 %；上缴税款225亿元，出口创汇32亿元。

◎ 高新技术产业集群发展

高新区在发展过程中坚持自主创新，加快主导产业发展，促进高新技术产业集群发展、规模跃升，帮助企业做大做强。以西安高新区为龙头的关中高新技术产业开发带，形成了以电子信息、生物工程、新材料、新型医药、航空航天、光机电一体化为主导的新兴产业。西安高新区形成了以高新技术产业为主体，电子信息、生物制药、装备制造、新材料四大产业快速发展的产业格局，四大主导产业实现营业收入占高新区营业收入的85%以上；宝鸡高新区形成新材料、先进制造业两大主导产业，占全区营业收入的70%以上；杨凌农业高新技术产业示范区初步形成了以生物制药、环保农资、绿色食品、涉农服务业为特色的新兴产业格局；西安阎良国家航空高技术产业基地，正在形成以航空高技术产业为先导、先进制造业为支撑、生产服务业为配套的航空产业集群。咸阳高新区、渭南高新区等省级高新技术产业开发区在带动当地区域支柱产业及高新技术产业发展中也有明显的作用。

图12-4 中国自行研发的双涡轮螺旋桨发动机支线飞机“新舟60”

◎ 营造创新创业良好环境

一是加快以创业中心、大学科技园、特色产业基地为主体的科技孵化器建设，使科技企业孵化器在促进科技成果转化、培育中小科技企业发展方面起到了关键性的作用，培育了大批成熟的高新技术企业和企业家。二是为鼓励创新创业，加大政策支持力度。出台了加强投融资服务体系建设的相关政策，设立了5亿元的创业投资和信贷担保母基金，鼓励和引导风险投资机构为中小型科技企业进行股权投资；在产业发展方面，设立了10亿元的创新专项资金和20亿元的产业发展扶持资金，鼓励企业进行自主创新。三是在优化创新创业环境中，高新区更加注重服务和服务效能的提升，相继出台了多项管理制度。实行的“一厅式”办公，从流程中提高服务效率，梳理优化了服务事项和工作流程，服务事项即时办理率由原来的30%提高到68%。

◎ 打造现代农业发展示范基地

杨凌示范区作为全国惟一的农业高新技术产业示范区，经过10多年的建设发展，探索出一种“政府推动下、以农业大学为依托、以基层农技力量为骨干”的农业科技推广新模式，构筑了“大学－试验站－示范户”的科技推广通道，创新了“传帮带”的科技入户模式、以点带面的品牌突破模式、技术集成的基地模式等多种推广模式。杨凌示范区已在全国16个省区建立农业科技示范推广基地151个，对外科技示范推广面积2 300万亩，引进、推广国内外良种1 700多种，培训农民400多万人次，推广农业实用技术1 000余项，推广农林作物良种2亿亩，治理水土流失面积200多万平方公里，受益农民5 000多万人，科技示范产生的效益达到100亿元。

五、“十二五”科技发展规划的基本考虑

陕西省“十二五”科技发展规划以坚持应用为导向、产业技术为主线、产品开发为目标、平台建设为基础的思路，按照支撑资源主导型产业发展、引领战略性新兴产业发展、推动优势特色产业升级、服务民生与社会发展四个重点方向进行战略布局，重点实施“关—天”经济区统筹科技资源改革示范基地建设的“13115”科技创新工程、技术转移与成果转化工程、高校院所服务地方发展工程、知识产权应用工程、科技资源开放共享工程、军民结合科技产业建设工程、特色产业基地建设工程和县域经济科技支撑工程等八大工程，突出抓好科技计划科学化管理、支持高新技术产业开发区、完善区域创新体系、促进科技交流与合作、加强市县科技工作、做好科学普及工作等主要任务。

第二节 甘肃省

"十一五"期间，甘肃省始终把提高自主创新能力作为调整产业结构、转变经济增长方式、增强区域竞争力的中心环节，坚持以应用为导向的自主创新，坚持科技体制改革与创新体系建设相结合，技术创新与制度创新相结合，着力建立以企业为主体、市场为导向、产学研结合的技术创新体系，有力地推动了甘肃科技工作全面发展，初步实现了由主要依赖资源向主要依靠科技创新推动经济社会发展的战略性转变。

一、科技发展总体进展

2006年全国科技大会之后，甘肃省深入贯彻落实科学发展观和全国、全省科技大会精神，制定并实施了《甘肃省中长期科学和技术发展规划纲要（2006—2020年）》和《甘肃省"十一五"科技创新发展规划》，确立了建设"创新型甘肃"的奋斗目标。"十一五"以来，甘肃省科技总体实力有所提升，科技创新环境进一步改善，科技资源进一步优化，2008年，全省拥有科技活动机构602家、科技活动人员5.6万人，以企业为主体、市场为导向、产学研相结合的甘肃技术创新体系初具雏形。自主创新能力明显提高，取得一批具有重要影响的科技成果，综合科技进步水平明显提高，初步实现由主要依赖资源向主要依靠科技创新推动经济社会发展的战略性转变，推动了区域科技进步与创新。

◎ 科技投入

"十一五"以来，甘肃科技投入稳步增加。2008年，全省全社会科技经费内部支出达到66.6亿元，是2005年的1.45倍，R&D内部经费支出达到32.5亿元，比2005年增长了66.7%。R&D经费占GDP比例为1.02%。工业企业科技经费内部支出占全社会的65%，企业已成为科技投入的主体。启动了10个重大专项，重点支持科技项目274项。科技投入总量增加，结构进一步优化。

◎ 科技进步水平

甘肃综合科技发展水平进一步提高，科技进步贡献率持续增强，科技进步幅度相对较快。2008年，甘肃省综合科技进步水平居全国第22位，综合科技进步水平增幅接近全国平均增长水平（2.59%），达到2.17%，增幅位于全国第8位，"十一五"期间科技进步水平呈现均衡上升态势。

◎ 科技产出成效

2006—2009年，全省科技产出成果丰硕，共取得省级科技成果3 097项，授予省级科学技术成果奖励718项，获得国家科技奖项23项。2008年，甘肃省共发表国际论文3 657篇，排在国内第19位。2006—2009年，全省申请专利达7 922项，其中授权专利4 179项，分别比“十五”期间增长54%和71%。“十一五”期间，实现技术交易额115.96亿元，比“十五”增长241%。相对于R&D经费投入，2008年产出国际国内论文总数和国内发明专利授权数居全国第2位，科技活动产出居全国第9位。

◎ 科技创新能力

“十一五”以来，甘肃加强基础研究和应用基础研究能力，已建立8个国家重点实验室，27个省部级重点实验室。重离子物理、辐射技术、选择氧化催化、冰川冻土、沙漠化防治、高原气象、草业科学以及藏语信息系统等基础研究领域处于国内领先地位，知识创新能力显著提升。截至2009年底，全省共建立省级以上工程技术研究中心82个、企业技术中心84家，国家级企业技术中心已达11家，列全国第20位。有8家企业列入国家创新型企业试点，60家企业列入省级创新型企业试点，金川集团有限公司、天水星火机床有限责任公司跻身国家创新型企业行列。

◎ 优势特色产业

2006年，甘肃省启动了《甘肃省“十一五”科技创新和发展规划》确定的10个重大专项，3年间组织实施重大科技专项课题174项，投入政府资金1.1亿元，平均资助经费64万元/项，带动社会资金2.1亿元。2006—2008年，重大科技专项项目数、投入经费数都呈增长态势，有效提升了甘肃省优势特色领域的科技水平，对整体提升甘肃省优势及战略产业竞争力具有重大影响。马铃薯、高原夏菜、草食畜牧、苹果、油橄榄、棉花、啤酒花产业等农业区域特色支柱产业和风电、新材料、生物医药等优势及新兴产业快速发展，并获得显著经济社会效益，自主创新显著提升了甘肃省重点优势产业的科技水平和竞争力。

二、科技重大部署和成就

◎ 以自主创新推进创新型甘肃建设

“十一五”以来，甘肃省委、省政府确立建设创新型甘肃的远景目标；与科技部建立了部省会商机制；设立了科技重大专项计划，加强重点优势领域关键核心技术开发和产业化，自主创新推进创新型甘肃取得显著成效。重大专项省级财政科技投入拉动社会投入的比例是1∶19，财政科技投入产出综合经济效益达到1∶40，项均培养博硕士2.7人，产出的地方标准占到全省的14%。一批项目取得了关键核心技术的突破，重大科技专项项目“Ⅲ价轮状病毒基因重配株疫苗研制”、“重离子束治疗深部肿瘤的动物实验”、“镍及镍合金系列产品的研发及产业化”、“TA288型气腿式凿岩机研制开发及产业化”、“沙眼衣原体金标检测试剂盒、结合抗体及弓形虫抗体金标检测卡产业化”等一批项目取得了关键核心技术的突破，获得显著经济社会效益。

◎ 科技合作交流

“十一五”期间，甘肃省开展了有重点、多层次的国际科技合作，形成了“项目－人才－基地”相结合的国际科技合作新模式，组织实施国家及省级科技合作项目近百项，推进中医药、生物技术、新材料、制造业和农业等重点优势领域的合作与交流；建立4个“国际科技合作基地”，“国际反质子与离子大科学研究合作机构”成为国际联合研究中心。组织了太阳能、草地可持续发展、药业发展、中兽医药学技术、雨水收集与利用等20余个国际研讨会和培训班，国际科技合作交流取得显著成效。开展了与中国科学院第二轮科技合作，启动实施中国科学院“科技支甘工程”，2006—2009年中国科学院在甘科技合作和科技成果转化项目产生的销售收入超过55亿元，利税逾10亿元。双方在科技成果转化、共同争取国家重大项目支持、用高新技术改造甘肃传统产业、为生态环境建设和解决“三农”问题提供科技支撑等方面取得显著成效，国内合作进一步深化。

◎ 产学研合作

“十一五”期间，甘肃产学研合作更加广泛，走向更高层次。天水星火机床公司与省内外10余所院校建立长期技术合作关系，在车铣复合加工、大型数控超精密镜面加工设备开发方面取得了显著成效。金川公司与兰州大学、南京大学等高校建立了金属化合物、金属化学联合实验室，每年安排8 000万元左右用于高等院校和科研院所承担课题。白银市积极开展产学研合作，以科技创新促进城市转型，已与国内外210家机构建立了合作关系，累计实施合作项目260多个，正在合作实施的500万元以上重大产业化项目70多个，2010年被省政府确定为甘肃省产学研合作示范市。建立了数控机床、绿色镀膜新材料、太阳能光热应用和环保节能建材等产业技术创新战略联盟，将产学研合作推向高层次、紧密化。

◎ 科技创新人才

2008年，甘肃省拥有科技活动人员5.6万人，R&D人员2.03万人，分别比2005年增长11.5%和28.5%。2006—2009年，全省有3名科学家当选中国科学院院士和中国工程院院士。在装备制造、石油化工、有色冶金、能源、电子信息、特色农业、生态环保等重点学科和领域选拔支持领军人才943名。29名高级专家被甘肃省政府选聘为特聘科技专家。

“十一五”期间，甘肃已建成16个省属科研院所研究生联合培养基地，已初步形成了“基地化管理，两段式、双导师培养，产学研结合”的研究生培养管理模式。

◎ 科技支撑经济社会发展能力

“十一五”以来，甘肃省推动了装备制造、新材料研发、节能减排与循环经济、动植物新品种选育、新药创制和重大医疗技术与装备开发等重点领域科技创新，科技支撑新兴产业和经济社会发展取得了明显的成效。全省首台3兆瓦风力发电机组在酒泉下线，3兆瓦成套技术取得突破。酒泉国家风电装备高新技术产业化基地挂牌，风电装机突破500万千瓦，风电装备制造业基地投产一年多累计销售收入突破200亿元，酒泉千万千瓦级风电基地建设及装备制造业进入快速发展阶段。10兆瓦光伏并网发电示范工程开工建设。国家重大科学工程——兰州重离子加速器冷却储存环(HIRFL-CSR)建成，重离子束治疗肿瘤临床试验研究取得新进展，疗效显著。

旱地全膜双垄沟播降水高效利用技术（简称全膜双垄沟播技术）破解了半干旱地区降水利用率低的问题，使旱作农业区水分利用率由目前的50%左右提高到了70%以上，玉米平均亩产达到577.5公斤，增产率达到30%以上。全膜双垄沟播技术已在甘肃大面积推广，2009年增加粮食产量95.9万吨。航天育种、农业节水技术大面积推广，取得显著成效。

图12-5 中科院兰州近代物理所兰州重离子加速器冷却储存环（HIRFL—CSR）主环

专栏 12-4 重大科技工程——兰州重离子加速器冷却储存环

2007年建成的兰州重离子加速器冷却储存环(HIRFL-CSR)系统，是中国自行设计建造的第一台规模最大、能量最高、加速粒子种类最多的重离子同步加速器冷却储存环系统。利用重离子技术治疗癌症取得重大突破，2009年兰州重离子治癌中心已落户兰州，使中国成为世界上第四个实现重离子临床治癌的国家。

三、创新体系建设和重大创新政策

“十一五”期间，甘肃省加强重大创新政策的制定与实施，着力提高省属科研院所科研环境和创新能力，加快重点实验室、工程技术研究中心等创新高地的建设，积极支持科技创新服务平台建设，强化人才培养，初步形成以企业为主体、市场为导向、产学研相结合的技术创新体系，增强了科技持续创新能力。

◎ 制定与实施科技创新政策

2006年以来，甘肃省制定并实施《甘肃省中长期科学和技术发展规划纲要（2006—2020年）》和《甘肃省“十一五”科技创新发展规划》，相继制定颁布和印发了《实施〈甘肃省中长期科学和技术发展规划纲要（2006—2020年）〉若干政策措施》、《甘肃省人民政府关于进一步深化科技体制机制创新的意见》和《甘肃省科技人员服务企业“百团千人”行动实施意见》、《关于全面推进科技特派员基层创业行动的意见》、《甘肃省领军人才队伍建设实施办法》、《甘肃省科技厅关于依靠科技创新培育战略性新兴产业的意见》等重大创新政策，组织制定了《甘肃省知识产权战略纲要》，为科技创新发展营造了良好的氛围，为甘肃省科技工作提供了重要的保障。

◎ 提高省属科研院所科技创新能力

“十一五”期间，甘肃省加强省属科研院所创新能力建设，实施了省属重点科研院所能力建设计划、省属科研院所科技创新团队建设计划和省属科研院所学科带头人培养计划等，制定相应的管理办法，印发了《关于进一步推进甘肃高等学校与省属科研院所联合培养研究生工作的指导性意见》，26个省属重点科研院所、26个省属院所科技创新团队、16个省属院所研究生联合培养基地、一批学科带头人得到重点支持，省属科研院所在科技基础条件、申请和承担国家项目、高层次人才培养、专利、成果和论文产出均大幅度提高。

◎ 强化企业技术创新主体地位

制定了《甘肃省技术创新引导工程实施方案》、《甘肃省创新型企业试点方案》，设立技术创新专项经费，启动实施“甘肃省技术创新引导工程”，有8家企业列入国家创新型企业试点，60家企业列入省级创新型企业试点，金川集团有限公司、天水星火机床有限责任公司跻身国家创新型企业行列。组织实施省级高新技术企业认定工作，鼓励企业建立技术研究开发机构，对以企业为主申报的项目给予优先资助和奖励，引导和支持企业建立产学研创新战略联盟，全面落实国家科技税收优惠政策，完善对高新技术产业的金融支持，促进企业成为技术创新的主体。

◎ 科技创新高地建设

组织实施重点试验室、工程技术研究中心等创新高地建设计划，制定并印发《甘肃省工程技术研究中心管理办法》、《加快省重点实验室发展的意见》，支持企业、高校和科研院所建立工程技术研究中心和重点实验室，强化其建设、运行与管理。2006—2009年，甘肃省新增国家级重点实验室3个、省部重点实验室1个，新增国家级工程技术研究中心3个、省部级工程研究中心53个，国家级企业技术中心8家、省级企业技术中心13家。创新高地建设取得显著进展。

◎ 科技创新服务平台建设

为促进全省科技资源的优化配置，提高装备水平和资源利用率，制定并颁布了《2005—2010年甘肃科技基础条件平台建设纲要》、《关于加强甘肃省科技创新服务平台建设的实施意见(试行)》等，大力推进科技基础条件平台、行业创新平台和区域创新平台建设，6大科技基础条件平台、4大行业技术创新服务平台建设初见成效，建成了一批数字化特色资源数据库，科研生产急需的公共资源实现开放整合。

◎ 创新人才培养机制

设立了“甘肃省特设首席专家岗位”，在海内外公开招聘高层次人才，开放研究与人才机制，形成独具特色的开发创新基地和人才培育基地；启动了省属科研院所学科带头人培养计划、省属科研院所科技创新团队建设计划和省属科研院所与高等院校联合培养研究生试点，继续实施“西部之光”人才培养计划，颁布并实施《甘肃省领军人才队伍建设实施办法》，对有突出贡献的科技人员授予“甘肃省科技功臣”奖。

四、高新技术产业与高新区发展

“十一五”期间，甘肃着力培育和扶持高新技术企业，大力推进高新技术产业化基地和高新技术开发区建设，充分发挥高技术引领作用，提高特色优势产业的竞争力。

◎ 高新技术产业建设

2009年，甘肃省高新技术企业162家。2008年，甘肃省高新技术产业实现产值59.58亿元，主营收入53.87亿元，利税13.42亿元，分别比2005年增长36.8%、37.5%和187.9%。医药制造业、电子通讯设备制造业占相对优势，其产值分别占高新技术产业总产值的67.7%和21.8%，高新技术产业规模有所增加，效益大幅提高。兰州中药现代化、兰州石化新材料、金昌有色金属新材料、酒泉风电装备、天水先进制造等六大高新技术产业化基地跨入国家高新技术产业化基地行列。中药材基地规模不断扩大，药材年加工量约为10万吨。贞芪扶正系列、奇正藏药系列、独一味系列等以药材为主原料的特色产品享誉国内。

◎ 高新区发展

"十一五"以来，甘肃高新区坚持突出重点、完善功能、创新引导，一手抓硬件配套，一手抓软环境服务，为企业提供全方位的优质服务，促使高新产业得到快速发展。全省拥有兰州高新技术产业开发区1个国家级高新技术产业区，金昌高新技术产业开发区、白银高新技术产业园、天水农业高新技术示范区和张掖农业高新技术产业示范区4家省级高新技术产业开发区。2008年，兰州、白银、金昌3个高新区实现工业总产值547.8亿元，上缴税金30.6亿元。

甘肃省天水农业高新技术示范区航天育种在国内具有领先地位，在国际上也达到了先进水平。位于甘肃天水的中国西部航天育种基地是中国产学研合作航天蔬菜新品种生物育种、制种与推广产业化基地。已在太空诱变、分子生物学航天育种、制种等方面取得了重大突破，达到了国际先进水平。已选育成功并通过审定的作物新品种22个，其中"十一五"期间通过审定的21个。已累计推广航天蔬菜新品种96万亩，实现农业增加值达6.8亿元，总产值68亿元。

图12-6 甘肃天水农业高技术产业园航天育种基地育成的航天蔬菜、花卉新品种

五、"十二五"科技发展规划的基本考虑

"十二五"科技发展规划要坚持以重大战略需求为导向，坚持以自主创新能力建设为核心，坚持以创新体制机制为动力，坚持更加开放、更加广阔的视眼，坚持充分发挥市场机制配置资源

的基础性作用，以创新驱动发展、绿色发展、改善民生和提高科技竞争力为根本要求，依靠科技创新改善生态环境、培育战略性新兴产业和高新技术产业，加快建设创新型甘肃步伐，实现经济社会又好又快发展。大力发展战略性新兴产业，坚持以需求为导向，集聚各类科技资源，造就一批充满活力的高技术产业群，服务于经济结构优化升级，为经济社会又好又快发展提供有力的科技支撑。

第三节 青海省

“十一五”期间，青海省紧紧围绕提高区域创新能力、建设创新型青海的主线，按照省委、省政府确立的“四区、两带、一线”的功能区划进行重点部署，突出科技富民、科技强省、科技自身发展 3 个层面，优化科技发展环境，加强科技能力建设，推动科技成果转化，全省科技工作取得新进展。

一、科技发展总体进展

“十一五”以来，青海省科技工作紧紧围绕以科技创新推动循环经济、生态经济、低碳经济和民生经济发展，为建设新青海提供支撑的工作重心，突出科技富民、科技强省、科技自身发展3个层面。在全国创新资源配置不均衡而导致的青海区域创新能力总体较低的客观背景下，青海省保持了较快的区域创新实力和创新能力演进速度，区域科技创新环境得到显著改善与跨越式发展，显示出较好的创新产出效率和效力，区域科技创新能力也得以显著提升。

就衡量区域科技创新能力核心指标——R&D活动经费占地区国民生产总值的比例来讲，纵向统计，青海省R&D经费在2006年和2007年分别实现了13.07%和14.00%的增速，2008年全省R&D经费较“十五”末增加1亿元，达到39 495万元，其中企业R&D经费在2006年和2007年经历了快速增长，达到26 822万元，占R&D经费总量的68%，企业尤其是工业企业已成为科技投入的主体。

“十一五”以来，青海省区域创新能力增速较快，根据中国科学院创新发展研究中心发布的《2009中国创新发展报告》的研究结果：除中国台湾、香港特别行政区、澳门特别行政区、海南和西藏自治区外，青海在全国 29 个省、自治区、直辖市的排名中，从区域创新实力演进来看，反映区域创新活动规模的区域创新实力指数从2001年的0.08增长到2007年的0.59，年均增速达

38.42%；具体而言，创新投入实力指数年均增速高达77.96%；创新条件实力指数、创新影响实力指数年均增速位居全国榜首；创新产出实力指数年均增速接近20%，居第12位；从区域创新效力演进来看，2007年创新投入效力指数位居全国24位，增速在5%～10%；创新产出效力指数全国排名15位，年均增速不到5%；创新条件效力指数位居19位，年均增速在20%以上，全国排第2位；创新影响效力指数位居25位，年均增速位居全国第7位。

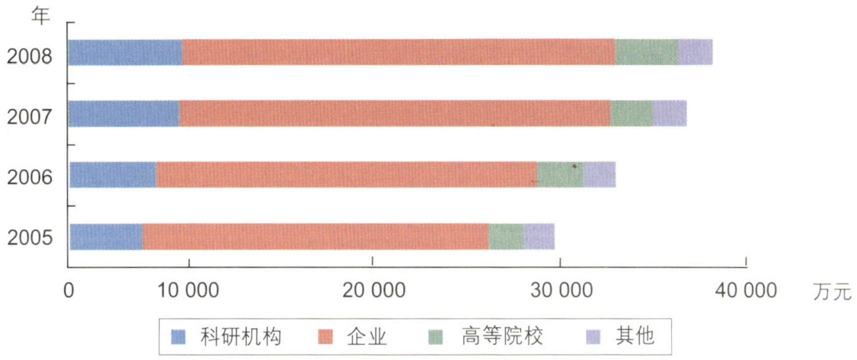

图12-7 青海省2005—2008年按部门分类的R&D经费

二、科技重大部署和成就

◎ 加速科技难题攻关

为扭转青海因科技资源匮乏形成的被动局面，从2001年起，青海科技管理部门大胆创新，率先对重大科技攻关项目面向省内外公开招标，在国内科技界引起强烈反响。几年来，先后公开招标44个重大科技项目，总资助经费占到同期省级科技三项费总额的25.3%，招标项目数量和资助经费强度在全国各省区少有。据统计，在已招标实施的项目中，共有545名省外高层次科技人员参与攻关，承担单位项目匹配资金多达3亿元以上，资助经费与匹配资金的比例达1∶8。这些招标项目研究开发工作进展顺利，绝大多数项目在技术上有所突破。截至2009年，已开发出新产品35项，研发新材料36种，新建中试线及生产线5条，实验基地及示范点56个，获得专利12项，发表论文及研究报告215篇。部分项目已经顺利通过验收并应用于生产，已产生直接经济效益近1.3亿元。通过招标，优化了科技资源配置，提高了科技成果水平，促进了科技成果转化，扩大了青海的科技合作与交流，培养和锻炼了科技队伍，一批长期困扰青海经济发展的关键技术难题得以攻克，在引进技术、人才和资金等方面一举多得。

◎ 联合组织实施支撑和振兴全省重点产业的"123"工程项目

为着力解决制约全省区域优势产业发展的瓶颈问题，振兴重点产业提供强有力的科技支撑，政府牵头，成立由主管经济省领导为组长，主管科技省领导为副组长，科技厅、发改委、经委和财政厅作为成员的协调小组，创新机制，统筹管理，加强部门联动，计划省级财政三年将增加投资1亿元支持科技创新，着重突出新能源、新材料、盐湖化工、装备制造等重点领域，由政府组织实施以10个新近消化吸收再创新项目、20个联合攻关项目、30个自主创新项目为重点的“123”工程。通过“123”工程建设，引导和激励企业开展自主创新、引进消化吸收再创新以及联合攻关，尽快振兴和促进青海省若干重要产业在短期内有新发展，并着眼在一定时期内培育新的战略性产业，形成新的经济增长点，带动产业结构调整和发展方式的转变。力争3年内实现新增产值300亿元以上。

截至2009年底，60个项目中已有49个项目开工建设，占项目总数的81.7%；已完成投资49.265亿元，占项目预计总投资的22.18%；其中，18个项目完成产业化核心技术的攻关，申请及取得了49项国家发明专利或实用新型专利；21个项目试生产或已投产，实现产值45.715亿元。一是亚洲硅业（青海）有限公司实施的“千吨级多晶硅产业化一期工程”项目，引进国际上先进的氢化炉及其生产工艺技术，通过消化吸收再创新研究，攻克了多晶硅生产的关键技术问题——四氯化硅处理及再利用问题，使副产品得到回收利用，极大地提高了资源利用效率，避免了过度污染问题；对多晶硅生产中产生的余热进行了充分利用，提高了热能利用效率。成功生产出高品质多晶硅，顺利实现达产达标。二是中信国安联宇钾肥有限公司实施的“年产15万吨硫酸钾镁肥工艺技术改造及工艺优化”项目，在国家科技人员服务企业科技项目支持下，攻克了低品位含钾硫酸盐矿生产硫酸钾镁肥工艺技术。三是青海江仓能源发展有限责任公司实施的“高原环境下炼焦工艺适应性研究”项目，攻克了高原环境下，工业化配煤、捣固、室式炼焦工艺技术，实现了利用青海炼焦煤高原环境下配煤炼焦技术的突破，使焦炭质量由原来的三级冶金焦稳定的提高到优质一级冶金焦的水平，年产值达12亿元以上。四是青海百通高纯材料开发有限公司实施的“硅系铁合金冶炼矿热炉烟气余热利用技术”项目，在国内率先利用硅铁矿热炉余热发电，已攻克“锅炉清灰困难、锅炉产蒸汽不稳定和余热发电”等关键技术难题，并获得两项国家发明专利，填补了中国硅铁冶炼烟气余热发电技术空白，而且为全省在硅铁行业大力推广节能技术提供了技术支撑。

◎ 建设国家可持续发展实验区

青海省通过加大对重点项目和平台的滚动支持，积极推进国家可持续发展实验区建设进程。海西州实验区的建设以构建盐湖资源开发为核心的资源综合利用产业体系为目标，以基地建设为主体（主要包括柴达木化工研发基地、盐湖资源综合开发技术示范基地和盐湖产业基地），并且充分发挥基地之间协同联动、相互促进的作用，整合优势资源，提供技术储备，加速成果转化和示范，以促进产业升级，壮大产业集群。

立足于海南州畜牧业资源丰富，位于三江源生态环境保护区及周边地区，具有生态保护和经济发展的双重任务和交通便利等基础，以保护和恢复生态功能、促进地区经济发展、实现农牧民小康生活为目标，以生态畜牧业发展为主线，以培育移民后续产业，以保持生态、生产和生活协调发展为基本思路，明确生态环境保护与恢复重建、草产业发展、有机畜产品的生产加工和开发利用、三江源城镇化建设与生态移民安置模式、现代畜牧业物流中心建设、社会化综合服务体系建设等六大重点任务，加大对生态治理、草种繁育、草产品加工、舍饲养畜、新能源等技术集成及示范推广和专项支持，全力推进海南州实验区工作。海西州和海南州两个可持续发展实验区分别于2008年、2009年获批国家级可持续发展实验区。

图 12-8 亚洲硅业"千吨级多晶硅产业化一期工程"多晶硅生产线

同时，在省级专项和积极争取国家项目等方面，加大了对三江源生态综合治理实验区及青海湖周边区域生态治理研究方面的支持，为生态监测和治理修复体系建设提供了支撑技术，以保障生态功能区的可持续发展。

◎ 积极推进特色产业技术创新战略联盟建设

长期以来，国家对青海盐湖资源综合利用及相关产业延伸的科技工作给予了大力支持，仅"十一五"以来，就有"卤水资源综合利用技术研究"、"柴达木循环经济区多金属资源循环利用关键技术研究"、"盐湖镁材料开发关键技术研究"和"柴达木盐湖资源综合利用关键技术研究与开发”四项国家科技支撑计划项目获得国家支持，资助经费共计6 936万元，通过这些项目的实施突破了多个技术瓶颈，建立了一批工业示范线，培养了一支长期服务于盐湖科技的人才队伍，促进了盐湖产业的发展壮大。例如，由华东理工大学与青海盐湖集团股份有限公司承担的国家攻关项目“千吨级氯化镁脱水工业性试验”为引进加拿大万吨级金属镁项目的消化、吸收提供了大量前期研究数据和成果。

在此基础上，为进一步加快建立以企业为主体、市场为导向、产学研相结合的技术创新体系，探索产学研有机结合的模式，积极推进全省特色产业技术创新联盟的建设。2008年组织以青海盐湖工业集团公司为骨干，联合省内外包括清华大学、华东理工大学、中南大学、中科院过程所、中科院青海盐湖研究所等14家盐湖产业相关大型企业、科研院所和大专院校成立了“盐湖资源综合利用技术创新联盟”，引导和支持人才要素向企业集聚，充分发挥各自优势，整合资源，为突破产业链延伸的重大关键技术，促进新兴产业集聚发展，进一步发挥科技引领和支撑作用。

◎ 完善企业创新的公共服务体系

为加速高新技术成果产业化，培育战略性新兴产业，青海省积极推进海西（国家级）盐湖特色材料高新技术产业化基地和西宁（国家级）太阳能光伏高新技术产业化基地的建设。

海西盐湖特色材料高新技术产业化基地依托青海盐湖集团、青海中信国安、格尔木藏格钾肥、青海西部镁业、青海锂业等盐湖开发企业，通过实施一批高水平科技创新项目，建设完整的盐湖资源综合利用产业链，培育核心技术和自主知识产权产品，形成高品质钾、镁、锂、硼、锶、溴、

图12-9 盐湖镁资源综合利用工业示范线

碘产品综合开发新局面。西宁太阳能光伏高新技术产业化基地依托西宁经济开发区东川工业园形成多晶硅制造、晶硅切片、太阳能电池及组建、太阳能发电平衡部件、太阳能光电建筑材料等太阳能光伏产业基地，依托省内外大专院校、科研院所，通过实施一批太阳能光伏应用及发电科技示范项目，形成太阳能发电试验示范基地和太阳能光伏系统检测及关键部件研发基地，最终建成集研发、光伏产业、光伏应用、光伏发电为一体的太阳能光伏高新技术产业化基地。

与此同时，青海省还联合中国中医科学院、西藏自治区、甘肃省完成《藏医药产业创新支撑平台项目实施方案》，此项工作得到科技部的大力支持。藏医药产业创新支撑平台的建设，将对加强藏医药现代化研究基础力量，提升藏医药产业创新能力，推动藏民族医药事业的科学发展发挥重要和持续作用。

专栏 12-5 青海省国家盐湖资源综合利用工程技术研究中心

盐湖资源是中国经济社会发展的重要战略资源，也是青海省优势资源。面对制约中国盐湖工业可持续发展的科技瓶颈问题，加快以盐湖资源为主体的循环经济产业链技术的研究与开发成为当务之急；为突破盐湖资源特色产业链的共性和关键性技术，加快该领域技术开发、工程化研究、成果转化、技术辐射和人才培养，青海省加大力度支持盐湖资源综合利用工程技术研究中心建设。首个国家级工程技术研究中心——国家盐湖资源综合利用工程技术研究中心通过科技部批复组建，实现了青海省国家级工程技术研究中心零的突破。

三、创新体系建设和重大创新政策

◎ 健全项目管理机制

按照建立结构合理、配置科学、程序严密、制约有效的权利运行机制的要求，不断健全科技计划项目管理机制，完善科技政策。一是严格遵照《省科技厅工作规则》规定的议事程序，在项目立项过程中全面引入专家评审机制，建立起全新的省级科技计划项目的立项审批、跟踪管理和后评估制度。二是完善科技政策，促进科技工作日趋规范。为建设产学研相结合，更加开放、更具活力的科技创新体系，青海省科技厅根据科技管理工作的需要，先后制定出台了《青海省基本科技计划管理暂行办法》、《青海省重大科技专项计划管理暂行办法》、《青海省重点实验室管理办法》、《青海省科技型中小企业创业投资引导基金管理暂行办法》等规范性文件。拟定并报请省政府出台了《青海省关于增强科技创新能力的若干政策措施》，从增加科技投入、税收激励、金融支持、知识产权创造与保护、人才队伍建设、科技创新基地与平台建设、考核管理等 7 个方面制订了 19 条政策措施，以期创造良好的政策环境，有效促进科技创新能力的提高。

◎ 调整项目计划体系

按照省委、省政府的要求和全省经济社会发展的需求，科技工作的重心逐渐转移到适用技术的研究、开发、推广应用上；主攻方向转移到解决困扰全省经济建设的重大技术难题上。集中力量支持优势、特色和新兴产业发展，突出专项集成，新启动实施了优势矿产资源勘探开发技术、特色材料开发技术、节能降耗及新能源利用技术、特色农牧业开发技术、特色动植物资源和中藏药开发技术、生态保护及恢复技术等10个专项。2006—2008年，全省取得科技成果643项，其中国际领先水平的19项，国际先进水平的56项，国内领先水平的169项，国内先进的202项，有538项成果得到不同程度的应运，应用率达89%。据对其中产生经济效益的成果统计，实现利税37.99亿元，节约资金15.2亿元。受理专利申请1 143件，获得授权695件。解决了钾肥生产、资源勘探、石油开发等产业化前期和重大工程建设中的技术关键和瓶颈，培育推广了优质春油菜、马铃薯等作物新品种以及优质草品种，为全省产业结构调整，发展特色经济提供了科技支撑。

四、高新技术产业与高新区发展

◎ 提升重点领域企业创新能力

随着青海省资源综合开发利用在广度和深度上的不断推进，迫切需要依靠科技创新来支撑和引领。实现科技创新，核心是发挥企业的科技创新主体作用，关键是打造和完善科技创新平台，构建起单体充满活力、群体优势互补的科技创新体系。为此，结合“123”工程建设已推进新兴产业领域的7家企业建设成为国家创新型企业。

与高新技术企业认定工作相结合，开通专利申请绿色通道、加大对具有自主知识产权产品开发的资金支持、通过项目支持鼓励科技人员服务企业等措施，引导创新要素向企业集聚，加强高新技术企业培育、巩固创新主体地位，加快创新体系建设。截至2009年，青海省高新技术企业达到32家，高新技术产业化监测值为28.16%，在全国排名28位；高技术产业增加值率2008年为57.77%，位列全国第一，2009年为39.17%，位列全国第五。

◎ 推进高新技术产业园区建设

尽管高技术产业增加值率位列全国前列，但青海高新技术产业化水平仍然较低，在全国排名落后，位列29名。为加快产业结构调整步伐，促进经济发展方式转变，青海省加大以高新技术提升地方特色产业的力度，以青藏高原独特的动植物资源为依托，以中科院西北高原生物所藏药中心为技术平台的生物产业园区的建设已初具规模。此外，青海省积极推动生物园区升级国家高新区，以突出地方特色资源的高值化利用和传统藏医药产业的现代化，形成独具规模和联动效应的专业产业链，发展强势产业具有较强的辐射带动效应。同时，充分发挥高新区在彰显区域资源优势、提高农牧民收入、延续民族文化生命力、改善创新创业环境、构建多元化人才引入机制等方面起到强有力的示范作用。

五、科技战略研究与“十二五”科技发展规划

为深入贯彻青海省委第十一届六次全会精神，积极探索着力推动跨越发展、绿色发展、和谐发展和统筹发展的宏观战略，以科学发展观为统领，着眼于青海省未来5年经济社会发展以及“建设创新型青海”的需要，从战略性、全局性、前瞻性和可操作性的高度进行总体设计和统筹安排，全面启动“十二五”科技发展战略研究，旨在突出特色优先、整合资源、加强攻关、搭建平台、引领支撑的基本原则，以产业结构调整为主线，全面提升区域创新能力，为青海经济社会实现科学发展提供支撑。

第四节
宁夏回族自治区

“十一五”以来，宁夏认真贯彻落实全国科技大会精神，紧紧抓住国家实施西部大开发的历史机遇，全面贯彻落实科学发展观，牢固树立科学技术是第一生产力的战略思想，坚持“自主创新、重点跨越、支撑发展、引领未来”的科技工作方针，解放思想，开拓创新，扎实推进创新型宁夏建设，为经济社会发展起到了重要的支撑和引领作用。

一、科技发展总体进展

2006年以来，宁夏科技投入大幅增加，科技创新实力显著增强，科技人员结构进一步优化，科技产出成绩喜人。

◎ 全社会科技投入

2009年，全区科技活动经费支出额19.7亿元，比2005年翻了一番；R&D经费10.44亿元，是2005年的3.1倍；地方财政科技拨款4.7亿元，占地方财政支出4.5%；尤其是近3年，国家和自治区科技项目投入达5.8亿元，带动全社会开展科技创新活动投入资金30亿元。

◎ 科技创新体系

截至2009年，宁夏有科研机构49所，普通高等学校13所，组建各类重点实验室15个，工程

技术研究中心24个，技术创新中心29个，企业技术中心45个，企业或行业战略联盟4个，搭建起宁夏自然科技资源共享平台和3个大型仪器共享服务分中心，各类科技中介服务机构发展到260余家。

◎ 科技人才队伍结构

2009年，全区各类专业技术人员达到15万人，其中从事科技活动的人员1.6万人、R&D人员6 919.5人年，分别比2005年增长47%和82%。有中国工程院院士1人，国家级学术技术带头人9人，有突出贡献中青年专家32人，国家“百千万人才工程”人选71人，享受国务院特殊津贴人员661人，自治区学术技术带头人选292人。有5 140名科技特派员常年活跃在企业和农村基层开展创新创业服务活动。

◎ 科技活动产出

2006—2009年，自治区级科技成果登记量704项，专利授权量2 708项，有284项科技成果获省部级科技进步奖，10项获国家科技进步奖和发明奖，2人获何梁何利基金科技创新奖。其中，2009年全区科技成果登记量达到206项，比2005年增长47%；专利授权量910项，百万人口专利授权量和亿元GDP专利授权量均居全国中上水平。科技进步水平综合指数全国排名由2005年的第28位跃升至2009年的第19位，科技促进经济社会发展指数由2005年的26位提升到22位，科技活动产出由2005年的30位跃升到16位。

二、科技重大部署和成就

围绕“建设创新型宁夏”的科技发展战略和《自治区“十一五”科技发展规划》，组织实施了一批重大科技专项并取得突破，建立起新的科技计划管理体系，营造了良好创新环境，科技合作与交流向多层次、多渠道、宽领域方向发展。

◎ 支撑“五优一新”产业发展

围绕宁夏能源、煤化工、新材料、装备制造、特色农产品加工和高新技术等“五优一新”产业集群发展的重大关键技术问题，自治区集中90%的工业科技发展资金，安排156个项目，力促“五优一新”产业技术创新。百万千瓦超超临界空冷机组工程等技术达到国际先进水平；物理冶金法多晶硅制备技术居国内领先水平；重型燃气轮机发电设备配套关键铸钢件生产填补了国内空白；大型煤基甲醇生产装备形成了一系列具有自主知识产权的科研成果；短流程镁合金生产技术、镁冶炼节能减排技术、生物发酵分离纯化清洁生产技术等循环经济项目取得突破，对发展低碳经济、保护资源环境产生了积极的示范意义。光伏产业发展初具规模，形成年产多晶硅约1万吨能力。

图 12-10 宁夏首座 330 千瓦光伏并网试验电站

◎ 实施“5183 农业科技工程”

“十一五”期间，宁夏启动实施了“5183 农业科技工程”，在品种选育、节水灌溉、病虫害防治等方面取得了一批科技成果，实现了水稻 934 公斤、玉米 1 314 公斤的历史最高单产；全区农作物优良品种覆盖率达到 90%，农业新技术推广覆盖率超过 75%，畜禽改良率达到 90% 以上。建立了三农呼叫中心和农业 12396 信息服务体系，在全国率先实现了村村通网络、村村有信息服务站的目标，成为全国第一个国家级农村信息化省域，探索出了农村农业信息化建设的长效机制和“平台上移，服务下延”的建设模式。枸杞、酿酒葡萄、灵武长枣、硒砂瓜、清真肉奶等产业化开发取得突破；中低产田改造利用、节水技术、旱作农业综合增产技术、黄土高原综合治理等农业生产关键技术的研发和推广应用，为不同生态区农业可持续发展提供示范样板。

◎ 加快民生等社会发展领域的科技进步

在防沙治沙、盐碱地改良、中药材种植、医药卫生、防灾减灾等领域组织开展了一批重点科技攻关项目，取得了显著成效。国家盐碱地改良项目，改良盐碱地 6.5 万亩，资源化处理燃煤电厂脱硫废弃物 12.7 万吨；国家中药材现代化科技产业（宁夏）基地项目通过科技部验收，被授予“国家中药现代化科技产业（宁夏）基地”；“宁夏农村卫生适宜技术推广示范项目”有效解决了看病难、看病贵的问题；回族医药创制、中医药古籍和文献整理挖掘以及回医民间系统疗法研究取得突破；大力发展沙产业，已形成沙区中药材产业、沙区草畜产业、沙区硒砂瓜、沙漠设施农业等多领域特色产业。

◎ 深化科技计划管理体制改革

“十一五”期间，宁夏着力创新科技管理模式，构建起“权责明确、定位清晰、结构合理、运行高效”的“2+2科技计划”体系；制定和完善了《宁夏“十一五”科技攻关计划管理办法》等10多个科技政策，对重大科技项目推行了招投标制、项目监理制、追踪问效制、绩效评价制和信用评估制，提高了科技计划的公信度和执行力；进一步加强与相关部门、行业以及地方的协调配合，加强与国家科技计划的衔接，改变了科技资源配置分散重复的局面。

◎ 深入开展科技特派员创新创业行动

宁夏科技特派员创业行动通过合理配置行政、社会和市场资源，支持、鼓励、引导各行各业的科技人才投身于农业生产第一线，与农民群众建立多种形式的利益共同体，逐步建立了符合当前社会主义新农村建设要求的科技特派员创业长效机制，较好地实现了政府意志、群众愿望、市场对接、产业发展的多赢结合，科技特派员创业行动成为推动县（市）区科技工作的有效形式，受到各级领导的广泛认可，科技部领导多次赴宁调研，“宁夏模式”在全国被推广。各类特派员累计转化科技成果2 300多项，推广新技术646项，引进新品质1 200多个，引导特色产业种植面积150多万亩，法人特派员资产规模达到12亿元。枸杞、清真牛羊肉、设施果菜等3个科技特派员“创业链”被列入国家科技部科特派“创业链”项目。

图12-11 科技特派员现场传授葡萄夏季修剪技术

专栏 12-6　科技特派员"宁夏模式"

2002年宁夏启动实施了"科技特派员创业行动"，经过几年探索和实践，形成"立足科技项目、突出科技创业；实施体制创新，注重金融推动；坚持市场导向，实行三线推进"的"宁夏模式"，较好实现了政府意志、群众愿望、市场对接、产业发展的多赢目标，受到科技部、人社部充分肯定，并向全国推广。目前，宁夏科技特派员队伍发展到5 140名，形成了由点及面、由"线"到"块"的星火燎原之势，释放出勃勃生机。

◎ 实施创新团队建设工程

完善以能力、业绩为导向的人才评价、选拔、使用和分配制度，支持高层次技术创新人才向企业集聚。发布了《自治区创新团队建设工程实施方案》，评审确定了32个自治区重大科技创新团队。2009年，安排1 000万元首次柔性引进两院院士31名，国内知名专家17名，全职引进急需紧缺博士60名、硕士231名，建立了12个专家服务基地和10个院士工作站，44名高层次人才被聘为"自治区特聘专家"。

◎ 积极应对金融危机

为贯彻《国务院关于发挥科技支撑作用促进经济平稳较快发展的意见》精神，自治区出台了《关于发挥科技支撑作用促进经济平稳较快发展的意见》，启动实施了与保增长、扩内需、调结构紧密相关的15个自治区科技攻关重大专项；启动开展企业科技特派员创新创业行动，选定106名精英投身宁夏97家中小企业开展技术服务工作，获得国家经费资助2 000万元，一批科技成果得到快速转化，产学研合作长效机制建立，企业生产工艺得到改进，技术得到更新，有效应对了金融危机带来的冲击。

三、创新体系建设和重大创新政策

近年来，宁夏组织实施了"科技实力培育工程"，在创新平台建设、科技资源共享、企业孵化基地建设等方面加强顶层设计，科技支撑能力进一步增强。

◎ 以企业为主体的自主创新能力

通过开展创新型企业创建工作，激励企业加大研发投入，加强企业技术开发机构和产业化基地建设，大力推进产学研合作和核心技术研发，企业已成为全区研发投入、技术创新活动和创新成果应用的主体。2009年，企业R&D经费达到8.5亿元，占全区R&D经费支出的81.8%；企业成果登记数为56项，占全区的27.1%，专利申请量达到1 277件；拥有企业技术中心45个，其中国家级企业技术中心8个；高新技术企业由2005年的9家发展到25家。2006—2009年间共争取到国家科技型中小企业创新基金项目100项、资金4 735万元，支持企业创新创业。到

2009年底，有1家企业被确定为“国家创新型企业”、3家企业成为“国家创新型试点企业”。

◎ 以研究开发为主的科技平台建设

围绕自治区经济社会发展重大需求，组建各类重点实验室15个，有固定研究人员332人，承担各类科研项目575项，获得1.03亿元的项目经费支持。组建工程技术研究中心24个，有职工681人，投资总额2.54亿元，承担各类科研项目529项，推广转化科技成果307项，建立农业示范基地85个，示范面积110万亩，获得收入4.15亿元。

◎ 以资源共享为核心的科技服务平台建设

大型科学仪器设备共享平台入网仪器586台，62家共用协作单位，仪器总值2.4亿元，入网仪器利用率从2006年的62%提高到2009年的79%；电子期刊总量达到21.07T，科技类图书共486.69万册、专利文献6万件；科技中介服务机构发展到260余家，基本建成了科技孵化园、软件孵化园和新材料孵化园、中小企业创新服务平台、技术产权交易服务平台、星火远程教育服务平台；宁夏农业科技服务110形成了区县乡三级连通、横向协调的工作体系。

◎ 出台促进科技创新政策

2008年，国务院出台了《关于进一步促进宁夏经济社会发展的若干意见》，国家科技部出台了《关于进一步支持和促进宁夏科技事业发展的政策措施和落实要求》，提出26项促进宁夏科技发展的重点措施，并制定了配套政策。宁夏人民政府与科技部建立部区会商机制，签署了《科学技术部宁夏回族自治区人民政府部区工作会商制度议定书》，围绕绿色农产品基地建设、宁东能源化工基地发展、中南部生态文明建设、特色新材料产业技术升级和区域创新体系建设五个议题，自治区本级财政安排经费6 420万元开展科技攻关与成果转化，争取到国家科技计划项目经费2.5亿元，取得一批创新性成果，有力推动了宁夏科技进步和经济社会发展。同时，自治区党委、政府先后出台了《关于发挥科技支撑作用促进经济平稳较快发展的意见》、《关于加强农业和农村科技工作的意见》、《关于科技支撑新能源产业发展的意见》、《关于深入开展科技特派员创业行动的意见》等10多个方面的科技政策文件，形成了全社会共同推进科技进步的良好局面和“一把手”抓第一生产力的工作机制，创新氛围进一步浓厚。

四、高新技术产业与高新区发展

依靠自主开发和对高新技术的引进吸收，宁夏已形成了涵盖新能源、新材料、机电一体化、生物医药、电子与信息、高效节能与环保、现代农业等领域的高新技术产业，银川高新技术产业开发区已成为宁夏高新技术产业的重要培育基地。

◎ 高新技术产业

2009年，全区高新技术产业实现工业总产值97.03亿元，工业增加值26.44亿元，占全区工业增加值的7.7%，比上年增长55.49%，高新技术产品出口达到4.5亿美元。总收入过亿元的高新技术企业13家，过500万元的有22家。宁夏东方钽业跻身国际钽铌铍材料领域三强；宁夏启元药业有限公司成为世界最大的盐酸四环素、红霉素生产基地；吴忠仪表股份有限公司成为国内智能型电动执行机构龙头企业；宁夏共享铸钢有限公司技术创新能力在国内同行业中始终处于领先地位；宁夏小巨人机床有限公司的产品技术水平已达到国际先进水平。高比容钽粉、细径钽丝等高新技术产品的产量分别占到世界市场的25%和45%；以工业自动化仪表，铁路牵引变压器，精密、高速、低噪音轴承，智能化数控车床、立卧式加工中心、柔性制造单元和柔性制造系统（FMC/FMS），重型和超重型煤矿机械等为代表的机电一体化产品，在国内同行业中具有较强的竞争优势；生物医药业已成为宁夏重要的特色优势产业，四环素产量占全国产量的72.18%，贸易量约占世界的70%，硫氢酸红霉素产量占全国产量的近50%；抗生素类兽药特色鲜明，泰乐菌素产量约占全国产量的75%以上，盐霉素约占全国产量的65%。

◎ 银川高新区发展

银川高新区初步形成了机械装备制造、新材料、精细化工等特色优势产业，已成为宁夏对外开放的窗口和新的经济增长点，是最适宜创业、最适宜发展的工业新区。面对金融危机的不利影响，开发区全力支持企业化危为机，加大技术改造和技术创新力度，研发新产品，不断拓展市场，取得了积极成效。2009年，开发区全年实现GDP64.7亿元，同比增长22.1%；工业总产值131.5亿元，同比增长21.7%；工业增加值41.7亿元，同比增长22.6%；技工贸总收入241亿元，同比增长36.1%；本级财政预算收入同比增长26%；固定资产投资31亿元，同比增长40.9%。

五、“十二五”科技发展规划的基本考虑

在“十二五”期间，科技工作的主要任务是实施“6255”科技创新工程，即：培育发展60家高新技术企业，提高企业核心竞争能力；启动实施20个重大科技专项，提高经济社会发展的科技支撑能力；培育建设50个优势科技创新团队，提高创新人才保障能力；搭建完善50个科技创新平台，提高自治区科研创新基地的研发能力。力争在西部大开发下一个10年末，使科技工作形成一套较为完善的区域创新体系；工业的优势领域达到国内或国际先进水平，引黄灌区农业科技水平达到全国先进水平；全社会研究与试验发展投入比2010年增加2倍；科技进步贡献率接近60%。

第五节 新疆维吾尔自治区

“十一五”期间，新疆开展科技工作始终以科学发展观为指导，紧紧抓住中央对新疆加大扶持力度的机遇，坚持把自主创新作为调整经济结构和转变发展方式的中心环节，紧密围绕优势资源转换和重大产业振兴，大力实施面向优势资源转换的科技创新战略，积极推进“创新型新疆”建设，在制约经济社会发展的关键技术、核心技术研发方面取得了突破性进展，有效地推动了自治区重点产业和战略性新兴产业的发展。

一、科技发展总体进展

自2006年全国科技大会以来，新疆科技工作按照自治区“十一五”科技发展规划提出的目标和要求，认真贯彻“自主创新、重点跨越、支撑发展、引领未来”的方针，全力推进面向优势资源转换的科技创新战略，科技投入不断增大，科技产出显著提高，科技基础条件和创新环境进一步优化；科技实力进一步增强，有效地支撑了全区经济社会的发展。

◎ 科技投入与科技产出

2006—2009年，新疆财政科技拨款合计14.83亿元，其中自治区本级财政科技拨款5.93亿元，比“十五”末增加2.37亿元，增长66.36%。企业科技投入不断增加，2008年企业经费筹集额达到42.52万元，较2005年增长了106.7%；企业科技投入在全区科技经费筹集额中的比例也不断提高，2005年为73.57%，2008年达到78.14%，增加了4.57个百分点。全区研究与试验发展（R&D）经费2008年总支出16.06亿元，比2005年增长150.55%，与自治区生产总值（GDP）之比为0.38%，达到历史最高水平。按R&D活动人员（全时当量）计算的人均经费支出为18.20万元，比2005年增加8.98万元。自治区财政科技投入的持续增长，极大地促进了科技活动和科技产出，已初步形成包括政府拨款、银行贷款、企事业自筹、民间集资、国际资助等渠道在内的多元化科技资金投入格局。

2006—2009年，新疆累计取得重大科技成果667项，其中获得国家和自治区奖励的成果367项；专利申请量9 810件，获专利授权6 080件；全区技术市场技术合同成交数达到8 697项，技术合同成交额27.58亿元。2008年新疆高技术产业总产值为19.6亿元，主营业务收入17.84亿元，利润2.53亿元，税金3.69亿元。

◎ 科技创新实力

截至2008年底，自治区公有制企事业单位五大类各类专业技术人员41.43万人，其中科学研究人员2 261人、工程技术人员和农业技术人员分别为49 175人和31 799人。科技活动人员数3.92万人，其中科学家和工程师2.24万人。县及县以上政府部门属自然科学研究与技术开发机构106个，企业技术开发机构80个，高等学校研究与发展机构17个。有4名中国工程院院士。

据科技部公布的2009年全国科技进步统计监测结果显示，新疆的综合科技进步水平指数排在全国第17位，与2005年相比，名次上升了6位，并且从第四类地区跃升至第三类地区。其中，科技进步环境指数超过全国平均水平，由“十五”末的16位上升至第7位；科技促进经济社会发展指数大幅提高，在全国的排名也由“十五”末的25位上升至目前的17位；科技活动产出指数排在全国第11位，处于中上游水平。但高新技术产业化指数排在全国第28位，2006年、2007年新疆高技术产业规模以上企业增加值占规模以上企业工业增加值比率分别为0.33%、0.48%，而全国同期的比率分别为11.04%、9.93%，与全国平均水平存在着很大的差距。

◎ 科技基础条件和创新环境

2006—2009年，自治区新增重点实验室12家，工程技术研究中心10家，科技成果转化基地25家。全区现共有重点实验室23个（其中3个为省部共建），工程技术研究中心20个（其中4个为国家级）；生产力促进中心22个（其中全国示范中心5个）；成果转化基地39个；高新技术产业开发园区9个（含国家级乌鲁木齐高新技术产业开发区）；国家农业科技园区1个；大学科技园5个；高新技术企业163家（按照国家新标准认定的高新技术企业89家）。

二、科技重大部署和成就

按照自治区党委和政府的要求，结合新疆经济社会发展中存在的问题，对自治区“十一五”科技工作进行了部署，启动实施了“自治区重大科技专项”和“全国科技支疆行动”，推行“县市科技工作年”，推进“科技富民强县工程”，全面推行科技特派员制度，为新疆实现经济社会全面协调可持续发展提供支撑。

◎ 实施重大科技专项

2006年，自治区党委、人民政府印发了《自治区科技发展第十一个五年规划》和《关于面向优势资源转换加强科技创新的意见》。自治区科技厅紧密围绕“十一五”自治区经济社会发展对科技的需求，组织了对重大专项的设计和策划。

自2007年自治区重大专项实施以来，共安排重大专项20个，包括77个课题。专项计划投资

专栏 12-7 “奶产业技术开发与集成示范”重大科技专项案例

“奶产业技术开发与集成示范”完成品种登记3万余头，DHI测定11 221头，检测奶样12 428份；推广优秀公牛细管冻精35万支，生产性控胚胎500枚，完成胚胎移植500例；建立1 000头以上的高产奶牛核心群3个，成年母牛数量达到2万头以上，改良低产奶牛15万头。研发出1种抗生素替代品并进行中试，推广了2种益生素添加剂，开发出1种新型高效棉酚脱毒工艺，制定出高产饲用甜菜种植技术和青贮玉米一年两熟种植技术，使自治区饲草料生产总量增加了40%以上。引进、集成了6种奶牛常见病和3种暴发性疫病检测试剂盒和技术方法；研发出乳品掺假快速检测试纸9种，掺假快速检测试剂5种，开发出具有新疆特色的新型特色乳产品和饮品6种，项目累计经济效益达2.3亿元。完成技术培训7场，累计培训人数达6 000人次以上；发表文章47篇；申请专利共计10项，其中发明专利3项。

图 12-12 奶产业技术开发与集成示范

总额146 899.4万元，其中自治区科技拨款18 800万元，承担单位自筹资金128 099.4万元。

◎ 全国科技支疆行动启动

2008年，科技部出台了《关于推进科技支疆工作的若干意见》，自治区人民政府制定了《关于鼓励开展全国科技支疆行动的若干规定》，设立了科技支疆专项经费。科技部决定从2010年起，每年安排2 000万元专项经费，支持实施科技支疆合作项目。自治区人民政府与中国科学院的合作不断推进，与清华大学启动了新一轮全面战略合作。国家知识产权局出台了《关于进一步促进新疆知识产权事业发展的若干意见》，并和自治区人民政府建立了知识产权工作合作会商制度。

2008年和2009年，自治区累计安排科技支疆项目190项，重点支持石油化工、煤化工、建筑节能、环境保护、先进制造、农副产品精深加工、种质资源引进、生物医药等领域，合作单位涉及20多个省市，项目总投资391 383.5万元，安排自治区财政拨款6 105万元，带动项目承担单位自筹及部门和区外匹配资金385 278.5万元，吸引高层次人才、专家127人来新疆从事科研、开发、技术服务，引进或商定共同开发科技成果134项。

◎ 实施“县市科技工作年”、“科技富民强县工程”

自治区自2005年起，先后在全区95个县市实施“四大工程”（区域支柱产业培育工程、农村科技服务体系建设工程、科技兴新素质工程、县市区科技局管理能力建设工程），共安排项目122个；区、地、县三级共投入67 074.604万元，其中自治区投入3 373.8万元，地州市投入10 017.17万元，县市区投入53 553.634万元。初步实现了提高县市区科技工作在推动科技进步和区域发展上的成效，提高县市区科技工作对科技兴县市区的影响力，提高科技作为第一生产力的显示度的工作目标。

专栏12-8 “人工栽培管花肉苁蓉生态科技产业”科技项目案例

于田县通过“人工栽培管花肉苁蓉生态科技产业”项目的实施，积极开展自治区科技特派员试点工作，与自治区和内地的科研院所、高等学校积极开展科技合作，共同开发管花肉苁蓉产业。2005—2007年人工定植、接种红柳大芸8.1万亩，推进全县红柳大芸国家农业标准化示范区建设，引进培育和田天力沙生药业股份有限责任公司科技龙头企业，完成了1万亩红柳大芸无公害绿色产品、有机产品生产基地申报和认证工作。管花肉苁蓉已成为和田地区新的经济增长点，于田县被农业部授予全国管花肉苁蓉之乡。

积极争取“国家科技富民强县工程”项目，为加速新疆县域经济社会发展提供科技支撑。目前，全区30个县（市、区）被列为国家科技富民强县专项行动计划县市，获得国家资助经费4 798万元，自治区按照1∶1配套安排经费4 598万元，直接参与项目的农民达到25.44万人，辐射带动农民233.28万人。培训人数近89.73万人次；新建各种技术平台305个，引进新品种386个、推广新技术195项，引进人才453人；推广新技术面积289.08万亩，项目累计开发新产品172个，申请专利152项。

◎ 科技特派员制度全面推行

2007年，自治区下发了《关于在全区推行科技特派员制度的意见》；2009年又出台了《关于深入开展科技特派员农村科技创业的实施意见》、《科技特派员创业专项贷款暂行办法》等一系列政策措施。2009年启动实施了“企业科技特派员专项行动”，力争在3～5年时间内下派500人次的企业科技特派员到200家企业开展科技服务。

图 12-13 人工栽培管花肉苁蓉生态科技产业

全疆共有3 010名科技特派员和新疆农科院、新疆畜科院、昌吉农职院、巴州农科所等4个法人科技特派员，科技特派员推广先进适用技术4 008项，引进优良品种4 661个，培训农牧民644万人次，发放技术资料651万份；建立科技特派员示范基地987个，服务的村（场）达4 012个；直接服务农户33万户，辐射带动195万余户农民，科技特派员驻点村的农民人均收入增幅达14.63%，科技特派员参与、建立农民专业合作社及科技特派员协会等各种农业专业合作组织150个；科技特派员工作站201个；科技特派员创办的企业106个，企业总资产规模3 680万元，实现利润1 022万元。

三、创新体系建设和重大创新政策

“十一五”期间，自治区科技工作将增强自主创新能力作为优化产业结构、推进经济转型升级的中心环节，大力推进“技术创新引导工程”、农村科技服务体系建设、自治区科技风险投资等工作，充分发挥政府的主导作用，发挥市场在科技资源配置中的基础性作用，发挥企业在技术创新中的主体作用，进一步形成科技创新的整体合力。

◎ 推进“技术创新引导工程”

“十一五”期间启动的重大科技专项“企业技术创新引导工程”，共设创新型企业试点、中小企业技术创新公共服务平台建设、特色产业创新集群培育等三个课题。目前共确定了14家创新型试点企业、8个中小企业技术创新公共服务平台和5个特色产业集群。新疆自治区已有7家企业列入国家创新型企业。

◎ 推进农村科技服务体系建设

通过农业科技成果转化、科技富民强县、星火、科技特派员创新创业等项目的实施，科技成果转化与应用的强度及速度有较大幅度的提高，对县市整体发展进步的拉动效果日趋显著。

目前，自治区累计组织建设星火学校78所，星火农业科技专家大院模式14个，龙头企业研发中心7个，农业专业技术示范协会5个，农村区域科技成果转化中心5个，农业信息化基地5个。

◎ 推行自治区科技风险投资

为推动新疆科技风险投资事业的发展，指导创业资本投向和产权的有序流转，加快科技成果的转化和产业化，从2006年将自治区科技型中小企业技术创新基金资本金纳入到自治区科技风险投资试点工作中，开展股权投资试点。截至目前已累计投资了13家科技型企业，累计投资金额315万元（其中60万元是回收资金的再投入）；通过股权转让退出企业4家，退出金额80万元；收回投资20万元。2008年风险投资专项资金对4家科技型企业进行了投资，累计投资480万元。这些投资主要涵盖了全区环境保护、软件开发、石油化工、节水灌溉、生物制剂与医疗卫生等发展领域。通过科技风险投资的引导，拉动企业和社会投入近亿元。获得科技风险投资支持的企业，累计实现销售收入超过3亿元，实现利税超过500余万元，主导产品32个，已申请或受理专利18项，引导企业用于技术研发投入3 200万元，占销售收入的10%以上，新增社会就业岗位500余人。

四、高新技术产业与高新区发展

“十一五”期间，围绕培育和发展战略性新兴产业这一重点，进一步培育和发展高新技术产业，加强高新技术园区能力建设，在新能源、新材料、先进制造等重点领域，充分发挥企业创新主体作用，促进高新技术企业、产业的规模化聚集，提高企业技术创新能力。

◎ 高新技术产业发展

新疆高新技术产业主要分布在信息、新能源、新材料、先进制造、生物与新医药、现代农业、资源与环境等7个技术领域。2005—2009年，新疆高技术产业规模以上企业实现工业产值分别为3.86亿元、14.12亿元、20.34亿元、19.84亿元、23.16亿元，4年平均增幅为81.03%。2006年以来，新疆已经制定出台的规划纲要配套政策77个，初步奠定了高新技术产业发展的政策环境。同期，新疆在技术产权市场、政府采购、科技金融服务等方面进行一些探索，努力为高新技术产业发展营造良好的市场环境。另外，自治区科技中介服务机构的数量、能力与规模得到增长和提高，科技中介机构的服务体系已经初具雏形，生产力促进中心、科技信息与文献服务机构、科技风险投资服务机构、担保服务机构、科技企业孵化器、科技创新创业服务平台等都有不同程度的发展，为高新技术产业发展提供了良好的服务环境。

专栏 12-9　新疆新能源科技产业发展案例

新疆太阳能热利用市场主要以家用紧凑型太阳能热水器和太阳能热水工程为主，家用紧凑型太阳能热水器约占市场份额的82%，太阳能热水工程约占市场份额的18%。已初步形成了太阳电池加工、电池组件封装、光伏电站关键技术设备生产等比较完整的制造业体系，在光伏电站勘测、设计、施工、安装技术等方面达到国内先进水平，具有自主开发光伏电源和电站设备的能力。现已形成了以新疆金风科技为风电装备产业龙头的风电产业发展链条。截至2009年7月底，新疆电网在运行风电场7座，装机容量为611.8MW。

图 12-14　全国最大单机容量为 150kW 的北塔山太阳能光伏电站

◎ 高新技术园区能力

新疆地区共有国家级高新开发区1个、国家级农业科技园区1个、国家大学科技园1个，自治区级高新技术产业开发区3个、高新技术工业园7个、农业科技产业园1个。乌鲁木齐高新技术产业开发区已成为国家科技兴贸创新基地，2009年高新区继续保持了快速发展的势头，全区营业总收入同比增长30.58%，工业增加值增长速度为30%。

2009年，乌鲁木齐高新区完成地区生产总值96.47亿元，同比增长22.5%；营业总收入525.6亿元，同比增长30.58%；工业总产值94.3亿元，同比增长32.48%；工业增加值23亿元，工业增速为30.5%；固定资产投资41.56亿元，同比增长71.95%。实现招商引资招商引资总额145亿元，超额完成年度计划的38.1%，同比增长80.5%；区外实际到位资金41.6亿元。全年引进工业项目12个，大企业、大集团总部项目16个。全年用于科技投入资金达1.28亿元，占财政总支出的10.3%，为2008年的4.5倍。

五、“十二五”科技发展规划的基本考虑

按照中央关于新疆“大建设、大发展、大开放”和“推进新疆跨越式发展和长治久安”的战略部署，在总结分析“十一五”科技发展规划执行情况的基础上，结合《全国科技援疆工作五年规划》，明确了“实施科教兴新、人才强区、知识产权三大战略，推进创新型新疆建设”的“十二五”新疆科技发展思路，着力突破促进产业振兴和战略性新兴产业发展、提高健康水平和改善民生的科技问题，前瞻部署面向优势资源的基础性研究和高技术研究，加快建立以企业为主体、市场为导向、产学研相结合的技术创新体系，推动新疆走上创新驱动、内生增长的发展轨道。

第六节 新疆生产建设兵团

“十一五”以来，在新疆生产建设兵团党委、兵团的高度重视下，在科技部的大力支持下，兵团科技工作坚持“自主创新，重点跨越，支撑发展、引领未来”的方针，科技事业发展取得明显成效，科技支撑、引领兵团经济社会又好又快发展的作用更加凸显。

一、科技发展总体进展

（一）全面落实中长期规划纲要

为贯彻国家《国家中长期科学和技术发展规划纲要（2006—2020年）》，兵团制定了《兵团中长期科学和技术发展规划纲要（2006—2020年）》，对今后15年兵团科技创新的目标和重点进行了全面部署，确定了走自主创新道路、建设创新型兵团的战略目标。“十一五”以来，兵团大力实施“科教兴兵团”和“人才强兵团”战略，围绕经济社会“四个重大转变”的战略任务，全面贯彻“自主创新、重点跨越、支撑发展、引领未来”科技工作方针，把提高自主创新能力摆在兵团全部科技工作的突出位置，把集成创新、引进技术的消化、吸收再创新作为提升兵团自主创新能力的主要途径。全社会高度重视科技工作，创新环境越来越好，科技进步对经济增长的贡献份额大幅提高，兵团科技进入了加速发展时期。

（二）全面实现兵团"十一五"科技发展规划目标

"十一五"期间，兵团科技工作以提高优势资源转换能力和市场竞争力为核心，围绕农业产业化、新型工业化、城镇化、生态环境保护和推进屯垦戍边新型团场建设等五项战略任务，组织科技攻关，全面实施"十一五"科技发展规划。建立了专业比较齐全、布局相对合理、具有区域特征的研究与开发体系、技术推广体系、科技管理与服务体系，创新能力明显增强；基础研究、重大专项、产学研合作、科技支疆等项目的实施，取得了一批具有自主知识产权的产业关键和共性技术成果，开发了一批高新技术产品，促进了传统产业升级和高新技术产业发展，科技支撑、引领兵团经济社会又好又快发展的作用更加显现；科技投入较快增长，争取国拨经费实现新的突破，兵团本级科技投入大幅增加，有力地支持了科技事业的发展；人才结构进一步合理，人才队伍素质进一步提高；科技基础条件进一步改善，一批重点实验室、工程技术中心经改造、提升，功能更加完善；配套政策体系进一步完善，为兵团科技进步创造了良好的发展环境。

◎ 科技投入

2007年兵团科技大会召开后，进一步明确了兵团本级科技三项费每年不低于15%增长的长效投入机制，兵团本级科技投入大幅度增加。兵团本级财务（政）科技拨款由2006年的2 065万元增长到2009年的4 206万元，增长了103.68%；全兵团研究与试验发展（R&D）活动经费由2006年的3.67亿元增长到2008年的4.774 6亿元，增长了29.97%；企业投入的科技活动经费为9.94亿元，较2004年增长7.8倍。

科技部进一步加大了对兵团科技工作支持，科技经费支持力度不断增强。2007年以来，兵团共组织申报的9个由地方牵头组织的国家科技支撑计划项目均得到科技部立项支持(2007年7项，2009年2项)，实现了新的突破；2009年，兵团组织申报的"重要人兽共患病胞内寄生菌病流行特征及病原致病机制研究"和"等离子裂解煤关键设备及工艺"项目分别列入973计划和863计划重点项目，取得了历史性突破。仅2009年，当年到位科技部国拨经费9 275万元，比2008年增长38.9%，相当于"十五"期间5年科技部支持兵团科技经费的总和。

◎ 科技人才队伍

截至2009年底，全兵团专业技术人员达到12.5万人；全兵团从事科技活动人员达9 830人。规模以上工业企业从事科技活动人员2 973人，是2004年的1.5倍。截至2009年底，全兵团拥有工程院院士1名，享受政府特殊津贴专家286人。初步形成了具有较强研究、开发、推广和管理能力的科技队伍，拥有能承担国家和兵团重大科技项目的创新团队70多个。

◎ 科技基础条件

兵团现有国有独立科研机构17个，综合性大学2所，建立了专业比较齐全、布局相对合理、具有区域特征的研究与开发体系、技术推广体系、科技管理与服务体系。截至2009年，兵团共有10个重点实验室（其中科技部省部共建国家实验室培育基地3个，教育部重点实验室2个），8家博士后科研工作站，30家企业工程技术研究中心（其中国家级工程技术研究中心1家，国家级企业技术中心3家，国家地方联合工程研究中心2家，自治区和兵团共同认定的企业技术中心24家），各类中试、示范基地12个；现有科研仪器设备6 302台（套），总值达20 685万元。

◎ 科技创新成果

“十一五”以来共取得国家和省级科技进步奖248项，其中国家科技进步二等奖3项，省级科技进步奖245项（其中一等奖6项，二等奖78项，三等奖161项）。2006—2009年，全兵团专利年授权数由125件增长到210件，增长了68%。截至2009年底，全兵团累计专利申请总量达2 220件。

二、科技重大部署和成就

（一）科技任务的部署情况

围绕经济社会“四个重大转变”的战略任务，在认真分析兵团经济社会发展的科技需求基础上，制定出台了《兵团党委关于增强自主创新能力促进兵团经济社会又好又快发展的意见》和《兵团中长期科学和技术发展规划纲要》，提出了“建立完善的科技创新体系和高效运行机制，现代农业高新技术普遍应用，优势资源转化能力显著提高，高新技术领域取得重大突破，生态环境明显改善，高水平的科技创新队伍基本形成”的科技发展战略目标。“十一五”期间，为推进兵团新型工业化、农业产业化和新型团场建设进程，率先在西北实现全面建设小康社会目标提供科技支撑，兵团科技工作认真贯彻落实“科教兴兵团”和“人才强兵团”战略，确立了科技发展的主要任务：一是建立和完善兵团科技创新体系；二是加强兵团科技能力和科技基础条件平台建设；三是在农业、工业和社会发展三大领域组织关键共性技术攻关；四是实施五大科技示范工程建设。大力推进企业技术创新工程，提升企业自主创新能力。大力推进农业科技体制改革，加快农业科技资源优化整合。加强兵团南疆科技工作，实现区域科技的统筹协调发展。建立科技项目质量管理长效机制，提高科技管理的科学化水平。

（二）进展和成效

◎ 农业科技支撑农业结构调整的能力

围绕建设国家优质商品棉基地的需求，实施了“杂交棉强优组合选育与产业化技术集成示范”、

“棉花大面积超高产综合配套技术研究与示范”等一批重点项目，在优良品种培育、杂交棉制种、超高产高效栽培、全程机械化等方面取得重大突破，建立了杂交棉高效生产技术体系；畜牧业方面，“绵羊育种新技术——中国美利奴肉用、超细毛、多胎肉用新品系的培育”获2007年国家科技进步二等奖，杂交改良本地羊超过100万只，育肥出栏160多万只，促进养羊业从单一毛用向兼用、肉用型及羊毛生产向高支精纺转变；额尔齐斯河特种鱼人工繁育及大规格鱼种培育研究，薰衣草等香料植物优质高效生产技术集成与产品开发，红枣、香梨特色果蔬优质高产栽培技术研究与应用，解决了兵团特色产业发展和农业结构调整中的关键技术。

图12-15 兵团自主研发的采棉机在试机

专栏12-10 棉花精量铺膜播种机具的研究与推广

该成果由新疆农垦科学院农机所和兵团农机推广中心共同完成，2008年获国家科技进步二等奖。针对棉花生产中大面积推广膜下滴灌及精量播种技术开展攻关，研制的精量铺膜播种机通过省级新产品鉴定，取得农业机械推广许可证并进入国家补贴目录。产品为中国独创，填补了国内外同类机具的空白，获国家授权专利7项。系列机型已在新疆全面推广，在黑龙江、甘肃部分地区推广，3年共推广大型机5 400多台，仅兵团棉花精播面积达1 200多万亩。

◎ 工业科技助推企业提升核心竞争力

“宽带隙半导体材料碳化硅晶体产业化关键技术研究”，研制开发出第三代碳化硅晶体生长炉，形成年产近2万片碳化硅晶片的产能，成本仅为国际同类产品的1/8～1/10。“超级电容器电极用多孔炭材料关键技术及设备的研发”，研制开发了年产50吨的中试生产线，首批试制品经韩国、日本及国内部分电容器厂家试用，主要指标接近或超过日本产品，打破了发达国家对该领域的技术封锁；通过对国际先进节水灌溉技术和设备的引进、消化、吸收与创新，开发出具有自主知识产权的滴灌带生产设备，整机造价仅为进口设备的1/8，开发的一次性可回收边缝式迷宫滴灌带年投入仅为80～120元/亩。农民用得起的“天业滴灌系统”累计推广3 000多万亩，辐射全国24个省（市、自治区）及7个国家，“西部干旱地区节水灌溉技术及产品开发与推广”获2009年国家科技进步二等奖。采棉机国产化研究取得重大突破并实现批量生产，打破了采棉机生产被国外垄断的局面。“棉花精量铺膜播种机具的研究与推广”获2008年国家科技进步二等奖。

图12-16 碳化硅晶体生长炉

专栏12-11　化工产业示范工程

“十一五”以来，围绕兵团实施优势资源转换战略，以煤化工为科技攻关重点，开展了塑料化工、盐化工、石油天然气化工、农用化工等高新技术研究，在产品开发和产业化方面取得了突破性进展。符合循环经济要求的石河子化工产业科技示范工程建设基本完成，石河子化工园区成为全国循环经济试点，以天业集团龙头企业为核心的石河子氯碱化工产业，形成煤—电力—电石—节水器材—水泥的高效工业产业链。目前，已建成化工、塑料制品、煤电、建材、建筑、矿业等综合产业集群。“化工产业示范工程”的实施，有力地延伸了兵团化工产业的产业链，推进了化工产品的系列化，提升了优势矿产资源转换能力，促进了循环经济的快速发展。

◎ 社会发展科技成果促进社会民生改善

"大型热电机组国产化烟气脱硫技术开发与示范"项目，打破了中国大型燃煤电站脱硫核心技术依赖进口局面，以电石废渣为脱硫剂，实现了无害化处理和清洁生产，脱硫效率达到95%以上。"年产40万吨电石法聚氯乙烯清洁生产关键技术研究与工业化示范"项目，研究建成10万吨级氯乙烯流化床工业化示范装置，乙炔转化率最高达到98%，研制了双金属的CBP无汞触媒催化剂。人口健康方面，初步建立宫颈癌、食管癌标本库和数据库，研究了HPV感染相关免疫基因的遗传多态性与食管癌、宫颈癌发生的关系。脂肪乳注射液产业化填补西北五省空白，金蒿颗粒临床研究进入中试生产，薰衣草精油抗脑缺血研究取得可喜进展。生态环境保护方面，集成水利、生物、化学和农艺等土壤次生盐渍化防治技术，总结出绿洲与沙漠交错带植被防沙体系构建模式，为新疆盐漠带植被恢复、土壤次生盐渍化治理提供了的技术支撑和示范样板。

三、创新体系建设和重大创新政策

（一）创新体系建设

以新疆农垦科学院、石河子大学、塔里木大学为主体，强化了两校一院在知识创新方面的引领作用，推进现代科研院所制度建设。同时，鼓励校校、校院联合科技创新，重点加强校、院面向企业和生产一线进行科技服务，提高了科技创新效率，提升了兵团整体知识创新能力，加大了兵团知识创新体系建设力度。

以强化应用研究和技术开发为重点，加强了有区域特色的师级科研所建设，鼓励和支持大中型企业建立工程技术中心和行业研发机构，基本形成了以师和企业为主体、产学研结合的技术创新体系。

为适应科技创新的需要，加强宏观管理，转变职能，建立行为规范、运转协调、公正透明、廉洁高效的科技管理体系。按照"整体考虑、提高效能、有效监督和规范授权委托"四项原则，进一步调整内设机构职能，提高工作效能，加强与国家科技计划体系的衔接，建立了新的科技计划体系。

（二）科技平台建设

"十一五"以来，制定实施了《兵团"十一五"科研基础条件建设实施意见》和《兵团工程技术研究中心管理暂行办法》，科技基础条件明显改善，科技创新环境逐步优化。基本形成了结构比较合理，功能比较完备的兵团科技研究开发平台，科技创新能力，尤其是企业创新能力不断增强。2009年，兵团启动了科技基础条件和平台建设重大专项，每年以不低于700万元投入加强重点实验室、工程技术研究中心、师属科研机构的科研条件建设。相对集中、稳定支持重点实验室建设，吸引和凝聚了一批高学历人才，增强了其承担国家和兵团重大科技任务的能力；突出特色、合理布局支持区域创新基地和边远地区科技能力建设，增强了其支撑区域发展的能力。

（三）科技人才队伍建设

制定了《兵团“十一五”科技人才队伍建设实施意见》和《关于加强兵团青年科技人才培养的实施意见》，启动了“兵团高层次科技人才培养”重大专项。依托重大科技项目实施，培养、引进各类科技人才，着力发挥重点实验室的作用，培养学科交叉、结构合理、具有研发优势的创新团队。围绕兵团发展战略目标，扩大科技开放合作，在开放中引进国内优秀创新人才和团队，在合作中开阔创新视野、激发创新思想、培养创新队伍、提高创新能力。实施“科技培训年”计划，加大科技人才培养力度。2007—2009年与大连理工大学合作举办了3期“兵团高层次科技人才培训班”，与重庆、上海合作举办了“兵团知识产权高层次人才培训班”，与浙江省科技厅合作举办了2期“兵团企业科技创新人才培训班”，与科技部政策法规司、条财司、计划司合作举办了“科技经费管理培训班”、“兵团科技管理干部能力提高培训班”、“科技创新方法培训班”等，培训各师、院校科技管理人才及科研院所、高校和企业科技创新人才1 300多人次。

（四）科技合作

“十一五”期间，兵团加快制定了兵团科技合作的有关政策措施，加大了科技合作经费的投入，推进了各种科技合作专项计划的实施，与美国、日本、以色列、加拿大、哈萨克斯坦等20多个国家和地区开展了广泛的科技合作与交流。通过举办“中科院—新疆科技合作洽谈会”，与中国科学院、清华大学、浙江大学等几十个国内知名院校和科研机构建立了长期科技合作关系，广泛地开展了学术交流、人才培训和科技项目合作研究。兵团博士资金计划面向全国开放，吸引了内地27所院校的博士来兵团开展应用基础研究和高新技术研究，有力地促进了兵团科技水平的提高。2007年，科技部与自治区、兵团联合召开全国科技支疆会议，启动了“全国科技支疆行动”，出台了《关于推进科技支疆工作的若干意见》。为落实支疆会议和《意见》精神，兵团于2008年设立了科技支疆专项计划，以科技支疆计划的实施为标志，兵团科技开放合作进入新阶段，2008—2009年两年投入2 125万元，支持了56个科技支疆项目，发挥了以项目招智引技的作用。

（五）高新技术产业建设

截至2009年底，兵团拥有各类产业聚集园区14个，其中国家级经济技术开发区1个。新疆自治区级园区6个，兵团级园区4个。2009年各园区实现生产总值90亿元，增长30%，其中工业增加值60亿元，增长20%，实现税收11亿元，累计聚集进区企业1 100家。全兵团已有高新技术企业12家。

四、“十二五”科技发展规划的基本考虑

“十二五”时期，是实现兵团跨越式发展、率先在西北地区全面建成小康社会的关键时期。兵团科技工作将紧紧围绕兵团加快经济结构战略性大调整和发展方式战略性大转变部署的中心任务，聚焦新型城镇化，着力开展以循环经济为基础、智能管理为重点、宜居富民为目标的环境科技；聚焦新型工业化，着力推进企业技术创新工程；聚焦农业现代化，着力解决农业结构调整中的关键科学技术问题；继续加强民生科技工作，加强科技创新能力建设，加强科技统筹协调发展，为实现兵团经济结构调整和发展方式转变提供有力的科技支撑。“十二五”将重点做好以下5个方面的工作并力争实现突破。一是促进企业技术创新，加快推进新型工业化；二是解决关键科技问题，全面推进农业现代化；三是加强环境和资源领域科技攻关，推进新型团场建设和城镇化；四是加强民生科技，发挥科技创新对社会发展的引领和支撑作用；五是加强科技能力建设，坚持统筹协调发展，发挥科技支撑作用。

图书在版编目(CIP)数据

中国科学技术发展报告.2009.区域专题报告/中华人民共和国科学技术部编著.—北京：科学技术文献出版社，2011.2
ISBN 978-7-5023-6874-6

Ⅰ.①中… Ⅱ.①中… Ⅲ.①科学技术－技术发展－研究报告－中国－2009 Ⅳ.①N120.1

中国版本图书馆CIP数据核字(2011)第022765号

出版者	科学技术文献出版社
地址	北京市复兴路15号（中央电视台西侧）/100038
图书编务部电话	（010）58882938,58882087（传真）
图书发行部电话	（010）58882866（传真）
邮购部电话	（010）58882873
网址	http://www.stdph.com
责任编辑	李 蕊 丁坤善
责任校对	赵文珍
责任出版	王杰馨
发行者	科学技术文献出版社发行 全国各地新华书店经销
印刷者	北京华联印刷有限公司
版（印）次	2011年2月第1版第1次印刷
开本	889×1194 16开
字数	600千
印张	22
印数	1～11000册
定价	120.00元